mentor training XXL

So packst du die
9. Klasse

Deutsch
Mathematik
Englisch

Regeln – Übungen – Lösungen
Mit ausführlichem Lösungsteil und Beispielaufsätzen

Boris Prem
Miriam Hein
Herbert Hoffmann
Martina Mattes

Mit praktischen Lerntipps auf der Umschlagklappe!

In Zusammenarbeit mit Langenscheidt

mentor
Eine Klasse besser.

Die Autoren

Boris Prem: Gymnasiallehrer für Deutsch, Latein und Griechisch, Autor mehrerer Lernhilfen für Deutsch und Latein (Teil I)
Miriam Hein: Gymnasiallehrerin für Deutsch und Geschichte (Teil II)
Herbert Hoffmann: Oberstudiendirektor a.D. für Mathematik und Physik (Teil III)
Martina Mattes: Gymnasiallehrerin für Englisch und Deutsch, Dozentin für Literatur- und Medienpädagogik, Fachkoordinatorin für Englisch an bayerischen Fachakademien für Sozialpädagogik, Autorin mehrerer didaktischer Werke für Englisch (Teil IV)
Alexander Geist: Lehrer für Deutsch, Psychologie und Ethik an einem Gymnasium, Fachleiter für Deutsch, staatlicher Schulpsychologe (Lerntipps)

Redaktion Ingrid Lenz-Aktas, Carsten Schmidt, Dr. Hans-Werner Waschi, Jana de Blank, Gabriele Jahn

Abbildungen Henning Schöttke, Kiel

Layout mentor Verlag, auf der Basis des Layouts von Barbara Slowik, München

Der deutsche Text dieses Bandes entspricht der seit 1.8.2006 verbindlichen neuen Rechtschreibung.

Umwelthinweis: Gedruckt auf chlorfrei gebleichtem Papier

Printed in Germany
www.mentor.de

ISBN 978-3-580-63839-9

1. 2. 3. 4. 5. 11 10 09 08 07

Inhalt

Willkommen! 5

Teil I

Deutsch: Aufsatz: Erörterung 7

Themenübersicht 8

Regeln und Übungen 10

Quellenverzeichnis 54

Teil II

Deutsch: Aufsatz: Sachtexte und erzählende Prosa interpretieren 55

Themenübersicht 56

Regeln und Übungen 58

Quellenverzeichnis 108

Teil III

Mathematik: Lineare Gleichungssysteme 109

Benutzerhinweise 110

Themenübersicht 111

Regeln und Übungen 112

Teil IV

Englisch: Die Zeiten: Bildung und Verwendung 161

Themenübersicht 163

Regeln und Übungen 164

Lösungsteil 213

Lösungen Teil I – Deutsch: Aufsatz: Erörterung. Mit Beispielaufsätzen 213

Lösungen Teil II – Deutsch: Aufsatz: Sachtexte und erzählende Prosa interpretieren. Mit Beispielaufsätzen 243

Lösungen Teil III – Mathematik: Lineare Gleichungssysteme 267

Lösungen Teil IV – Englisch: Die Zeiten: Bildung und Verwendung 293

Register 318

Praktische Lerntipps .... Umschlag

Willkommen!

Hallo, liebe Schülerin, lieber Schüler,

du möchtest deine Noten in Deutsch, Mathematik und Englisch verbessern? Und zwar möglichst schnell und ohne viel Theorie? Dann bist du hier richtig – vor allem, wenn du eines der Themen dieses Buches speziell für eine Klassenarbeit üben willst.

Du wirst sehen: Hier geht's besonders easy:

Treffsicher
Dieses Buch ist in viele **kleine Lernportionen** gegliedert.
→ So findest du dich besonders schnell zurecht.

Übersichtlich
Jede Lernportion umfasst genau eine **Doppelseite**.
→ So hast du immer alles auf einen Blick.

Einleuchtend
Jede Lernportion beginnt mit einer kurzen, klaren **Regel**.
→ So weißt du immer sofort, worauf es ankommt.

Clever
Dann geht's ans **Üben** – ganz locker, Schritt für Schritt.
→ So bereitest du dich optimal vor.

Praktisch
Der **Lösungsteil** hinten passt seitengetreu dazu.
→ So kontrollierst du blitzschnell – ohne Suchen und Blättern.

Am besten gleich loslegen!

Viel Spaß und ganz viel Erfolg

wünscht dir

dein mentor Verlag

Noch ein Tipp
Du hast noch mehr Nachholbedarf, aber keine Lust auf Nachhilfe? Dann versuch's doch mit den **mentor Lernhilfen**: Schau mal auf die Seite gegenüber!

Teil I:
Deutsch

Aufsatz: Erörterung

Regeln und Übungen

Themenübersicht Teil I

A Überblick verschaffen ... 10
1. ... über den Aufbau einer Erörterung 10
2. ... über die Arbeitsschritte: Checkliste 11

B Mündliches Argumentieren 12
1. Diskutieren 12
2. Die Diskussion leiten 14

C Das Thema erschließen 16
1. Grundbegriffe: These, Antithese, Synthese 16
2. Die steigernde Erörterung 18
3. Die dialektische Erörterung 20

D Stoffsammlung 22
1. Grundbegriffe I: Argument und Unterargument 22
2. Grundbegriffe II: Beleg 24
3. Die Stoffsammlung ordnen 26
4. Einleitung und Schluss 30

E Gliederung 32
1. Die Gliederung der steigernden Erörterung I: Buchstaben-Ziffern-System 32
2. Die Gliederung der steigernden Erörterung II: reines Ziffernsystem 34
3. Die Pro-und-Kontra-Gliederung der dialektischen Erörterung 36
4. Die Sachbereichsgliederung der dialektischen Erörterung 38
5. Die Pro-und-Kontra-Gliederung der Texterörterung 40

F Die Einleitung formulieren 42

G Den Hauptteil formulieren 44
1. Der Hauptteil der steigernden Erörterung 44
2. Besser formulieren I: Verknüpfungsmittel 46
3. Der Hauptteil der dialektischen Erörterung 48
4. Besser formulieren II: Stolpersteine vermeiden 50

H Den Schluss formulieren 52

Quellenverzeichnis 54

Beispielerörterungen 235
1. **Beispiel für eine steigernde Erörterung (Ursachenanalyse) 235**
2. **Beispiel für eine steigernde Erörterung (wertende Stellungnahme) 237**
3. **Beispiel für eine dialektische Erörterung 239**

A Überblick verschaffen …

1. … über den Aufbau einer Erörterung

Darum gehts!

Die **Erörterung** spielt nicht nur in der Schule eine Rolle. Auch ein Zeitungsartikel, in dem die Vor- und Nachteile von etwas behandelt werden (z. B. die Vor- und Nachteile einer Schuluniform), ist so etwas Ähnliches wie eine Erörterung. Die Erörterung an der Schule unterliegt jedoch ganz bestimmten **Regeln**. Sie hat einen festen Aufbau.

Steigernde Erörterung

A Einleitung
Persönlicher oder unpersönlicher Aufhänger; persönlicher Bezug, falls Aufhänger unpersönlich; Wiederholung der Themafrage

B Hauptteil

I. These 1. Argument a) Unterargument, Beleg b) … 2. Argument a) Unterargument, Beleg b) …	mit passenden Ergänzungen: Einwänden, Folgerungen, Erläuterungen

II. Abschließende Schlussfolgerung

C Schluss

Dialektische Erörterung

A Einleitung (siehe steigernde Erörterung)

B Hauptteil

I. These 1. Argument a) Unterargument, Beleg b) … 2. Argument a) Unterargument, Beleg b) …	mit passenden Ergänzungen: Folgerungen, Erläuterungen; abschließender Überleitung von der These zur Antithese
II. Antithese 1. Argument a) Unterargument, Beleg b) … 2. Argument a) Unterargument, Beleg b) …	mit passenden Ergänzungen: Folgerungen, Erläuterungen; Relativierung sowie Zurückweisung von Argumenten, die die These stützen

III. Synthese

C Schluss

2. … über die Arbeitsschritte: Checkliste

So klappts!

1. Thema erschließen

- Anzahl der Thesen erfassen, die der Themenstellung zugrunde liegen
  - nur eine These: steigernde Erörterung
  - These und Antithese: dialektische Erörterung
- Falls **steigernde Erörterung**: Aussage und Art der These erfassen
  - feststellende These: Ursachenanalyse
  - wertende These: wertende Stellungnahme
- Falls **dialektische Erörterung**: Aussage von These und Antithese erfassen

2. Stoff sammeln

Ungeordnet alles niederschreiben, was dir spontan zur These bzw. zu These und Antithese einfällt

3. Stoff ordnen

- Die Punkte der Stoffsammlung in Argumente, Unterargumente und Belege unterteilen und einander zuordnen
- Fehlende Punkte ergänzen, überflüssige herausstreichen (besser: wenige gute Argumente als viele schwache)
- Die Argumente in eine überzeugende Reihenfolge bringen
- Eine abschließende Schlussfolgerung bzw. Synthese finden, die sich zwanglos aus den Argumenten ergibt

4. Einleitung und Schluss finden

5. (Vorläufige) Gliederung erstellen

6. Erörterung ausformulieren

- Dabei Argumente eventuell noch umstellen, um Gedankensprünge zu vermeiden
- Punkte, die dir erst während der Niederschrift einfallen, auch in der Gliederung ergänzen

7. Durchchecken

- Keine Widersprüche in der Argumentation stehen lassen
- Noch einmal überprüfen, ob die Argumente überzeugend untermauert sind
- Rechtschreib- und Grammatikfehler verbessern

B Mündliches Argumentieren

1. Diskutieren

Beim <u>Diskutieren</u> im Allgemeinen ist zu beachten:
1. Bleibe beim Thema, vermeide Abschweifungen.
2. Vermeide persönliche Angriffe und Unterstellungen.
3. Lass deine Gesprächspartner ausreden.
4. Berücksichtige Alter und Bildungsgrad deiner Gesprächspartner (vermeide also z. B. gegenüber jüngeren Gesprächsteilnehmern Fremdwörter).

Beim <u>Argumentieren</u> im Besonderen ist zu beachten:
1. Setze dich mit den Argumenten deiner Gesprächspartner kritisch auseinander.
2. Begründe deinen Standpunkt durch Argumente.
3. Argumentiere nicht zu subjektiv / gefühlsbetont.
4. Argumentiere nicht zu pauschal / klischeehaft (also nicht: *... denn der Mensch ist nun mal ein Egoist).*

Pausengespräch

Ingo hat versucht, an die Wand der Pausenhalle ein Hakenkreuz zu schmieren, und wurde dabei erwischt. Nun soll er für drei Tage vom Schulunterricht ausgeschlossen werden. Diese Maßnahme des Direktorats führt bei den Schülern zu kontroversen Diskussionen. Hören wir uns doch mal an, was Mara, Mustafa und Tobi, die gerade Pause haben, für und gegen den Schulausschluss ins Feld führen!

Tobi: Ich hätt dem Ingo mehr aufgebrummt. Drei Tage Schulausschluss, das ist ja Pipifax. Ein Skin hat an unsrer Schule nichts zu suchen.

Mustafa: Du redest ja nur so daher, weil du ihn nach seinem Aussehen beurteilst. Ich find, der hätte die Schmiererei selbst beseitigen sollen und fertig. Das war nicht mehr als Sachbeschädigung, was der angestellt hat.

Mara: Nicht mehr als Sachbeschädigung? Ingo hat für jedermann deutlich gemacht, dass er mit Hitler sympathisiert, und das bedeutet Alarmstufe drei.

Tobi: Eben, das sag ich doch auch. Glatzen haben hier nichts zu suchen.

Mustafa: Versteh mich nicht falsch, Mara, ich bin kein Rechter, aber Meinungsfreiheit muss sein. Wo kämen wir denn sonst hin?

Mara: Nur: Die Meinungsfreiheit hat dort ihre Grenzen, wo jemand mit einem System sympathisiert, in dem es keinen Pluralismus und damit auch keine Meinungsfreiheit gibt.

Mustafa: Und darum soll Ingo jetzt von der Schule fliegen?

Mara: Das habe ich doch nicht gesagt.

Mustafa: Aber er soll mindestens für drei Tage von der Schule.

Mara: Das hab ich doch auch nicht gesagt. Ich denke …

Tobi: Eben, ganz weg soll er. So macht er sich jetzt für ein paar Tage einen faulen Lenz und hinterher klopft er wieder seine rassistischen Sprüche.

Mara: Jetzt hört mir doch mal zu! Ich denke, der Schulausschluss ist eine Fehlentscheidung, egal wie lang er dauert. Ingo hat ja nun gar nicht mehr die Möglichkeit zu erklären, warum er das Hakenkreuz schmieren wollte.

Mustafa: Der wollte doch nur provozieren. Du kannst einen Skin nicht ernst nehmen, Mara!

Mara: Doch, ich nehme Ingo sehr ernst. Ich kenn ihn schon länger und darum weiß ich auch, dass er nicht schon immer so war. Bei den „Jungen Nationaldemokraten" ist er erst, seitdem seine Eltern geschieden sind und keine Zeit mehr für ihn haben. Typisch, wer zu Hause keinen Halt mehr findet, der schließt sich einer Gruppe an, die ihm sagt, wos langgeht, hab ich doch neulich erst in der Zeitung gelesen. Damit will ich Ingo nicht entschuldigen, aber ich finde doch, man muss ihm noch eine Chance geben. Schulausschluss signalisiert: Es ist sinnlos, mit dir zu reden. Ich aber bin nach allem, was ich von Ingo weiß, davon überzeugt, dass man mit ihm noch reden kann.

Übung 1

Mustafa, Tobi und Mara halten sich nicht immer an die vier oben genannten Diskussionsregeln. An welchen Stellen nämlich nicht? Gib die Zeile an.

1. Mustafa unterstellt Tobi, er habe gegenüber Ingo Vorurteile: Zeile ....
2. Mustafa macht Mara Unterstellungen: Zeile .... und ....
3. Tobi lässt Mara nicht einmal ausreden: Zeile ....
4. Mara gebraucht ein für ihre Gesprächspartner möglicherweise unverständliches Fremdwort: Zeile ....

Übung 2

Bewerte die Diskussionsbeiträge von Tobi, Mustafa und Mara anhand der vier oben genannten Argumentationsregeln. Wer von den dreien hat die besten Argumente für seinen Standpunkt?

B 2. Die Diskussion leiten

Als **Diskussionsleiter** hast du die Pflicht, dafür zu sorgen,

1. dass die Diskussion nicht stockt und du sie **in Gang** hältst;
2. dass die Diskussion **sachlich** und auf das Thema bezogen bleibt, indem du
   a) den jeweils zu behandelnden Gesichtspunkt festlegst und nicht zum Thema gehörige Beiträge abweist;
   b) persönliche Angriffe zurückweist;
   c) Übereifrige bremst und Schweigsame zur Stellungnahme ermutigst;
3. dass die Diskussion eine **Struktur** bekommt, indem du
   a) unverständliche Diskussionsbeiträge klarstellst;
   b) verbindende Gemeinsamkeiten hervorhebst;
   c) unterschiedliche Standpunkte gegenüberstellst;
   d) Teilergebnisse zusammenfasst;
   e) im Schlusswort das Wichtigste noch einmal zusammenfasst.

Diskussion über ein Faschingsfest

Fasching steht vor der Tür. Aus diesem Grund haben die Schülersprecher die Klassensprecher und alle interessierten Schüler zu einer Sitzung einberufen. Einziger Tagesordnungspunkt ist die Organisation des Faschingsfestes an der Schule. Nadja ist Schülersprecherin und leitet die Diskussion, die bereits eine Weile in Gang ist. Ganz oben auf ihrer Rednerliste steht nun Bernd.

Nadja: Bernd, jetzt bist du dran.
Bernd: Noch was zur Dekoration: Ich bin dafür, dass wir an die Decke der Festaula Lampions mit Kerzen hängen …
Kevin: Das ist doch viel zu gefährlich …
Nadja: Bitte nicht dreinreden. Als Nächste steht Alina auf meiner Liste.
Alina: Ich könnte ganz günstig Luftschlangen und Girlanden besorgen, mein Vater arbeitet nämlich in einer Papierfabrik.
Nadja: Und jetzt bist du mit der roten Bluse dran.
Tirza: Die Dekoration finde ich, ehrlich gesagt, gar nicht so wichtig, viel wichtiger finde ich, welche Band spielt. Die „Peace" vom letzten Mal war jedenfalls ziemlich öd. Darum schlage ich vor, diesmal die „Symplegades" einzuladen, die sind echt turbo drauf.
(! – siehe Übung)
Nadja: Ja, Mirjam.
Mirjam: Also, die „Peace" ist wirklich zum Einschlafen, letztes Jahr war die Aula schon um halb elf Uhr fast leer.
Nadja: Also jetzt du, Kevin.

Kevin:	Wie gesagt, das mit den Lampions ist viel zu gefährlich, auch wenns geil ist, aber da macht unser Hausmeister nicht mit. Oder gibts feuerfeste Lampions?
Nadja:	Jetzt bist noch du in der letzten Bank dran.
Holger:	'ne andre Band wollte ich auch vorschlagen. Allerdings nicht die „Symplegades", lieber noch wäre mir die „Square". Die „Symplegades" sind doch viel zu teuer. Wie viel Eintritt willst du denn verlangen?
Nadja:	Stellen wir die Frage nach dem Eintrittsgeld noch zurück. Momentan steht niemand mehr auf der Rednerliste. Wer hat denn zur Band noch was zu sagen?
Erwin:	Ich kenne einen, der bei den „Symplegades" mitspielt. Den kann ich ja mal fragen, ob seine Leute am 14. Februar auch Zeit hätten.
Nadja:	Also darüber, dass wir die „Peace" nicht noch mal einladen sollten, scheint ziemliche Einigkeit zu herrschen.
Zustimmendes Kopfnicken	
	Nun also zum Eintrittsgeld. Wer weiß denn, was man so verlangen kann, wer hat denn da Erfahrung?
Tirza:	Zehn Euro wären schon okay. Zahlen ja schließlich die Eltern!
Nadja:	Ja, du in der letzten Bank noch mal.
Holger:	Meinst du! Also bei mir ist das anders, ich muss solche Gelder selbst berappen und leider bin ich derzeit pleite.
Tirza:	Selbst schuld, kann mir schon denken, wofür du dein Geld wieder ausgegeben hast …
(!)	
Nadja:	Jetzt bist noch mal du dran, Kevin, und danach noch die Kerstin.
Kevin:	Ich finde, der Holger hat recht. Fünf Euro sind genug, sonst wirds 'ne Sause für die Hautevolee.
(!)	
Kerstin:	Also, letztes Jahr haben wir nur vier Euro verlangt und sind auch damit zurechtgekommen. Dann werden fünf Euro doch diesmal reichen. Wir haben ja auch noch einiges in der SMV-Kasse.
Nadja:	Will sonst noch jemand was zum Eintrittsgeld sagen? Vielleicht jemand, der sich noch gar nicht zu Wort gemeldet hat? Scheint nicht der Fall zu sein. Dann fasse ich schon mal zusammen: Alina besorgt Luftschlangen und Girlanden. Die „Peace" laden wir nicht noch mal ein, stattdessen vielleicht die „Symplegades". Erwin wird sich erkundigen, ob sie auch Zeit hätten. Und schließlich: Für den Eintritt sollten wir wohl nicht mehr als fünf Euro nehmen. Kommen wir zum nächsten Punkt …

Übung

Wenn du den Diskussionsausschnitt aufmerksam gelesen hast, dann kannst du jetzt bestimmt sagen, welchen der oben genannten Pflichten eines Diskussionsleiters Nadja an den mit *(!)* gekennzeichneten Stellen nicht nachgekommen ist. Was hätte Nadja an den drei Stellen in etwa sagen müssen?

C Das Thema erschließen

1. Grundbegriffe: These, Antithese, Synthese

Jedes Erörterungsthema enthält eine **These.** Man unterscheidet:

1. **feststellende These:** eine noch unbegründete Behauptung, dass etwas so oder so ist.
   Immer mehr Bundesbürger besitzen ein Handy.
2. **wertende These:** eine noch unbegründete Behauptung, dass etwas gut oder schlecht ist.
   Das Handy ist ein äußerst lästiges und unangenehmes Gerät.
   Die **Gegenthese** oder **Antithese** ist die unbegründete Gegenbehauptung zu einer wertenden These.
   Das Handy ist ein äußerst praktisches und sinnvolles Gerät.
   In der **Synthese** versuchst du zwischen wertender These und Antithese zu vermitteln.
   Das Handy ist ein sinnvolles Gerät, vorausgesetzt, es wird überlegt und rücksichtsvoll angewendet.

Übung 1

Feststellende oder wertende These? Kreuze an.

	feststellende These	wertende These
1. Junge Menschen leben oft bis über das 20. Lebensjahr hinaus bei ihren Eltern.	☐	☐
2. Es ist gut, wenn junge Menschen bis über das 20. Lebensjahr hinaus bei ihren Eltern leben.	☐	☐
3. Es ist schlecht, dass wir uns für kranke und alte Menschen so wenig Zeit nehmen.	☐	☐
4. Immer mehr Menschen verbringen ihren Lebensabend in Heimen.	☐	☐

Übung 2

Wertende Thesen beginnen nur selten mit „Es ist gut / schlecht, wenn / dass …". Aber jede These, die du so umformulieren kannst, wertet. Formuliere, soweit möglich, um und bestimme den Thesentyp.

	feststellende These	wertende These
1. Wegen schlechter Noten sollte kein Schüler bestraft werden.	☐	☐
2. Hausaufgaben sind eine sinnvolle Ergänzung zum Schulunterricht.	☐	☐
3. Viele Jugendliche hören bei der Erledigung ihrer Hausaufgaben Musik.	☐	☐
4. Die Gesamtschule hat den Vorteil, dass sie die Stärken und Schwächen des einzelnen Schülers besser berücksichtigen kann.	☐	☐

Übung 3

Formuliere die Antithesen zur 2. und 3. These selbst.

1. These: Jugendliche sollten ein Musikinstrument erlernen.
Antithese: Jugendliche sollten kein Musikinstrument erlernen.

2. These: Die Haltung gefährlicher Tiere gehört in Privathaushalten verboten.

Antithese: ……………………………………………………………………

3. These: Informatik sollte an allen weiterführenden Schulen Pflichtfach sein.

Antithese: ……………………………………………………………………

Übung 4

Ergänze.

1. These: Schüler sollten in den Sommerferien für Geld arbeiten.

Antithese: ……………………………………………………………………
Synthese: Schüler sollten nur dann in den Sommerferien für Geld arbeiten, wenn ihre schulischen Leistungen gut sind.

2. These: ……………………………………………………………………
Antithese: Wir sollten keine weiteren Autobahnen mehr bauen.
Synthese: Wir sollten nur noch die unbedingt nötigen Autobahnen bauen.

3. These: Das Rauchen sollte überall im Schulgebäude und für alle Schüler verboten sein.
Antithese: Das Rauchen sollte überall im Schulgebäude und für alle Schüler erlaubt sein.

Synthese: ……………………………………………………………………

C 2. Die steigernde Erörterung

Die **steigernde Erörterung** heißt auch **lineare Erörterung** oder **Belegerörterung.**

In der steigernden Erörterung setzt du dich im Hauptteil mit **einer einzigen These** auseinander.

Ist die These eine **feststellende These**, dann sollst du die Ursachen (bzw. Folgen) eines Missstandes untersuchen.
Nenne mögliche Ursachen für die weltweite Zunahme von Naturkatastrophen. (These: *Naturkatastrophen nehmen weltweit zu.*)

Ist die These eine **wertende These**, dann sollst du erklären, warum du etwas gut oder schlecht findest.
Warum es sinnvoll ist, einen internationalen Katastrophennotdienst einzurichten. (These: *Es ist gut, wenn ein internationaler Katastrophennotdienst eingerichtet wird.*)

Mit der **Antithese** zur These setzt du dich in der steigernden Erörterung allenfalls indirekt auseinander. Anders als bei der dialektischen Erörterung steht am Ende des Hauptteils nicht die **Synthese**, sondern die **abschließende Schlussfolgerung** (s. S. 44).

Übung 1

Ordne den Erörterungsthemen (links) die ihnen zugrunde liegenden Thesen (rechts) zu. Verbinde mit Linien.

1. Immer mehr Jugendliche behalten bei der Erledigung ihrer Hausaufgaben den Walkman auf. Stelle die Nachteile dieser Gewohnheit dar.	Immer wieder lassen sich Jugendliche zu gewalttätigen Ausschreitungen hinreißen.
2. In den Medien wird immer wieder von gewalttätigen Ausschreitungen Jugendlicher berichtet. Nenne Gründe für die Gewaltbereitschaft vieler Jugendlicher.	Es ist gut, dass es an unserer Schule kein Raucherzimmer gibt.
3. Warum es an unserer Schule kein Raucherzimmer geben soll.	Es ist schlecht, dass immer mehr Jugendliche bei der Erledigung ihrer Hausaufgaben den Walkman aufbehalten.

Merke

Sollst du die Ursachen (bzw. Folgen) eines Missstandes untersuchen, dann machst du in der abschließenden Schlussfolgerung in der Regel auch Vorschläge, wie der Missstand behoben werden kann. Werden solche Vorschläge bereits von der Aufgabenstellung verlangt, dann spricht man von einer **mehrgliedrigen Erörterung.**

Übung 2

Ursachenanalyse, Folgenanalyse, Vorschläge zur Behebung eines Missstandes: Was wird verlangt? Kreuze an.

	Ursachen-analyse	Folgen-analyse	Vorschläge zur Behebung eines Missstandes
1. Viele Jugendliche verbringen einen Großteil ihrer Freizeit vor dem Computer. Was sind mögliche Folgen?	☐	☐	☐
2. Der Rauschgiftkonsum in der Bundesrepublik stellt nach wie vor ein ernst zu nehmendes Problem dar. Aus welchen Gründen greifen Jugendliche zu Drogen?	☐	☐	☐
3. Arbeitslosigkeit und kein Ende – auch viele Jugendliche sind betroffen. Nenne Ursachen und Maßnahmen zur Abhilfe.	☐	☐	☐

Merke

Sollst du erklären, warum du etwas gut oder schlecht findest, dann ist die Themafrage manchmal so formuliert, dass du deiner Arbeit statt der These auch ihre Antithese zugrunde legen darfst.

Übung 3

Bei welchen der folgenden Themen darfst du deiner Arbeit statt der These auch ihre Antithese zugrunde legen?

	nur These	These **oder** Antithese
1. Welche Gründe sprechen für oder gegen den Beitritt zu einem Sportverein?	☐	☐
2. Das Erlernen eines Musikinstruments ist eine sinnvolle Freizeitbeschäftigung.	☐	☐
3. Projekttage sind eine sinnvolle / überflüssige Einrichtung.	☐	☐
4. Warum ich (k)eine Karriere als Leistungssportler anstrebe.	☐	☐

C 3. Die dialektische Erörterung

In der **dialektischen Erörterung** hast du mit einer **wertenden These**, ihrer **Antithese** und der **Synthese** zu tun. Du suchst Punkte, die für die These sprechen, und Punkte, die für die Antithese sprechen. In der Synthese versuchst du dann zwischen These und Antithese zu vermitteln.

Übung 1

Wie lautet die den folgenden Themen zugrunde liegende These und wie ihre Antithese? Formuliere jeweils beide selbst. Beginne stets mit „Es ist gut / schlecht, wenn …"

1. Das Ladenschlussgesetz soll weiter gelockert werden. Was spricht für, was spricht gegen längere Ladenöffnungszeiten?
2. Eine feste Partnerschaft im Jugendalter hat nicht nur Vorteile. Berücksichtige auch die Nachteile.
3. Immer mehr Jugendliche gehen nach der 10. Klasse für ein Jahr ins Ausland. Wo liegen die Chancen, wo lauern die Gefahren des Auslandsschuljahrs?

Merke

Die Synthese muss nicht immer harmonisch zwischen These und Antithese liegen (wie in Ü4 auf Seite 17).

Übung 2

Einige Schüler haben versucht, zu den Themen 2 und 3 der vorigen Übung Synthesen zu finden. Jeweils einer der Versuche ist leider missglückt. Welcher? Streiche ihn durch.

1. Synthesen zum Thema „Feste Partnerschaft im Jugendalter":
- Feste Partnerschaft im Jugendalter ja, aber nur mit einem Menschen, der mir so viel Freiraum lässt, dass ich mich selbst erst richtig kennenlernen kann.
- Eine feste Partnerschaft im Jugendalter kann zwar das Selbstwertgefühl steigern, sie würde mich aber so sehr in Anspruch nehmen, dass ich für die Schule kaum mehr Zeit hätte.
- Andere Frauen mögen mit Männern gute Erfahrungen gemacht haben, ich nicht. Darum will ich mein Lebtag lang Single bleiben.

2. Synthesen zum Thema „Auslandsschuljahr":
- Im Ausland kann man vieles lernen, was einem im späteren Leben recht nützlich sein kann, aber nein danke, ich lerne lieber aus Büchern.
- Bei allem Respekt vor Fernweh, ich würde mir lieber mal dort, wo ich wohne, ein Freijahr gönnen.
- Was hab ich davon, wenn ich in Amerika meine Englischkenntnisse verbessere, dann aber wegen Latein durchfalle.

Übung 3

Für die Bearbeitung folgender Themen haben einige Schüler wegen Themaverfehlung eine Fünf kassiert. Warum?

1. Thema: „Der Staat soll Hauptschulabgängern, die keinen Ausbildungsplatz finden, für ein Jahr eine Beschäftigung im Bereich Umweltschutz anbieten. Was spricht für, was gegen diese Idee?"
Debora schreibt, dass sie Arbeitslosigkeit zwar auch schrecklich findet, aber jedem Menschen, auch dem Hauptschüler, müsse nun mal das Recht auf freie Berufswahl zugestanden werden.

2. Thema: „Kerosin wird bei uns nach wie vor nicht besteuert. Was spricht für, was gegen die Besteuerung von Flugbenzin?"
Tilman analysiert die Gründe, aus welchen die Bundesrepublik auf die Besteuerung von Kerosin verzichtet. Anschließend stellt er dar, wie man die Verantwortlichen in Politik und Wirtschaft umstimmen könnte.

3. Thema: „Zankapfel öffentlicher Personennahverkehr. Warum ausbauen, warum einschränken?"
Dominik fallen viel mehr Gründe für den Ausbau ein. So führt z. B. keine öffentliche Straße von dem Dorf, in dem er wohnt, direkt in die nächste Stadt.

Übung 4

Steigernde Erörterung oder dialektische Erörterung: Was wird verlangt? Kreuze an.

	steigernde Erörterung	dialektische Erörterung
1. In der Stadt oder auf dem Land: Wo lebt sichs besser?	☐	☐
2. Angehörige der unterschiedlichsten Staaten und Kulturen haben in der Bundesrepublik eine neue Heimat gefunden. Erörtere die damit verbundenen Chancen und Probleme.	☐	☐
3. Manche Menschen meinen, ihre Stimme bei Wahlen sei eine zu vernachlässigende Größe. Was spricht für, was spricht gegen die Beteiligung an politischen Wahlen?	☐	☐
4. „Leistung muss sich lohnen." Warum ich dieser in unserer Gesellschaft weitverbreiteten Forderung nicht zustimme.	☐	☐

D Stoffsammlung

1. Grundbegriffe I: Argument und Unterargument

Du hast das Erörterungsthema klar erfasst? Dann kommst du jetzt zur **Stoffsammlung**. Sie besteht aus **Argumenten, Unterargumenten** und **Belegen** (s. S. 24).

Die **Argumente** dienen der Begründung der These (und Antithese), die deiner Erörterung zugrunde liegt.

Das Argument kannst du oft in **Unterargumente** untergliedern. Besonders bei der steigernden Erörterung, der ja nur eine einzige These zugrunde liegt, ist die Einführung von Unterargumenten sinnvoll. Unterargumente können sein:

- **allgemein gehaltene Beispiele** für ein Argument;
  These: *Als Schüler sollte man sich noch keinen Computer zulegen.*
  Argument: *Die Beschäftigung mit dem Computer ist sehr zeitraubend.*
  1. Unterargument: *Es bleibt zu wenig Zeit für die Hausaufgaben.*
  2. Unterargument: *Es bleibt zu wenig Zeit für Freunde.*
- **Begründungen** für ein Argument.

Übung 1

Jede These wird durch zwei Argumente gestützt. Verbinde sie.

Thesen
1. Jugendliche sollten mit Freunden Urlaub machen.
2. Hausaufgaben sind eine sinnvolle Ergänzung zum Schulunterricht.
3. Jugendliche sollten kein Musikinstrument erlernen.

Argumente
Sonst würde der in der Schule behandelte Stoff gleich wieder vergessen.
Aufwand und Ergebnis stehen zueinander in keinem Verhältnis.
Jugendliche lernen, ihre Freizeit eigenverantwortlich zu gestalten.
Die Belästigung für die Nachbarn ist nicht zu unterschätzen.
Man wüsste am Nachmittag oftmals nichts mit sich anzufangen.
Jugendliche lernen, sich in eine Gruppe Gleichaltriger einzufügen.

Übung 2

Jeweils ein Satz ist das Argument, die beiden anderen sind die dazugehörigen Unterargumente. Kreuze das <u>Argument</u> an.

1. These: Es ist nicht sinnvoll, vom Fahrrad aufs Mofa umzusteigen.
Das Fahrrad ist billiger. ☐
Die Reparaturkosten fürs Fahrrad sind geringer. ☐
Für das Fahrrad braucht man keine Versicherung zu zahlen. ☐

2. These: Schüler sollten während der Schulzeit jobben.
Viele Schüler sparen auf einen Urlaub in Übersee. ☐
Immer weniger Schüler kommen mit ihrem Taschengeld aus. ☐
Immer mehr Schüler legen Wert auf teure Markenkleidung. ☐

3. These: Immer mehr Kinder werden von ihren Eltern geschlagen.
Die meisten Eltern haben keine Ausbildung als Erzieher. ☐
Es gibt immer mehr schwer erziehbare Kinder. ☐
Viele Eltern fühlen sich von der Aufgabe, ihre Kinder zu erziehen, überfordert. ☐

Übung 3

Finde zu den Unterargumenten jetzt selbst das Argument.

1. These: Wir sollten keine weiteren Autobahnen bauen.
Unterargument: Autobahnen zerstören Naturschutzgebiete mit seltenen Tierarten.
Unterargument: Autobahnen tragen zur Verpestung der Luft bei.

Argument: ....

2. These: Immer mehr Jugendliche greifen zu Drogen.
Unterargument: Jugendliche können die hohen Erwartungen ihrer Eltern nicht erfüllen.
Unterargument: Jugendliche können die hohen Erwartungen ihrer Lehrer nicht erfüllen.

Argument: ....

3. These: Der Luftverkehr hat immer mehr zugenommen.
Unterargument: Im Vergleich zur Bahn wird das Flugzeug immer billiger.
Unterargument: Viele Flugunternehmen locken mit Dumpingpreisen neue Kunden an.

Argument: ....

D 2. Grundbegriffe II: Beleg

Die **Belege** stützen die Argumente bzw. Unterargumente (falls vorhanden). Suche deshalb für jedes Argument / Unterargument, das nicht unmittelbar einleuchtet, mindestens einen Beleg.

Beispiel

Ein Beleg kann sein:

- ein **konkretes Beispiel** für ein Argument / Unterargument
- eine **Begründung** für ein Argument / Unterargument:
  1. **Berufung auf eine Autorität** (Zeitungsartikel, wissenschaftliche Studie)
  2. **Berufung auf einen vergleichbaren Fall**
     Die Erfindung des Telefons hat nicht dazu geführt, dass die Menschen mehr miteinander reden. Warum also sollte das Handy dazu führen?
  3. **Berufung auf eine allgemein anerkannte Wahrheit**
     Der Mensch ist von Natur aus ein Wesen, das die Gemeinschaft sucht.
  4. **Berufung auf einen allgemein anerkannten ethischen Grundsatz**
     Im Zweifelsfall für den Angeklagten.
  5. **Hinweis auf Folgen**
     Geht die Entwicklung so weiter, dann steht in zehn Jahren kein Baum mehr.
- eine **sonstige Begründung** für ein Unterargument

Merke

Anders als Unterargumente stehen Belege nicht in der Gliederung.

Übung 1

Unterargument oder konkretes Beispiel? Kreuze an.

	Unter-argument	konkretes Beispiel
1. These: Jugendliche sollten einem Fußballfanklub beitreten. Argument: Durch den Beitritt zu einem Fußballfanklub gewinnt man viele Freunde. Natan, meinen besten Freund, habe ich in einem Fußballfanklub kennengelernt.	☐	☐
2. These: Möglichst viele Ausländer sollten die deutsche Staatsbürgerschaft erhalten. Argument: Ausländer haben weitgehend auch dieselben Pflichten wie Deutsche. Auch Ausländer müssen Steuern zahlen.	☐	☐

3. These: Lügen haben kurze Beine.
Argument: Wer lügt, schadet sich selber.
Wer ständig lügt, steht bald ohne Freunde da. ☐ ☐

4. These: Es ist sinnvoller, die Ferien am Meer zu verbringen als im Gebirge.
Argument: Im Gebirge ist das Wetter nicht so beständig.
Mein Freund Jan konnte für eine Woche die Hütte nicht verlassen, weil nachts ein Meter Neuschnee gefallen war. ☐ ☐

Übung 2

These: „Das Wahlalter sollte auf 16 Jahre herabgesetzt werden." Diesmal dienen nicht konkrete Beispiele als Beleg. Welche Art von begründendem Beleg liegt jeweils vor?

1. Argument: Schon 16-Jährige werden in der Schule dazu angehalten, sich über politische Fragen Gedanken zu machen.
Beleg: Warum aber sollte ein Schüler an solchen Fragen interessiert sein, wenn seine Meinung bei den Wahlen dann doch nicht gefragt ist? Es liegt doch in der Natur des Menschen, dass er sich nur für das interessiert, was für ihn auch eine praktische Bedeutung hat.

Belegtyp: ....

2. Argument: 16-Jährige haben als Schüler die Pflicht, in die Schule zu gehen, als Auszubildende sind sie verpflichtet, Steuern zu zahlen.
Beleg: Warum also darf ihnen die Gesellschaft das Recht verweigern, sich an politischen Wahlen zu beteiligen? Wer Pflichten hat, der hat auch Rechte!

Belegtyp: ....

3. Argument: Wegen des Geburtenrückgangs gibt es immer weniger junge Menschen. Politik wird immer mehr von älteren Leuten gemacht.
Beleg: Erhalten 16-Jährige in dieser Situation nicht das Wahlrecht, dann ist zu befürchten, dass für Jugendliche in Zukunft immer weniger getan wird.

Belegtyp: ....

4. Argument: Das Interesse an politischen Vorgängen ist bei 16-Jährigen oft ausgeprägter als bei Menschen mittleren Alters.
Beleg: Das bestätigt eine Studie von Gesellschaftswissenschaftlern, die kürzlich in einer Zeitung veröffentlicht wurde.

Belegtyp: ....

5. Argument: Übrigens: Die Tatsache, dass sich ein hoher Prozentsatz von Jugendlichen nicht für Politik interessiert, berechtigt noch lange nicht dazu, allen 16-Jährigen das Wahlrecht vorzuenthalten.
Beleg: Schließlich ist auch noch niemand auf die Idee gekommen, allen Erwachsenen das Wahlrecht abzusprechen, weil sich viele von ihnen für Politik nicht interessieren.

Belegtyp: ....

D 3. Die Stoffsammlung ordnen

Bevor du die Gliederung erstellst, musst du die Stoffsammlung ordnen, d. h. die Argumente, Unterargumente und Belege einander zuordnen, Ergänzungen und Streichungen vornehmen und schließlich alle Punkte in eine überzeugende Reihenfolge bringen:

- ähnliche Argumente folgen aufeinander,
- und zwar vom schwächeren zum stärkeren Argument.

Übung 1 Stoffsammlung einer steigernden Erörterung

Thema: „Viele ausländische Jugendliche leben dauerhaft bei uns, Freundschaften mit deutschen Jugendlichen sind aber eher selten. Warum bleiben sich die Jugendlichen fremd?"

These: Nur selten schließen Jugendliche unterschiedlicher Herkunft Freundschaft.

Setze nun die folgenden Auszüge aus der <u>un</u>geordneten Stoffsammlung an die passende Stelle der geordneten Stoffsammlung unten.

- Jugendliche unterschiedlicher Herkunft besuchen oft unterschiedliche Schulen.
- Viele ausländische Jugendliche fahren in den Ferien lieber in ihre Heimatländer, als gemeinsam mit deutschen Altersgenossen Urlaub zu machen.
- Ich werde z. B. schon ungeduldig, wenn mich meine kleine Schwester nicht gleich versteht.
- Viele Eltern sehen es nicht gern, wenn ihre Kinder mit Jugendlichen anderer Herkunft befreundet sind.

1. Argument: ....

....

Beleg: Aus einer Untersuchung der Zeitschrift »Moderne Schule« geht hervor: Am Gymnasium beträgt der Anteil ausländischer Schüler nur 3%.

2. Argument: Schon die Elterngeneration hat Vorbehalte gegenüber Freundschaften mit Menschen anderer Herkunft.

Unterargument a): Zwischen Erwachsenen unterschiedlicher Herkunft gibt es kaum Freundschaften.

Unterargument b): ....

....

Beleg a): Deutsche Eltern befürchten mehr Straftaten wegen des Umgangs mit ausländischen Jugendlichen.

Beleg b): Muslimische Eltern befürchten Verführung zum Alkoholkonsum.

3. Argument: Jugendliche haben oft nicht die Geduld oder die Gelegenheit, sich auf Gleichaltrige mit anderem kulturellem Hintergrund einzulassen.
Unterargument a): Jugendliche haben oft nicht die Geduld, sich auf jemanden einzulassen, dessen Muttersprache nicht die eigene ist.

Beleg: ....

Unterargument b): ....

→ **Eine Ausformulierung dieser Erörterung findest du auf Seite 235f.**

Übung 2 Stoffsammlung einer dialektischen Erörterung

Thema: „Bist du schon online? Was spricht deiner Meinung nach für, was gegen einen privaten Internetanschluss?"
These: Ich halte einen privaten Internetanschluss für sinnvoll.

Setze nun die folgenden Auszüge aus der <u>un</u>geordneten Stoffsammlung an die richtige Stelle der geordneten Stoffsammlung und ergänze selbstständig.

- Das Internet liefert Infos, die man für die Schule braucht.
- Auf der Homepage kann ich mich und meine Familie vorstellen.
- Es bleibt zu wenig Zeit für die Hausaufgaben.
- Meine Freundin hat ihre Infos über Jazzveranstaltungen meist aus dem Internet.
- Seitdem ich online bin, erhalte ich fast so viele E-Mails wie Briefe.

1. Argument: Das Internet stellt eine Fülle von Informationen zur Verfügung.

Unterargument a): ....

(Eigener) Beleg: ....
Unterargument b): Das Internet liefert Infos, die einen selbst interessieren.

Beleg: ....

2. Argument: Das Internet bietet die Möglichkeit, Informationen weiterzugeben.

Unterargument a): ....
Beleg: Ich glaube, Selbstdarstellung ist ein Grundbedürfnis des Menschen.

Unterargument b): ....

Beleg: ....

Nun zur Antithese: Ergänze auf einem extra Blatt zu jedem Argument zwei eigene Unterargumente mit Belegen.

Antithese: Ich halte einen privaten Internetanschluss nicht für sinnvoll.
1. Argument: Die Beschäftigung mit dem Internet ist sehr zeitraubend.
2. Argument: Die Beschäftigung mit dem Internet gefährdet die Gesundheit.

Übung 3

Prüfe die folgenden Argumente. Welche davon musst du streichen, weil sie nicht stichhaltig oder in einem anderen Argument mit enthalten sind? Welche beiden Argumente stehen in einem unversöhnlichen Widerspruch zueinander? Welche beiden Argumente musst du gegeneinander abwägen, weil sie in einem gewissen Widerspruch zueinander stehen?

Thema: „Welche Gründe sprechen deiner Ansicht nach für, welche gegen den Beitritt zu einem Sportverein?“ (dialektische Erörterung)

These: Es ist für mich sinnvoll, einem Sportverein beizutreten.
1. Argument: Ich langweile mich dann nicht mehr so oft.
2. Argument: Die Mitgliedsbeiträge sind meist nicht sehr hoch.
3. Argument: Ich kann dort soziale Kontakte knüpfen.
4. Argument: Sport fördert die Gesundheit.
5. Argument: Ich kann dort Freunde fürs Leben gewinnen.
6. Argument: Falls ich in der gewählten Sportart erfolgreich bin, werde ich bewundert.

Antithese: Es ist für mich nicht sinnvoll, einem Sportverein beizutreten.
7. Argument: Ich will mich nicht auch noch in der Freizeit Leistungsdruck aussetzen.
8. Argument: Sport ist Mord.
9. Argument: Die Mitgliedschaft bei einem Sportverein kostet viel Geld.
10. Argument: Die beiden Sportstunden an der Schule reichen mir.
11. Argument: Ich kann meinen Schulsportlehrer schon nicht leiden.
12. Argument: Wo ich wohne, gibt es weit und breit keinen Sportverein.

1. Argument Nr. ………… ist zu streichen, weil es nicht stichhaltig ist.
2. Argument Nr. ………… ist zu streichen, weil es in Argument Nr. ………… mit enthalten ist.
3. Eines der beiden Argumente Nr. ………… und Nr. ………… ist zu streichen, weil sie in unversöhnlichem Widerspruch zueinander stehen.
4. Argument Nr. ………… steht in einem gewissen Widerspruch zu Argument Nr. …………. Die beiden Argumente sind gegeneinander abzuwägen.

Übung 4

Nur in einem der beiden Fälle stehen die Argumente in einer sinnvollen Reihenfolge. In Fall 1 oder Fall 2? Begründe.

Thema: „Warum ich auch mit Mann und Kindern noch einen Beruf ausüben will.“

These: Es ist für mich sinnvoll, auch mit Mann und Kindern noch einen Beruf auszuüben. (steigernde Erörterung)

Fall 1

1. Argument: Ich bin von meinem Mann finanziell unabhängig.
2. Argument: Die ständige Beschäftigung mit den Kindern würde mich nervlich zu sehr belasten.
3. Argument: Im Fall einer Trennung von meinem Mann bin ich finanziell abgesichert.
4. Argument: Nur als Berufstätige genieße ich volle gesellschaftliche Anerkennung.
5. Argument: Als Berufstätige habe ich viel mehr Kontakt zu Leuten außerhalb der Familie.
6. Argument: Nur Hausarbeit würde mir bald zu langweilig werden.
7. Argument: Als Berufstätige werde ich von meinem Mann mehr geachtet.
8. Argument: Wenn ich berufstätig bin, ist mein Mann eher bereit, sich um Haus und Kinder zu kümmern.

Fall 2

1. Argument: Ich bin von meinem Mann finanziell unabhängig.
2. Argument: Im Fall einer Trennung von meinem Mann bin ich finanziell abgesichert.
3. Argument: Nur Hausarbeit würde mir bald zu langweilig werden.
4. Argument: Die ständige Beschäftigung mit den Kindern würde mich nervlich zu sehr belasten.
5. Argument: Wenn ich berufstätig bin, ist mein Mann eher bereit, sich um Haus und Kinder zu kümmern.
6. Argument: Als Berufstätige werde ich von meinem Mann mehr geachtet.
7. Argument: Als Berufstätige habe ich viel mehr Kontakt zu Leuten außerhalb der Familie.
8. Argument: Nur als Berufstätige genieße ich volle gesellschaftliche Anerkennung.

4. Einleitung und Schluss

Die wichtigsten **Aufhängertypen der Einleitung:**
1. Persönlicher Bezug zum Thema
2. Bedeutung des Themas trotz mangelnden persönlichen Bezugs
3. Aktuelles öffentliches Interesse für das Thema
4. Bedeutung des Themas trotz mangelnden öffentlichen Interesses
5. Historischer Rückblick
6. Redewendung, Sprichwort, Zitat
7. Begriffserklärung
8. Allgemeiner Gedanke, der sich auf die Themafrage einengen lässt

(1. und 2. sind persönliche Aufhänger, die anderen unpersönliche.)

Die wichtigsten **Schlusstypen:**
1. Zukunftsprognose (günstig oder ungünstig)
2. Wunsch / Hoffnung / Befürchtung
3. Ethische Forderung
4. Rückgriff auf die Einleitung (Ringkomposition)
5. Allgemeiner Gedanke, der sich aus der Themafrage entwickeln lässt

Übung 1

Bestimme den Aufhängertyp der Einleitung.

Nr.

Thema: „Warum Jugendliche (k)ein Musikinstrument erlernen sollten."
Meine Eltern haben mich mit fünf Jahren gegen meinen Willen dazu gezwungen, Flöte spielen zu lernen. Während meine Altersgenossen draußen herumtollen durften, musste ich in meinem Zimmer sitzen und üben … ....

Thema: „Immer mehr Jugendliche legen Wert auf teure Markenkleidung. Sind Klamotten wirklich so wichtig?"
„Kleider machen Leute", so lautet ein altes Sprichwort. Der berühmteste Vertreter dieser Ansicht ist wohl der Kaiser aus dem Märchen „Des Kaisers neue Kleider". Aber auch viele Jugendliche … ....

Thema: „Was spricht dafür, was spricht dagegen, sich im Leben von Idolen leiten zu lassen?"
Ein Idol ist eine Person, die abgöttisch verehrt wird, z. B. ein berühmter Schauspieler, ein Spitzensportler … ....

Thema: „Immer mehr Jugendliche greifen zu Drogen. Was sind die Ursachen, was kann man dagegen tun?"
Ich selbst habe mit Drogen noch nicht zu tun gehabt. Als wir aber in Biologie die Drogenproblematik ausführlich diskutiert haben, ist mir klar geworden, wie wichtig es ist, gegen den steigenden Drogenkonsum etwas zu tun … ....

Thema: „Warum Sexualstraftäter (nicht) noch härter bestraft werden sollten."
In letzter Zeit berichteten die Medien immer wieder von sexuellem Missbrauch von Kindern. Nun wird sich sogar der Bundestag mit der Frage beschäftigen, ob Sexualstraftäter noch härter bestraft werden müssen … ....

Thema: „Unser Wald ist krank. Was sind die Ursachen, was könnte dein Beitrag zur Gesundung des Waldes sein?"
Leider ist es um das Waldsterben in letzter Zeit etwas ruhig geworden und das, obwohl keinerlei Anlass zur Entwarnung besteht. Noch immer ist ein erheblicher Prozentsatz des Waldes krank … ....

Thema: „Warum schließen Jugendliche unterschiedlicher Herkunft nur selten Freundschaft?"
In den Fünfziger- und Sechzigerjahren wurden Tausende von Ausländern nach Deutschland geholt, um beim Wiederaufbau des zerstörten Landes zu helfen. In den Siebziger- und Achtzigerjahren kamen dann immer mehr Menschen, die verfolgt wurden und um Asyl baten … ....

Übung 2 **Bestimme den Schlusstyp.**

Thema: „Die Luftverschmutzung ist ein sehr ernst zu nehmendes Umweltproblem. Nenne Ursachen für die hohe Luftverschmutzung und überlege dir, was man gegen sie tun kann."

Nr.

Übrigens: Nicht nur die Luftverschmutzung ist ein sehr ernst zu nehmendes Umweltproblem, sondern auch die Verunreinigung von Boden und Wasser. Nur wenn auch sie rein gehalten werden, wird uns die Natur auch in Zukunft unsere Lebensgrundlagen in hoher Qualität zur Verfügung stellen. ....

Für den Fall, dass kein wirkliches Umdenken in dieser Frage stattfindet, wage ich eine düstere Prognose: Die Atemwegserkrankungen werden weiter zunehmen, vielleicht setzt sogar eine Flucht aufs Land ein, weil immer weniger Menschen den Smog in den Großstädten ertragen werden. ....

Soweit ich sehe, hat es in der Frage, wie die Luftverschmutzung entscheidend reduziert werden kann, bislang keinen wirklichen Durchbruch gegeben. Vor allem die Amerikaner sind nicht dazu bereit, ihren hohen Schadstoffausstoß einzuschränken. Dennoch will ich die Hoffnung nicht aufgeben. Vielleicht setzt ja eine Minute vor zwölf doch noch ein böses, aber heilsames Erwachen ein. ....

Wie schon eingangs klargestellt, hat es aber wenig Sinn, wenn nur der Einzelne etwas gegen Luftverschmutzung tut. Nur wenn auch die Industrie zur Reinhaltung der Luft verpflichtet wird, ist eine wirkliche Besserung der Luftqualität zu erwarten. ....

Wartet nicht, bis die Industrie zu mehr Rücksicht auf die Umwelt verpflichtet wird! Kauft schon jetzt nur noch Produkte, die von umweltbewussten Herstellern stammen! ....

E Gliederung

1. Die Gliederung der steigernden Erörterung I: Buchstaben-Ziffern-System

Beispiel

Gliederungsschema einer steigernden Erörterung I: Buchstaben-Ziffern-System

A Einleitung
B Hauptteil
- I. These
  - 1. Argument
    - a) Unterargument
    - b) Unterargument
    - c) …
  - 2. Argument
    - a) Unterargument
    - b) …
  - 3. Argument
    - a) …
- II. Abschließende Schlussfolgerung (evtl. Vorschläge zur Behebung des Missstandes)

C Schluss

Merke

Die einzelnen Gliederungspunkte können sowohl als **ganze Sätze** als auch als **erweiterte Stichworte** aufgeführt werden.

Übung

Schreibe folgende Gliederung in ganze Sätze um.

Thema: „Die Schülerzeitung ist ein unverzichtbarer Bestandteil des schulischen Lebens. Was spricht für die Mitarbeit an einer Schülerzeitung?“

These: Mitarbeit an einer Schülerzeitung: sinnvoll
1. Argument: Anerkennung und Bewunderung
2. Argument: Einfluss auf Mitmenschen
3. Argument: Spaß durch selbstständiges Arbeiten in einer Gruppe Gleichgesinnter
4. Argument: Besserung des Schulklimas durch Schülerzeitung
5. Argument: Erwerb von Fähigkeiten, nützlich fürs spätere Leben

Unterargument a): Ausdrucksfähigkeit
Unterargument b): Gesellschaftliches Denken
Unterargument c): PC-Kenntnisse
Unterargument d): Einblicke ins Geschäftsleben

Unterargument e): Eigenverantwortliches Arbeiten im Team
Abschließende
Schlussfolgerung: Befürwortung der Mitarbeit an einer Schülerzeitung
Einleitung: Gründung einer neuen Schülerzeitung
Schluss: Hoffnung auf rege Mitarbeit an der neuen Schülerzeitung

A Einige Schüler planen, eine neue Schülerzeitung ins Leben zu rufen.
B
I. Es ist sinnvoll, an einer Schülerzeitung mitzuarbeiten.
1. ....
2. ....
3. ....
....
4. ....
....
5. ....
....
a) ....
b) ....
c) ....
d) ....
e) ....
II. ....
....
C ....
....

→ **Eine Ausformulierung dieser Erörterung findest du auf Seite 237f.**

E 2. Die Gliederung der steigernden Erörterung II: reines Ziffernsystem

Beispiel

Gliederungsschema einer steigernden Erörterung II: reines Ziffernsystem

1 Einleitung
2 Hauptteil
  2.1 These
    2.1.1 Argument
      2.1.1.1 Unterargument
      2.1.1.2 Unterargument
      2.1.1.3 ...
    2.1.2 Argument
      2.1.2.1 Unterargument
      2.1.2.2 ...
    2.1.3 Argument
      2.1.3.1 ...
  2.2 Abschließende Schlussfolgerung (evtl. Vorschläge zur Behebung des Missstandes)
3 Schluss

Übung 1

Schreibe folgende Gliederung ins reine Ziffernsystem um.

Thema: „Schnellrestaurants erfreuen sich zunehmender Beliebtheit. Was spricht für den Besuch eines Schnellrestaurants?"

A Eröffnung des ersten Schnellrestaurants in unserer Stadt
B
  I Vorteile des Schnellrestaurants
    1. Finanzieller Vorteil durch Einsparung des Trinkgelds
    2. Möglichkeit zu lesen wegen heller Beleuchtung
    3. Erhaltung der Gesundheit wegen Rauchverbots
    4. Im Vergleich zu anderen Restaurants bessere Kalkulierbarkeit
      a) in finanzieller Hinsicht durch standardisierte Preise
      b) in zeitlicher Hinsicht durch Vorkasse (kein Warten auf Bedienung)
      c) in qualitativer Hinsicht durch standardisierte Gerichte
    5. ungezwungene Atmosphäre
      a) robuste Einrichtung und Einweggeschirr
      b) keine Nötigung zum Konsum
    6. Möglichkeit, mit Gleichaltrigen in Kontakt zu kommen
  II Befürwortung des Schnellrestaurants
C Günstige Prognose für das Schnellrestaurant in unserer Stadt.

Übung 2 **Schreibe folgende Gliederung ins reine Ziffernsystem sowie in die Stichwortform um.**

Thema: „Immer wieder geraten Schnellrestaurants ins Kreuzfeuer der Kritik. Was spricht gegen den Besuch eines Schnellrestaurants?"

A Neulich wurde in unserer Stadt das erste Schnellrestaurant eröffnet.
B
- I. Es ist nicht sinnvoll, ein Schnellrestaurant zu besuchen.
  - 1. Fastfood ist dafür, dass es kaum sättigt, verhältnismäßig teuer.
  - 2. Schnellrestaurants sind ungemütlich.
    - a) Die Beleuchtung ist grell.
    - b) Die Gäste sind meist in Eile.
    - c) Das Personal ist oft unfreundlich.
    - d) Es gibt Selbstbedienung.
  - 3. Fastfood ist insofern nicht umweltfreundlich, als die Verpackung unnötig aufwendig ist.
  - 4. Der Verzehr von Fastfood gefährdet die Gesundheit.
- II. Nach Abwägung aller Argumente komme ich zu dem Schluss: Es gibt eigentlich keinen vernünftigen Grund, ein Schnellrestaurant zu besuchen.

C Wenn ich genug Leute von meinem Standpunkt überzeugen kann, dann wird das Schnellrestaurant in unserer Stadt bald wieder schließen.

1 Eröffnung des ersten Schnellrestaurants in unserer Stadt
2
- 2.1 Nachteile des Schnellrestaurants
  - 2.1.1 Ungünstiges Preis-Leistungs-Verhältnis

....

....

....

....

....

....

....

- 2.2 Ablehnung des Schnellrestaurants

....

....

3. Die Pro-und-Kontra-Gliederung der dialektischen Erörterung

Auch bei der **dialektischen Erörterung** gibt es zwei Möglichkeiten der Gliederung.

Beispiel

Buchstaben-Ziffern-System

A Einleitung
B Hauptteil
- I. These
  - 1. Argument
    - a) Unterargument
    - b) Unterargument
  - 2. Argument
    - a) …
- II. Antithese
  - 1. Argument
    - a) Unterargument
    - b) Unterargument
  - 2. Argument
    - a) …
- III. Synthese

C Schluss

Beispiel

Reines Ziffernsystem

1 Einleitung
2 Hauptteil
- 2.1 These
  - 2.1.1 Argument
    - 2.1.1.1 Unterargument
    - 2.1.1.2 Unterargument
  - 2.1.2 Argument
    - 2.1.2.1 …
- 2.2 Antithese
  - 2.2.1 Argument
    - 2.2.1.1 Unterargument
    - 2.2.1.2 Unterargument
  - 2.2.2 Argument
    - 2.2.2.1 …
- 2.3 Synthese

3 Schluss

Übung

Erstelle aus der geordneten und um Einleitung und Schluss erweiterten Stoffsammlung eine Pro-und-Kontra-Gliederung in Stichwortform. Verwende das Buchstaben-Ziffern-System.

Thema: „Viele Jugendliche haben ein Idol, dem sie nacheifern. Was spricht dafür, was spricht dagegen, sich im Leben von leuchtenden Vorbildern leiten zu lassen?"

These: Es ist sinnvoll, sich im Leben von einem Idol leiten zu lassen.
1. Argument: Die Verehrung eines Idols stellt eine sinnvolle Freizeitbeschäftigung dar.
2. Argument: Ein gemeinsames Idol fördert soziale Kontakte.
Unterargument a): Über ein Idol stellt man Kontakte zu Gleichgesinnten her.
Unterargument b): Über ein Idol schließt man echte und dauerhafte Freundschaften.
3. Argument: Ein Idol verhilft dazu, im Leben besser zurechtzukommen.
Unterargument a): Ein Idol ist Ansporn in einer schwierigen Situation des Alltags.
Unterargument b): Ein Idol hilft über den grauen Alltag hinweg.
Antithese: Es ist nicht sinnvoll, sich im Leben von einem Idol leiten zu lassen.
1. Argument: Die Verehrung eines Idols ist mit hohem Aufwand verbunden.
Unterargument a): Sie kostet viel Zeit.
Unterargument b): Sie kostet viel Geld.
2. Argument: Wirklich gute Beziehungen stiftet das Idol nicht.
Unterargument a): Das Idol stiftet nur Zweckgemeinschaften.
Unterargument b): Besonders schlecht ist die Beziehung zu Außenstehenden.
3. Argument: Das Idol ist nicht echte Stütze im Leben, sondern eher eine Gefahr.
Unterargument a): Man verfolgt unrealistische Ziele.
Unterargument b): Man flüchtet aus der Wirklichkeit.
Synthese: Nach Abwägen aller Argumente halte ich es nicht für richtig, sich im Leben von Idolen leiten zu lassen.

Einleitung: Für mich hat es nie einen Menschen gegeben, den ich abgöttisch verehrt hätte.
Schluss: Befürchtung, die Menschen werden auch in Zukunft Menschen wie Götter verehren.

Vervollständige den Lösungsansatz auf einem extra Blatt:

A Unverständnis für die gottgleiche Verehrung von Menschen
B
I. Vorteile der auf ein Idol hin ausgerichteten Lebensführung
…
II. Nachteile der auf ein Idol hin ausgerichteten Lebensführung
…
III. Ablehnung von Idolen nach Abwägen aller Argumente
…

→ **Eine Ausformulierung dieser Erörterung findest du auf Seite 239ff.**

4. Die Sachbereichsgliederung der dialektischen Erörterung

Nicht immer ist es sinnvoll, zuerst alle Pro- und dann alle Kontraargumente zu behandeln. Manchmal empfiehlt es sich, die Argumente sogenannten **Sachbereichen** zuzuordnen. Die Pro- und Kontraargumente des einzelnen Sachbereichs werden dann für sich diskutiert.

Beispiel

Schema einer Sachbereichsgliederung (Buchstaben-Ziffern-System)

A Einleitung
B Hauptteil
- I. Sachgesichtspunkt
  - 1. Proargument
    - a) Unterargument
    - b) …
  - 2. Kontraargument
    - a) Unterargument
    - b) …
- II. Sachgesichtspunkt
  - 1. Proargument
    - a) Unterargument
    - b) …
  - 2. Kontraargument
    - a) Unterargument
    - b) …
- III. Sachgesichtspunkt
  - 1. Proargument
    - a) …
  - 2. Kontraargument
    - a) …
- IV. Synthese

C Schluss

Übung

Trage die Argumente und Unterargumente der Stoffsammlung in das Schema ein.

Thema: „Extreme Freizeitbeschäftigungen, z. B. House-Running und Bungee-Jumping, erfreuen sich immer größerer Beliebtheit. Was versprechen sich Jugendliche von derartigen Aktivitäten, wo lauern die Gefahren?"

Auszug aus der Stoffsammlung: Panische Angst; Ärger mit den Eltern; Fithalten des Körpers; geringe Kosten (z. B. House-Running); Gefahr tödlicher Verletzungen; Nachlassen der Lustgefühle aufgrund des Gewöhnungseffekts; hohe Kosten (z. B. Bungee-Jumping); Anerkennung bei Freunden; Gefahr, von vielen als Spinner abgetan zu werden; zu hohe Belastung für den menschlichen Körper; Mangel an Lustgefühlen

A Aktuelle Beliebtheit extremer Freizeitbeschäftigungen

B

I. Die Kostenfrage

1. ....

2. ....

II. Die Gefühlsebene

1. Lustgefühle

2. ....

a) ....

b) ....

III. Gesundheit

1. ....

2. Risiko für die Gesundheit

a) ....

b) ....

IV. Reaktion der Mitmenschen

1. ....

2. Ablehnung durch Mitmenschen

a) ....

b) ....

V. Ablehnung extremer Freizeitbeschäftigungen nach Abwägen aller Argumente

C Befürchtung, die Neigung zu extremen Freizeitbeschäftigungen könnte in Zukunft noch weiter zunehmen

5. Die Pro-und-Kontra-Gliederung der Texterörterung

Die Texterörterung ist eine Erörterung, bei der du einen Teil der Argumente einem vorgegebenen Text entnehmen darfst.

Übung

Ergänze die folgende Gliederung, indem du die Argumente des Textes übernimmst und um weitere Kontraargumente ergänzt.

Her mit den Uniformen

Einheitliche Schulkleidung könnte soziale Spannungen unter den Kindern mildern.
Von Thomas Böwer

Hamburg. Diese Gesellschaft ist gespalten. Schon das Kind lernt: „Trage ich Marke, dann bin ich." (...) Outfit wird mit Persönlichkeit verwechselt. Die Marke und nur die Marke entscheidet über Anerkennung, Erfolg und Sozialprestige. Das ist brutal für diejenigen, die sich diese Art von Vermarktung des eigenen Images nicht leisten können. Brutal aber auch für jene, die zwar besitzen, denen aber dann immer häufiger genommen wird. Abziehen auf dem Schulweg ist bundesdeutscher Alltag.

Jeder dritte Hamburger Neuntklässler hat nach einer Untersuchung des Kriminologen Christian Pfeiffer Angst vor dem Abziehen. In der gleichen repräsentativen Untersuchung geben 36 Prozent der 15-jährigen Schülerinnen und Schüler an, Gewalt erlitten zu haben. Ein knappes Viertel wurde entweder beraubt oder erpresst. (...)

Das muss sich ändern – und deshalb sei die Frage gestattet: Warum ziehen wir nicht die Marken von der Schule ab? Machen wir Schluss mit dem verhängnisvollen Irrtum, den wir schon unseren Kindern vermitteln, dass Kleider Leute machen. (...) Natürlich müssen wir die tief greifenden gesellschaftlichen Ursachen für die Gewalt von Kindern an Kindern bekämpfen. Aber spricht all dies gegen die Einführung einer einheitlichen Schulkleidung an deutschen Schulen?

Es mag ganz praktische Gründe geben, die sich auf den ersten Blick gegen die Schuluniform wenden. Kinder und Jugendliche wachsen schnell aus den Klamotten heraus. Das tun sie allerdings erfahrungsgemäß aus allem. Uniformen sind altmodisch und unbequem. (...) Wieso bitten wir nicht aktuelle junge Modemacher wie Joop und seine Nachfolger und lassen sie zusammen mit Schülern neue, zeitgemäße Schulkleidung entwickeln? So viel zur praktischen Seite.

Kinder und Jugendliche haben das Recht auf Individualität und Anerkennung, unabhängig vom Einkommen ihrer Eltern. Eine Gesellschaft aber, die, gewollt oder ungewollt, die Klamottendiktatur von Kindesbeinen an propagiert, stärkt nicht das Ego, sondern fördert den Egoismus. Dem entgegenzuwirken bedarf es möglicherweise auch der oft verpönten Gleichmacherei.

Was ist so schlimm daran, Kindern und Jugendlichen durch Erziehung zu vermitteln, dass es andere Formen des Ausdrucks von Persönlichkeit gibt, als sich im jeweils trendigen Outfit zu präsentieren. (...)

Lassen wir den Versuch zu, dann werden wir sehen, ob sich die Erfahrungen von kalifornischen Schulen auf Deutschland übertragen lassen. Dort gingen die Gewaltdelikte um 50 Prozent zurück, seitdem Jungen und Mädchen Schuluniformen tragen. Die gesellschaftlichen Folgekosten der Jugenddelinquenz sind auf jeden Fall um ein Vielfaches höher als das einheitliche Sweatshirt, das an amerikanischen Highschools neuerdings immer häufiger getragen wird. (Aus: „Die Zeit", 24. 6. 1999)

A Immer häufiger Forderung nach Wiedereinführung der Schuluniform

B

I. Vorteile der Schuluniform

1. Nur scheinbar hohe Kosten

....

....

....

....

....

....

....

....

....

....

II. Nachteile der Schuluniform

....

....

....

....

Weitere Kontraargumente:

....

....

....

III. Ablehnung der Schuluniform nach Abwägen aller Argumente

C Befürchtung, die Schulen könnten sich bald in Kasernen verwandeln

Hinweis

Ausführlich behandelt wird die Texterörterung in der **mentor Lernhilfe „Aufsatzschreiben 8.–10. Klasse, 2"** (63520), Seite 108–118.

F Die Einleitung formulieren

Beachte bei der Formulierung der Einleitung:

1. Ein wichtiges Argument darf nicht schon in der Einleitung stehen.
2. Zwischen dem „Aufhänger“ (s. S. 30) und der Wiederholung der Themafrage am Ende der Einleitung darf es keinen gedanklichen Bruch geben.
3. Die Einleitung darf nicht zu lang sein (3 bis 5 Sätze).

Übung 1 Welcher dieser Punkte wurde jeweils nicht beachtet?

Nr.

1. Thema: „Untersuche die Ursachen für die zunehmende Gewaltbereitschaft unter Jugendlichen!“
Ich persönlich habe mit gewaltbereiten Jugendlichen, wie Glatzen oder Faschos, noch nicht zu tun gehabt. Gott sei Dank nicht! Darum bin ich gern dazu bereit, mich über die Ursachen für die zunehmende Gewaltbereitschaft unter Jugendlichen auszulassen. ....

2. Thema: „Wasser, Wind und Sonne: Was spricht aus deiner Sicht dafür, den Strom mehr und mehr aus einer nicht fossilen Energiequelle zu gewinnen?“
Unser Haus steht an einer extrem windigen Stelle. Dieser Umstand hat mich schon oft auf den Gedanken gebracht, auf unser Dach ein Windrad mit Stromgenerator zu montieren. Das würde unsere Stromrechnung stark entlasten … ....

3. Thema: „Mancherorts unterliegen Schülerzeitungen nach wie vor der Zensur. Was spricht für die Pressefreiheit auch an öffentlichen Schulen?“
Die Zensur von Druckerzeugnissen ist fast so alt wie die Druckkunst selbst. Schon um 1450 – kurz nach Erfindung des Buchdrucks – untersagten Kirche und Staat den Druck nicht genehmigter Schriften. Aber erst Jahrhunderte später, in den berüchtigten Karlsbader Beschlüssen von 1819, wurde konsequent mit der Pressefreiheit aufgeräumt. In der Revolution von 1848 wurde dann zwar die Freiheit der Presse feierlich proklamiert, aber für die Zeit des 1. Weltkrieges (1914–18) wieder abgeschafft. Im Dritten Reich (1933–45) sorgte das Reichsministerium für Volksaufklärung und Propaganda für die Gleichschaltung aller Journalisten und Verleger. Für den Westen Deutschlands gibt es die volle Pressefreiheit nun wieder seit Gründung der Bundesrepublik (1949). Der Osten Deutschlands genießt sie erst seit 1989. Dieser historische Rückblick macht deutlich: Die Zeit arbeitet für die Pressefreiheit. Um sie bei dieser Arbeit zu unterstützen, will ich im Folgenden die Argumente nennen, die für die Pressefreiheit auch an öffentlichen Schulen sprechen. ....

Übung 2

Hast du einen unpersönlichen Aufhänger gewählt, solltest du zwischen Aufhänger und Themafrage kurz einen persönlichen Bezug herstellen. Ergänze selbstständig.

1. Thema: „Was spricht dafür, was dagegen, ab bestimmten Ozonwerten für private Kraftfahrzeuge ein Fahrverbot zu verhängen?"

Aufhänger (allg. Gedanke, der sich auf die Themafrage einengen lässt): Es hat sich immer wieder gezeigt, dass Verbote nur dann Erfolg haben, wenn ein Großteil der Bevölkerung mit ihnen einverstanden ist. Man wird sich also fragen müssen, ob ein Großteil der Bevölkerung dazu bereit wäre, bei hohen Ozonwerten auf die Benutzung des eigenen Autos zu verzichten.

Persönlicher Bezug: Was mich betrifft, so bin ich gegebenenfalls gern dazu bereit, mein Mofa zu Hause zu lassen – wenn meine Mitmenschen genauso handeln.

Themafrage: ....

....

....

2. Thema: „Legale Droge Alkohol – auch für Jugendliche jederzeit erreichbar. Stelle die Folgen übermäßigen Alkoholkonsums bei Jugendlichen dar!"

Aufhänger (Zitat): „Trink deinen Wein mit frohem Herzen!" heißt es in der Bibel (Prediger 9,7). Kein Wunder, dass bis auf den heutigen Tag kaum jemand sich aus ein paar Gläschen schon ein Gewissen macht. Aber wo ist die Grenze?

Persönlicher Bezug: ....

....

....

Themafrage: Aus diesem traurigen Anlass will ich die Auswirkungen übermäßigen Alkoholkonsums bei Jugendlichen im Folgenden einmal unter die Lupe nehmen.

3. Thema: „Inlineskaten – eine bei Erwachsenen nicht immer gern gesehene Sportart. Warum begeistern sich viele Jugendliche dafür?"

Aufhänger (aktuelles öffentl. Interesse): ....

....

....

Persönlicher Bezug: Ich muss sagen, dass ich die Begeisterung anderer für das Inlineskaten teile.

Themafrage: Im Folgenden möchte ich die verschiedenen Gründe, warum viele Jugendliche wie ich vom Inlineskaten so begeistert sind, einmal in geordneter Form darstellen.

G Den Hauptteil formulieren

1. Der Hauptteil der steigernden Erörterung

Der **Hauptteil der steigernden Erörterung** umfasst folgende Bestandteile:
- **Argumente** und **Unterargumente** (s. S. 22)
- **Erläuterungen** von Argumenten / Unterargumenten
- **Belege** (konkrete Beispiele usw.) (s. S. 24)
- **Einwände** (und ihre Widerlegung)
- **Folgerungen** (die ein Argument / die These bestätigen)
- die **abschließende Schlussfolgerung** (Gesamturteil in Form einer Zusammenfassung der wichtigsten Argumente und der Wiederholung der These)

Übung

Lies den folgenden Hauptteil einer Erörterung. Schreibe bei jedem Absatz an den Rand, um welchen Bestandteil es sich dabei handelt.

Thema:	„‚Ein Freund, ein guter Freund, das ist das Schönste auf der Welt', heißt es in einem alten Lied. Hast du einen guten Freund, auf den du dich in jeder Lebenslage verlassen kannst? Nein? Dann überlege dir mal, woran es liegt, dass gute Freundschaften unter Jugendlichen heutzutage so selten sind."
Argument	*Einmal* sind gute Freundschaften unter Jugendlichen heutzutage darum so selten, weil Jugendliche immer weniger Zeit füreinander haben.
Unterargument	Das liegt *einmal* daran, dass allein schon die Schule bzw. der Beruf viele Stunden täglich in Anspruch nimmt.
Beleg	Ich als Schüler *z. B.* verbringe normalerweise den ganzen Vormittag in der Schule. Am Nachmittag dann benötige ich noch einmal ein bis zwei Stunden für die Hausaufgaben.
…………………	*Außerdem* haben Jugendliche oft kaum Zeit für Freunde, weil ihre Eltern ihnen noch über die Schule hinaus Verpflichtungen auferlegen.
…………………	Ich *z. B.* muss in meiner Freizeit Klavier üben und ziemlich oft auf meine kleine Schwester aufpassen.
…………………	*Außerdem* wird jungen Menschen die Zeit darum oft knapp, weil sie sich neben der Schule noch selbst Geld verdienen müssen.
…………………	Erst neulich habe ich in der Zeitung gelesen, dass es immer mehr Schüler gibt, die sich sogar während der Schulzeit durch Arbeiten wie Zeitungaustragen ein zusätzliches Taschengeld verdienen.

Außerdem gibt es unter Jugendlichen immer weniger gute Freundschaften, weil wir in einer Ellbogengesellschaft leben.
Das ist eine Gesellschaft, die vom Stärkeren nicht Solidarität mit den Schwächeren fordert, sondern ihm im Gegenteil das Recht einräumt, sich auf Kosten der Schwächeren Vorteile zu verschaffen.
Einmal wird man in der Schule zum „Ellbogenmenschen" erzogen. Zusammenarbeit unter Schülern ist nur dann erwünscht, wenn es nicht um Noten geht.
Ich *z. B.* habe noch keinen Lehrer kennengelernt, der uns auch in Prüfungen erlaubt hätte zusammenzuarbeiten.
Außerdem wird einem als Auszubildendem bewusst, dass man in einer Ellbogengesellschaft lebt.
Wer sich *z. B.* zum Automechaniker ausbilden lassen will, muss sich mit zwanzig und mehr anderen Jugendlichen um einen einzigen Ausbildungsplatz streiten.
Folglich ist es kein Wunder, wenn kaum noch jemand die Hoffnung hat, auf einen Altersgenossen zu treffen, den er nicht als Konkurrenten zu betrachten hat.

Außerdem ist nicht die Gesellschaft allein dafür verantwortlich zu machen, dass immer weniger junge Menschen einen guten Freund haben. Viele Jugendliche würden vermutlich auch unter ganz anderen Verhältnissen keinen guten Freund haben: Einfach weil sie aufgrund ihres Charakters einen guten Freund nicht so sehr als Bereicherung, sondern vielmehr als Belastung empfinden. Ein guter Freund ist ja nicht nur eine Stütze in schweren Zeiten.
Wer einen guten Freund besitzt, der hat *einmal* auch Verpflichtungen.
Ist dein Freund *z. B.* pleite, dann wirst du ihm mit Geld aushelfen, liegt er im Krankenhaus, dann wirst du ihn regelmäßig besuchen.
Als Belastung empfinden *außerdem* diejenigen eine Freundschaft, die mit Meinungsverschiedenheiten nicht umgehen können, wie sie auch unter guten Freunden vorkommen.
Dagegen könnte man einwenden, dass ein guter Freund jemand ist, mit dem es Meinungsverschiedenheiten nicht gibt.
Dem möchte ich widersprechen: Eine Freundschaft ganz ohne Konflikte kann es gar nicht geben. Jeder Mensch macht in seinem Leben unterschiedliche Erfahrungen. Unterschiedliche Erfahrungen aber führen auch zu unterschiedlichen Meinungen.
Folglich ist eine Freundschaft auch dann schon als gut zu bezeichnen, wenn es beiden Seiten gelingt, mit auftretenden Konflikten fertig zu werden, d. h., tragfähige Kompromisse zu finden.

G 2. Besser formulieren I: Verknüpfungsmittel

Bei der **Verknüpfung von Argumenten, Unterargumenten, Beispielen und Folgerungen** solltest du auf Abwechslung bei den Verknüpfungsmitteln achten.

Beispiel

Reihende Verknüpfungsmittel sind z. B.
einmal, zunächst; zunächst einmal, schon; wichtig ist …; ein wichtiges Argument ist …; auch; außerdem, ferner, darüber hinaus, überdies, zudem; nicht nur … auch; hinzu kommt …; ebenso wichtig ist …; ein weiteres wichtiges Argument ist …; endlich, schließlich, und nicht zuletzt; last, but not least

Steigernde Verknüpfungsmittel sind z. B.
aber auch, aber gerade auch, erst recht, besonders aber; wichtiger ist …; schwerer wiegt das Argument, dass …; überzeugender erscheint mir, dass …

Kontrastierende Verknüpfungsmittel sind z. B.
aber, und umgekehrt, anders als, allerdings, demgegenüber, im Gegensatz dazu; zum einen … zum anderen, einerseits … andererseits, auf der einen Seite … auf der anderen Seite

Konkrete Beispiele leitest du ein mit
z. B., etwa, so

Folgerungen leitest du z. B. ein mit
so, folglich, demnach, somit; dies hat zur Folge, dass …; daraus folgt, dass …

Übung 1

Du findest auch, dass der auf S. 44/45 abgedruckte Hauptteil einer Erörterung zum Thema „Freundschaft" ziemlich langweilig wirkt? Es tauchen nämlich immer wieder dieselben vier Verknüpfungsmittel auf *(einmal, außerdem, z. B., folglich)*. Formuliere um, indem du die *kursiv* gedruckten Verknüpfungsmittel durch andere ersetzt oder auch ganz weglässt.

Übung 2

Schreibe die abschließende Schlussfolgerung selbst.

Übung 3 **Ergänze selbstständig auf einem extra Blatt.**

Thema: „Warum ich am liebsten von zu Hause ausziehen und zusammen mit Gleichaltrigen in einer Wohngemeinschaft leben würde."

1. Argument:	Zum einen würde ich gern zusammen mit Gleichaltrigen in einer WG wohnen, weil ich dann mein Leben nach eigenen Vorstellungen gestalten könnte und nicht länger der Kontrolle durch meine Eltern unterworfen wäre.
Unterargument a):	Die fängt beim Outfit an. Das wäre in einer WG ganz anders. Da würde mir niemand dreinreden, wenn es um Kleidung oder die Haarfarbe geht.
Beleg:	…
Unterargument b):	…
Erläuterung:	Meine Eltern kontrollieren nämlich Tag für Tag, ob ich auch alle Hausaufgaben gewissenhaft erledigt habe, obwohl ich schon in der 9. Klasse bin!
Beleg:	Kontrolliert niemand mehr, ob ich meine Hausaufgaben auch erledige, dann wird das nämlich zur Folge haben, dass ich sie viel lieber mache.
2. Argument:	Außerdem spricht für die WG, dass sie Jugendlichen die Chance gibt, selbstständiger zu werden.
Beleg:	Nicht mehr die Eltern, sondern du und deine Mitbewohner tragen nun die Verantwortung dafür, dass die Miete pünktlich bezahlt wird, auch Küche und Klo sauber gehalten werden und der Vorrat an Lebensmitteln nicht ausgeht.
Einwand:	…
Widerlegung des Einwands:	Eine wissenschaftliche Studie in der Zeitschrift „Pädagogik heute" hat aber ganz im Gegenteil gezeigt, dass Jugendliche, die in WGs leben, oft viel selbstbewusster und ausgeglichener sind als ihre Altersgenossen, die noch bei den Eltern wohnen.
Folgerung:	…
3. Argument:	Und drittens würde ich darum gern in eine WG ziehen, weil es auch einfach sehr viel Spaß machen kann, sein Leben zusammen mit Gleichaltrigen in eigener Regie zu gestalten.
Unterargument a):	Nur in einer WG ist es ja möglich, die Hausarbeit wirklich demokratisch zu organisieren.
Beleg:	…
Unterargument b):	…
Beleg:	Für die Veranstaltung von Partys z. B. ist eine Wohnung schon dann ungeeignet, wenn auch nur ein Erwachsener darin wohnt, der laute Musik nicht mag und schon um neun Uhr vielleicht schlafen will.
Unterargument c):	Und nicht zuletzt profitiert von einer WG auch, wer jemanden sucht, mit dem er oder sie persönliche Probleme besprechen kann und Hilfe sucht.
Beleg:	…

3. Der Hauptteil der dialektischen Erörterung

Der **Hauptteil der dialektischen Erörterung** (Pro-und-Kontra-Erörterung) enthält neben den Bestandteilen der steigernden Erörterung außerdem folgende weitere:

- die **Überleitung von der These zur Antithese**, z. B.:
  (Thema: „Was spricht für, was gegen Ferienarbeit?)
  Es hat sich gezeigt, dass durchaus ernst zu nehmende Einwände gegen die Ferienarbeit sprechen. Nun aber sollen auch die Argumente, die dafür sprechen, dargelegt werden.
- die **Behandlung der Antithese** mit den zusätzlichen Bestandteilen **Relativierung oder Zurückweisung eines Arguments, das die These stützt**

Die abschließende Schlussfolgerung wird durch eine **Synthese** ersetzt, in der du die wichtigsten Argumente noch einmal einander gegenüberstellst und zwischen ihnen vermittelst, z. B.:
Bei einer kritischen Abwägung der Argumente für und gegen die Ferienarbeit komme ich zu dem Schluss, dass die Proargumente schwerer wiegen: Unzählige Schüler verdanken die Erfüllung ihrer größten Wünsche allein der Ferienarbeit. Nur wer nicht so gut in der Schule ist, sollte besser lernen, um wieder den Anschluss zu finden.

Übung 1 **Schreibe eine Überleitung von der These zur Antithese.**

Thema: „Gerade junge Menschen haben den Wunsch, in vom Tourismus unberührten Gegenden Urlaub zu machen. Erörtere die Vor- und Nachteile für die Reisenden!"

B
I. Vorteile eines Urlaubs in vom Tourismus unberührten Weltgegenden
   1. Geringe Kosten während des Aufenthalts
   2. Aufenthalt in einer gesunden Umwelt
   3. Möglichkeit, eine fremde Kultur gut kennenzulernen
II. Nachteile eines Urlaubs in vom Tourismus unberührten Weltgegenden
   1. Zeit- und kostenintensive An- und Abreise
      a) mit dem eigenen Auto
      b) mit öffentlichen Verkehrsmitteln
   2. Verzicht auf den gewohnten Lebensstandard
      a) Fehlen der gewohnten Nahrungsmittel
      b) Fehlen sanitärer Einrichtungen
   3. Schwierigkeiten mit der Verständigung
   4. Kaum Hilfe in Notfällen
      a) bei Raubüberfall
      b) im Krankheitsfall

Übung 2

Vervollständige die Ausformulierung von Teil II. Greife dabei die Argumente von Teil I auf, sofern sie zu Argumenten von Teil II in Widerspruch stehen. Verwende dabei einräumende Verknüpfungsmittel (z. B. *obwohl, selbst wenn, zwar … aber, gewiss … aber*) und Modalverben (*mögen, können, sollen*).

Zunächst einmal ist festzuhalten, dass eine schlechte Verkehrsanbindung die An- und Abreise meist zu einem sehr zeit- und kostenintensiven Unternehmen macht.
Wer mit dem eigenen Wagen fährt, kommt nur langsam voran und muss außerdem mit Reparaturkosten rechnen.
Wer öffentliche Verkehrsmittel benutzt, ist nicht besser dran. Wenn er mit Zug und Bus fährt, muss er unter Umständen tagelange Zwischenstopps in Kauf nehmen. Wenn er mit dem Hubschrauber fliegt, muss er sehr viel Geld ausgeben.
Alles in allem sind solche Reisen also durchaus nicht billig, *selbst wenn* die am Zielort anfallenden Kosten relativ niedrig sein *sollten.*
Außerdem muss der Extremurlauber auf viele Annehmlichkeiten, die zu Hause für ihn eine Selbstverständlichkeit sind, verzichten.
An gehaltvolle Nahrung gewöhnt, ist er nun womöglich gezwungen, sich mit einfachster Kost zufriedenzugeben. Statt eines Schweineschnitzels bekommt er vielleicht täglich eine Handvoll Hirse, statt einer Tasse Kaffee vielleicht einen Schluck Matetee …

Übung 3

In der Synthese formulierst du nicht die absolute Wahrheit, sondern ein persönliches, auch kritisierbares Urteil. Formuliere die folgende Synthese so um, dass sie selbstkritischer wirkt. Das erreichst du durch die Verwendung von einräumenden Verknüpfungsmitteln und Modalverben sowie durch die Vermeidung des unpersönlichen *man*.

Beim Vergleich der Argumente für und gegen einen Urlaub in einer vom Tourismus völlig unberührten Weltgegend kommt man zum Schluss, dass die Gegenargumente überwiegen. Niemanden wird überzeugen, dass man nur in einem Gebiet, das vom Tourismus noch nicht erschlossenen ist, auf eine intakte Umwelt hoffen darf und auch nur dort eine Kultur hautnah miterleben kann, die von westlichem Einfluss noch unberührt ist. Diese Argumente haben also keinerlei Gewicht. Entscheidend ist allein, dass solche Reisen den Verzicht auf den gewohnten Lebensstandard bedeuten und darüber hinaus zu große Risiken bergen, z. B. Raubüberfälle und Krankheiten.

G 4. Besser formulieren II: Stolpersteine vermeiden

Vermeide
1. zu viele Substantivierungen (Nominalstil)
2. zu viele Fremdwörter
3. Umgangssprache
4. Über- und Untertreibungen (Unsachlichkeit)
5. Witz und Ironie
6. Wiederholungen einzelner Wörter
7. Wiederholungen von Satzarten (z. B. nur Hauptsätze)

Übung 1 **Welcher stilistische Mangel liegt jeweils vor?**

Thema: „Warum wir mehr und mehr die Sonne als Energiequelle nutzen sollten."

Nr.

1. Einmal ist die vermehrte Nutzung der Sonnenenergie schon deshalb von Vorteil, weil damit die Einsparung von Erdöl und Kohle verbunden ist. Das sind wertvolle fossile Rohstoffe, die bei der Herstellung chemischer Produkte eine wesentlich sinnvollere Verwendung finden als bei der Verbrennung … ....

2. Eng damit verbunden ist ein weiterer ökologischer Aspekt. Weder Solarkollektoren noch Solargeneratoren verursachen Emissionen, wie z. B. Kohlendioxid. Professionelle Solartechnik besteht aus umweltadäquaten Materialien, die leicht recycelbar sind … ....

3. Bei der Gewinnung von Energie aus Sonnenstrahlung kommt es auch nicht zu einer Gesundheitsgefährdung durch radioaktive Strahlung. Todsicher sind auch Atomkraftwerke – betonen Politiker und Industrie. Tschernobyl hat es bewiesen … ....

4. Hoffentlich erkennen mehr und mehr Menschen die Vorzüge der Sonnenenergie. Das wird zu einem Rückgang der Arbeitslosigkeit führen. Im Wirtschaftszweig „Solartechnik" werden Hunderttausende neuer Arbeitsplätze entstehen. Qualifizierte Fachleute werden gebraucht. Ungelernte Kräfte werden ein neues Betätigungsfeld finden. Der Arbeitsmarkt insgesamt entspannt sich … ....

5. Da ich aber weder öko noch arbeitslos bin, ist ein anderes Argument für mich viel wichtiger, nämlich dass man mit einer Solaranlage auf dem Dach ganz relaxed in die Zukunft blicken kann. Mit Erdöl und Kohle ist ja irgendwann Sense. Die Sonne hingegen kratzt erst in fünf Milliarden Jahren ab. Da musst du also echt kein Muffensausen haben, plötzlich könnten die Lichter ausgehen … ....

6. Erdöl, Kohle, Gas und Uran *können* die Ursache für Kriege *sein*. Die Sonne hingegen *ist* nichts, was ein Volk dem anderen wegnehmen *kann*. Somit *kann* die Nutzung von Sonnenenergie zur Erhaltung des Weltfriedens beitragen. Auch das *ist* ein sehr beruhigender Gedanke … ....

7. Vor allem aber: Wer mithilfe einer hauseigenen Solaranlage Strom gewinnt, der lebt Tag und Nacht in dem Wissen, dass er von der Sonneneinstrahlung abhängig ist. Dadurch bekommt er ein ganz neues Bewusstsein für die Notwendigkeit, sparsam mit Energie umzugehen. Zumal an sonnenarmen Tagen beschränkt er den Stromverbrauch auf ein Minimum. Zum Wäschewaschen und Geschirrspülen steht nur noch kaltes Wasser zur Verfügung, die Heizung bleibt abgeschaltet …

Übung 2

Beseitige die stilistischen Mängel, indem du die Sätze umformulierst.

Übung 3

Der Teufel steckt im Detail. Fünf Wörter der folgenden Synthese sind unüblich bzw. fehl am Platz. Ersetze sie durch die passenden Ausdrücke.

Es hat sich gezeigt, dass Sonnenenergie eine ökologisch sehr sinnhafte und zugleich sehr sichere Alternative zu den hergekommenen Energiequellen darstellt. Aber nicht nur äußere Vorzüge sprechen für die vermehrte Benutzung der Sonnenenergie, sondern auch die damit einhergehenden Veränderungen im menschlichen Bewusstsein. Der Nutzer einer hauseigenen Solaranlage geht nicht nur sorgenvoller mit Energie um, er weiß auch die Bedeutung der Sonne für den Menschen gebührlich zu würdigen.

Hinweis

Weitere stilistische Tipps findest du in der **mentor Lernhilfe „Aufsatzschreiben 8.–10. Klasse, 2“** (63520), S. 103–107.

H

Den Schluss formulieren

Beachte bei der Formulierung des Schlusses:
1. Verwechsle den Schluss nicht mit der abschließenden Schlussfolgerung bzw. der Synthese! Im Schluss setzt du dich nicht mehr mit den Argumenten des Hauptteils auseinander, du fasst sie auch nicht zusammen. Der Schluss führt vom Thema weg.
2. Zwischen Hauptteil und Schluss darf es keinen gedanklichen Bruch geben.
3. Der Schluss darf nicht zu kurz sein (2 bis 4 Sätze).

Übung 1

Welcher dieser Punkte wurde jeweils nicht beachtet?

Nr.

1. Thema: „Viele Jugendliche kehren den großen Kirchen den Rücken, um in alternativen Religionsgemeinschaften ihr Heil zu suchen. Erörtere die Gefahren, die von religiösen Gruppierungen ausgehen, die versprechen, für alle Alltagsprobleme eine einfache Lösung zu haben."
Bleibt zu hoffen, dass immer mehr junge Menschen ihrem Protest gegen die rückwärtsgewandte Haltung der großen Kirchen dadurch Nachdruck verleihen, dass sie aus diesen Kirchen austreten und alternativen Religionsgemeinschaften beitreten. Nur auf diese Weise können die großen Kirchen zum Umdenken gezwungen werden. ....

2. Thema: „Die Deutschen setzen in immer höherem Alter immer weniger Kinder in die Welt. Erörtere die Folgen dieses Verhaltens!"
Hoffentlich nimmt die Zahl deutscher Kinder bald wieder zu. ....

3. Thema: „Der Dialekt – auch im Zeitalter der Globalisierung ein zu schützendes Kulturgut. Was spricht dafür, dass die Schule etwas für die Erhaltung der Mundarten tut?"
Alles in allem scheint mir das wichtigste Argument für die Erhaltung der Mundarten zu sein, dass ihre Verachtung zugleich eine Verachtung der Kinder und Jugendlichen bedeutet, die Dialekt sprechen. Ich würde mir wünschen, dass dieser soziale Gesichtspunkt in der Debatte über den Dialekt stärker berücksichtigt wird. ....

Übung 2

Zu der abschließenden Schlussfolgerung passt nur einer der drei Schlüsse. Kreuze an.

Thema: „Warum ich für (k)ein Tempolimit auf bundesdeutschen Autobahnen bin."
Abschließende Schlussfolgerung: Lasse ich die Argumente für das Tempolimit noch einmal vor meinem inneren Auge Revue passieren, dann wiegen die Umweltschutzargumente am schwersten. Die Grundlagen unseres Lebens, wie Luft und Wasser, sind bedroht, wenn nicht endlich auch auf bundesdeutschen Autobahnen ein Tempolimit gilt.

Nr.

Schluss 1: Abschließen möchte ich mit der Prognose, dass die lebhaft geführte öffentliche Diskussion über ein Tempolimit auf den Autobahnen schon bald dazu führen wird, dass die Mehrheit der Autofahrer zur Vernunft kommt und freiwillig aufhört zu rasen. Die Diskussion um das Tempolimit wird also ohnehin bald der Vergangenheit angehören. ☐

Schluss 2: Bleibt festzustellen, dass natürlich auch das Tempolimit nichts bringt. Selbst wenn der deutsche Autofahrer maximal nur noch z. B. 100 Stundenkilometer fährt, wird die Umwelt schon bald so sehr geschädigt sein, dass auch der Mensch in seiner Existenz bedroht ist. ☐

Schluss 3: Indes, es wäre naiv zu glauben, dass ein Tempolimit auf Autobahnen allein deshalb schon durchsetzbar ist, weil es viele gute Argumente dafür gibt. Das Tempolimit wird erst kommen, wenn sich die Politiker nicht mehr von der Autoindustrie einschüchtern lassen, die natürlich auch schnelle Wagen verkaufen will. ☐

Übung 3

Schreibe nun selbst einen Schluss, in dem du einer Hoffnung Ausdruck verleihst, und einen zweiten, in dem du eine ethische Forderung erhebst.

Thema: „Die Bahn verliert immer mehr Kunden. Was spricht dafür, was dagegen, die Bahn mit öffentlichen Geldern attraktiver zu machen?"
Synthese: Bei Abwägung aller Argumente komme ich zu dem Ergebnis, dass die Bahn auf jeden Fall mit öffentlichen Geldern attraktiver gemacht werden sollte. Nur so kann die Existenz dieses umweltfreundlichen Verkehrsmittels auch langfristig sichergestellt werden. Allerdings sollten die öffentlichen Gelder nicht für teure Prestigeobjekte, wie die Neueinrichtung von ICE-Trassen, verwendet werden, sondern für den Ausbau des Nahverkehrsnetzes, einen kürzeren Fahrtakt und günstigere Fahrpreise.

Quellenverzeichnis

Seite	Quelle
40	Thomas Böwer: Her mit den Uniformen. Einheitliche Schulkleidung könnte soziale Spannungen unter den Kindern mildern Aus: „Die Zeit“, 24. 6. 1999

Teil II:
Deutsch

Aufsatz: Sachtexte und erzählende Prosa interpretieren

Regeln und Übungen

Themenübersicht Teil II

Sachtexte 58

A Bevor es losgeht 58
1. ... mit diesem Kapitel 58
2. ... mit der Klassenarbeit: Checkliste 59
3. Sachtextarten erkennen 60

B Übungstext 1: Das Streiflicht 62
1. Den Text lesen und verstehen 64
2. Den Inhalt zusammenfassen 66
3. Zitierregeln anwenden 68

C Übungstext 2: Sitzenbleiben abschaffen? 70
1. Den äußeren und inneren Aufbau untersuchen 72
2. Die Sprache auf der Wortebene untersuchen 74
3. Die Sprache auf der Satzebene untersuchen 76
4. Den Text deuten 78
5. Zusatzfragen beantworten 80

Erzählende Prosatexte 82

A Bevor es losgeht 82
1. ... mit diesem Kapitel 82
2. ... mit der Klassenarbeit: Checkliste 83
3. Prosatextarten erkennen 84

B Übungstext 1: Maßnahmen gegen die Gewalt (Bertolt Brecht) 86
1. Den Text lesen und verstehen 87
2. Den Inhalt zusammenfassen 88
3. Die Komposition der Handlung untersuchen 90
4. Die Figurendarstellung untersuchen 92

C Übungstext 2: Nicht alles gefallen lassen ... (Gerhard Zwerenz) 94
1. Die Zeit- und Raumgestaltung untersuchen 96
2. Die sprachliche Gestaltung untersuchen 98
3. Den Erzähler untersuchen 100
4. Den Text deuten 102
5. Zusatzfragen beantworten 104

D Übungstext 3: Die Küchenuhr (Wolfgang Borchert) 106

Quellenverzeichnis 108

Sachtexte

A Bevor es losgeht …

1. … mit diesem Kapitel

Darum gehts!

Was ist eine Interpretation?

Alle Sachtexte, die du liest oder hörst, möchtest du natürlich auch verstehen. Wenn du dabei nach dem Inhalt und der Aussageabsicht des Autors fragst, versuchst du bereits, einen Text zu interpretieren. Um nun auch kompliziertere Texte und „versteckte" Aussagen eines Autors (z. B. in politischen Reden) zu erschließen, lernst du in der Schule bestimmte Techniken für ein umfassendes Interpretieren. Je besser du diese anwenden kannst, desto gründlicher kannst du Texte verstehen. Du wirst zugeben, dass man das auch im Alltag gut gebrauchen kann. Dein Interpretationsaufsatz beschreibt:

- was in dem Text steht (**Inhaltsangabe**),
- wie der Text gestaltet ist (**Analyse**) und
- wie du den Text verstanden hast (**Deutung**).

Trainingsplan

Was musst du für einen Interpretationsaufsatz können?

In diesem Kapitel lernst du wichtige Arbeitstechniken, z. B.:

- unterschiedliche Arten von Sachtexten zu erkennen,
- genau zu lesen,
- den Inhalt eines Sachtextes zusammenzufassen,
- die inhaltliche und sprachliche Gestaltung gründlich zu analysieren,
- deine Untersuchungsergebnisse aus dem Text zu belegen,
- die Absicht des Autors zu deuten,
- Zusatzfragen zum Text zu beantworten,
- deine Ergebnisse niederzuschreiben und
- den fertigen Aufsatz auszuarbeiten.

So klappts!

Wie arbeitest du mit diesem Kapitel?

Die oben genannten Arbeitstechniken kannst du hier **Schritt für Schritt** lernen. Die **Reihenfolge** orientiert sich an Prüfungen bzw. Klassenarbeiten; deshalb ist es sinnvoll, die **Übungen hintereinander** zu bearbeiten.

2. … mit der Klassenarbeit: Checkliste

Wenn du die Übungen in diesem Teil des Buches bearbeitet hast, bist du für die Klassenarbeit bestens vorbereitet. Die folgende Checkliste hilft dir dabei, selbstständig eine eigene Interpretation zu verfassen.

Erstens

1. Vorbereiten
Erst den Text untersuchen – dann schreiben!
- Fragestellung deines Lehrers genau erfassen (ist eine ganze Interpretation verlangt oder sollen nur bestimmte Untersuchungskriterien berücksichtigt und/oder Zusatzfragen zum Text beantwortet werden?)
- Text mehrmals gründlich durchlesen
- Textart bestimmen
- Wort- und Sachfragen klären
- Inhalt präzise zusammenfassen
- Gestaltung des Textes untersuchen (Stil- und Sprachanalyse):
  - Wortwahl
  - Satzbau
  - rhetorische Mittel
  - Stilebene
- Absicht des Autors und Wirkung des Textes ermitteln
- Zusatzfragen bearbeiten, wenn verlangt (z. B. weiterführende Erörterung)
- (vorläufige) Gliederung erstellen, dabei die Fragestellung des Lehrers beachten.

Zweitens

2. Schreiben
Ergebnisse der Reihe nach ausformulieren!
- im Präsens schreiben
- eigene Worte verwenden
- sachlich schreiben
- durch korrekte Zitierweise belegen

Drittens

3. Überarbeiten
Der letzte Schliff!
- den Aufsatz noch einmal kritisch durchlesen
- prüfen, ob alle Regeln unter „Zweitens" beachtet wurden
- prüfen, ob deine Gliederung noch mit dem ausformulierten Aufsatz übereinstimmt
- prüfen, ob richtig zitiert wurde (Zeilenangaben!)
- Rechtschreib- und Grammatikfehler verbessern

A 3. Sachtextarten erkennen

Inhaltlich gesehen sind Sachtexte nichtfiktionale Texte. Dadurch unterscheiden sie sich von den **literarischen** oder **fiktionalen Texten** (mit erdachten, nur in der Vorstellung existierenden Inhalten).

Sachtexte kommen in den verschiedensten Medien vor, z. B. in der Zeitung, in Sachbüchern oder in der Werbung. Sie werden von ihren Autoren zu **unterschiedlichen Anlässen und Zwecken** verfasst. Aus diesem Grund haben sich **unterschiedliche Arten von Sachtexten** herausgebildet. In der Klassenarbeit ist es für das Verstehen des Textes wichtig, die Sachtextart zu erkennen.

Übung

Sicher hast du in der Schule schon die wichtigsten Sachtextarten kennengelernt. Wähle aus den folgenden Begriffen jeweils den passenden aus und trage ihn als Überschrift über die Erklärungen ein:

Reportage – Werbetext – Interview – Nachricht/Bericht – Essay – Kritik/Rezension – Leserbrief – Beschreibung – Glosse – Kommentar – Leitartikel/Editorial

1. Sachtextart: ....

Ein Ereignis wird knapp, sachlich und ohne jegliche Wertung dargestellt. Der Leser soll schnell informiert werden. Deshalb enthalten die Schlagzeile und der meist fett gedruckte Vorspann bereits die wichtigsten Informationen.

2. Sachtextart: ....

Diese Textart befasst sich mit kulturellen Veranstaltungen oder Werken wie z. B. Theateraufführungen, Konzerten oder Bucherscheinungen. Der Autor informiert den Leser, weckt sein Interesse und gibt ein Urteil über Art und Qualität der Veranstaltung oder des Werkes ab.

3. Sachtextart: ....

Diese Textart befasst sich mit einem meist aktuellen Geschehen. Der Autor schildert es oft direkt vor Ort anschaulich und lebendig und gibt dabei seine eigenen Eindrücke wieder. Durch den Einbezug mehrerer Perspektiven (Beteiligte, Fachleute, Verfasser) kann der Leser das Ereignis unmittelbar verfolgen.

4. Sachtextart: ....

Hier geben Leser ihre Meinung zu kürzlich erschienenen Artikeln einer Zeitung oder Zeitschrift wieder.

5. Sachtextart: ....

Eine wichtige Nachricht, die beim Leser als bekannt vorausgesetzt wird, wird von einem Fachmann ausführlich erläutert, indem er Zusammenhänge und Hintergründe zu einem Thema darstellt und bewertet. Da diese Textart die persönliche Meinung des Autors darstellt, wird sein Name genannt. Ziel ist es, die Meinung des Lesers zu bilden. In der Zeitung stehen oft mehrere solche Texte nebeneinander auf einer speziellen Meinungsseite.

6. Sachtextart: ....

Diese Textart kommt meist in Zeitungen vor und hat oft einen festen Platz im Layout, nämlich in einer schmalen Spalte am Rand. Sie ist das satirische Gegenstück zum Kommentar. Ziel ist es, Fehlverhalten oder Missstände verschiedenster Art zu kritisieren, indem ein Thema humorvoll, witzig oder ironisch behandelt wird. Der Leser wird durch die geistreiche Art der ausgefeilten Formulierung belehrt und unterhalten.

7. Sachtextart: ....

Bei dieser meist sehr anspruchsvollen Textart werden unterschiedliche, häufig kulturelle Themen behandelt. Es geht weniger um die detaillierte Vermittlung von Informationen, sondern um die geistreiche, oft von der persönlichen Meinung des Autors geprägte Analyse und seinen Blick auf größere Zusammenhänge.

8. Sachtextart: ....

Diese Textart hat einen klar umrissenen Verwendungszweck, nämlich die Leser über ein bestimmtes Produkt zu informieren und zum Kaufen zu veranlassen. Sie weckt die Bedürfnisse des Lesers. Um Aufmerksamkeit zu erregen, werden besonders häufig auffällige sprachliche Mittel (z. B. Wortneuschöpfungen und Wortspiele) und ansprechende Illustrationen benutzt.

9. Sachtextart: ....

Hier wird ein Gespräch wiedergegeben, das aus der Befragung einer Person des öffentlichen Interesses entstanden ist. Durch die direkte Darstellung von Fragen und Antworten kann der Leser die Atmosphäre des Gespräches nachvollziehen und einen Einblick in die Persönlichkeit des Befragten erhalten.

10. Sachtextart: ....

Diese Textart porträtiert Personen, Dinge oder Sachverhalte in informativ-sachlicher Art und Weise.

11. Sachtextart: ....

Diese Textart steht an einer herausragenden Stelle der Zeitung, meist auf der ersten Seite. Der Autor nimmt zu wichtigen politischen, gesellschaftlichen oder kulturellen Ereignissen oder Zuständen Stellung. Der Stil kann dabei vor allem in Boulevardblättern (z. B. der Bild-Zeitung) durchaus kämpferisch sein.

B Übungstext 1

Das Streiflicht

(SZ) Wie die meisten wissen, gibt es im Leben des jungen Menschen eine Phase, in welcher er von der Ernährung durch Milch auf die Ernährung durch Ketchup umgestellt wird, von dem der Heranwachsende so große Mengen benötigt, daß es uns gelegentlich fast unheimlich erscheint. Aber keine Sorge: Ketchup enthält alle wesentlichen Mineral- und Aufbaustoffe sowie Vitamine, dazu einen unbekannten Glücklichmacher. Er ist es, der es Vor-, Haupt- und Spätpubertierenden überhaupt erst ermöglicht, die Existenz von Erwachsenen, insbesondere Eltern, zu ertragen, ohne vor Unglück zu sterben. Unter diesem Gesichtspunkt müssen alle weiteren Lebensmittel, die Kinder und Jugendliche verzehren, gesehen werden: Wie ist es um ihre Fähigkeit bestellt, mit Ketchup gegessen zu werden? Wie große Mengen Ketchup können sie zum Mund des Essers transportieren? Welche Anhaftungsmöglichkeiten bieten sie dem Ketchup?

Lächerlich in dieser Hinsicht das glatte Gemüse, auch das Obst. Kurios geradezu der Salat, von dem Ketchup abperlt wie Wasser von Kunststoff. Besser schon der fritierte Kartoffelstab, rauhflächig, saugkräftig, tunkstark. Großartig nun der Hamburger, dessen Semmelmasse die Funktion eines Ketchupschwammes vorbildlich erfüllt. Indes gilt unser besonderes Augenmerk heute dem Fischstäbchen, welches vor genau 50 Jahren in Amerika erfunden und sogleich *fishstick* getauft wurde. Selten wohl hat sich der Mensch in schöpferungsverbessernder Absicht zu Größerem emporgeschwungen! Wenn man sich noch einmal vor Augen führt, daß wir in den Wachstumsjahren Ketchup essen *müssen*, daß es uns gleichzeitig aber auch nicht schadet, wenn wir Fisch zu uns nehmen – wie bedauerlich sind Konsistenz und Äußeres der Fische, glitschig, ketchupabweisend.

Überhaupt muß der Fisch in nahrungsmitteltechnischer Hinsicht als mangelhaft, wenn nicht als Fehlkonstruktion gelten, im Wasser lebend, weit vom Menschen entfernt, noch dazu leicht verderblich, schwer faßbar, schlecht zu stapeln, schuppig, voll ekliger Innereien – und dann muß man ihn vor dem Verzehr noch

1. ……

2. ……

3. ……

4. ……

töten, bäh . . . Das Fischstäbchen hingegen hat nie gelebt: kleines Fischziegelchen aus der Fischfabrik, aus gewaltigen, kalten Blöcken herausgesägt. Dann in einen blaßgoldenen Mantel gehüllt. Dann mit seinesgleichen brikettiert in die Supermarkt-Truhe gelegt. Wo es neben dem Rahmspinat und der Schinkenkäsepizza wartet auf zupackende Mütter und Väter. Welche es nehmen, in runde Pfannen legen, aus der Kälte sofort in die Hitze, fünf bis sieben Minuten maximal – dann auf den Tisch bringen. Wo bereits der Ketchup wartet, rot und sämig, bereit sich auf die Stäbchen zu legen, an ihrer panierten Oberfläche zu haften und sie zu begleiten bis zum Ende. Wieviel möchtest du, Kind, drei, vier, fünf? Sieben, oh, wie schön!

5. ....

(„Süddeutsche Zeitung“, 26. Februar 1999, originalgetreue Wiedergabe)

Hinweis Das „Streiflicht“ erscheint täglich in der „Süddeutschen Zeitung“. Es wird immer in einer schmalen Spalte am linken Rand der ersten Seite abgedruckt.

1. Den Text lesen und verstehen

Um den Inhalt eines Textes wiederzugeben, muss man ihn genau verstanden haben. Dein **erster Arbeitsschritt** besteht deshalb immer in der **gründlichen Lektüre** des Textes.

Beim ersten Lesen solltest du dir einen Überblick über den Inhalt verschaffen:

- die W-Fragen klären („Wer?", „Was?", „Wann?", „Wo?", „Weshalb?", „Mit welchen Folgen?"…),
- unbekannte Wörter markieren und gegebenenfalls nachschlagen,
- den ersten Leseeindruck in Stichpunkten festhalten.

Beim vertieften, mehrmaligen Lesen achtest du dann auf Besonderheiten:

- wesentliche Aussagen von unwesentlichen trennen (farbige Unterstreichungen),
- Randnotizen zum Aufbau des Textes verfassen (z. B. Behauptung, Beispiel, Widerspruch, Forderung),
- den Text nach Sinnabschnitten inhaltlich gliedern und zusammenfassen.

Übung 1

**Lies dir das „Streiflicht" auf Seite 62/63 durch. Versuche zunächst, die W-Fragen mündlich zu beantworten.
Unbekannte Wörter solltest du außerdem in einem Lexikon nachschlagen.**

Übung 2

Halte nun deinen ersten Leseeindruck fest. Welche inhaltlichen Aussagen sind dir spontan aufgefallen?

Mir ist besonders aufgefallen, dass ……………………………………………

……………………………………………………………………………

……………………………………………………………………………

……………………………………………………………………………

Übung 3

Hast du den Text sorgfältig gelesen? Dann beantworte die folgenden Verständnisfragen. Markiere dabei diejenigen Zeilen im Text, die zur Beantwortung der Frage nötig sind, und schreibe die entsprechende Zeilenzahl vor deine Antwort.

1. Aus welchem aktuellen Anlass ist der Text verfasst worden?

Zeile: ....

....

2. Versuche, die Begriffe „Vor-, Haupt- und Spätpubertierende" durch eigene Worte zu ersetzen.

Zeile: ....

....

3. Warum *müssen* „Vor-, Haupt- und Spätpubertierende" Ketchup essen?

Zeile: ....

....

....

4. Was ist nach dem Text das entscheidende Auswahlkriterium für Lebensmittel, die von Jugendlichen verzehrt werden sollen?

Zeile: ....

....

....

5. „Das Fischstäbchen hingegen hat nie gelebt" – beurteile diese Aussage.

Zeile: ....

....

....

6. Versuche die letzten beiden Sätze in einen Dialog umzuschreiben. Dazu musst du überlegen, wer spricht und an welcher Stelle Doppelpunkt und Anführungszeichen zu setzen sind.

Zeile: ....

....

....

....

Übung 4

Versuche nun, den Inhalt der Abschnitte, die die geschweiften Klammern markieren, zusammenzufassen. Wähle dabei eigene Worte.

B 2. Den Inhalt zusammenfassen

Nachdem du den Text beim vertieften Lesen durch Markierungen gegliedert hast, musst du **den Inhalt schriftlich wiedergeben.** Dabei gilt es, Folgendes zu beachten:

Inhaltliches:
- zunächst einen **einleitenden Basissatz formulieren**, der den **Verfassernamen**, die **Überschrift**, das **Erscheinungsdatum**, den **Erscheinungsort**, das **Thema** des Textes (W-Fragen!) und die Bestimmung der **Textart** enthält,
- danach die **inhaltlichen Schritte** in der **richtigen Reihenfolge** wiedergeben,
- dabei den **logischen Gedankengang** des Textes durch **Konjunktionen** verdeutlichen (z. B. *weil, da, sodass, damit, obwohl, indem, nachdem* usw.) und
- **Unwesentliches weglassen.**

Sprache:
- im **Präsens** schreiben,
- **knapp und sachlich** schreiben (keine eigenen Meinungen und Gefühle),
- **eigene Worte** verwenden (keine Nacherzählung!),
- direkte Rede in **indirekte Rede** umformen.

Übung 1

Auf der Doppelseite 60/61 hast du verschiedene Sachtextarten kennengelernt. Um welche Textart handelt es sich bei dem „Streiflicht" auf Seite 62/63? Begründe deine Entscheidung.

Bei diesem Text handelt es sich um ....,

weil ....

....

....

Übung 2

Setze zur logischen Verbindung der folgenden Sätze passende Konjunktionen ein.

1. Ketchup ist für Kinder so wichtig, ... es einen Glücklichmacher enthält. (Grund)
2. .... Obst als gesund gilt, hält es der Autor für lächerlich. (Einräumung)
3. Die Fischblöcke werden zersägt, ... sie zu Stäbchen werden. (Folge)
4. .... die Eltern in die Tiefkühltruhe blicken, entdecken sie die Fischstäbchen. (Gleichzeitigkeit)

5. .... man Fischstäbchen essen kann, muss man sie zubereiten. (Vorzeitigkeit)

6. Fischstäbchen werden zubereitet, ... man sie in der Pfanne fünf bis sieben Minuten brät. (Art und Weise)

Übung 3

Begründe anhand der Regeln zur Sprache im blauen Kasten, warum die folgenden Formulierungen in einer Inhaltsangabe unpassend wären.

1. Zum Abschluss des Textes wird gefragt: „Wie viel möchtest du, Kind?"

....

2. Der frittierte Kartoffelstab, rauflächig, saugkräftig, tunkstark, eigne sich nach Angaben des Autors besonders gut für den Verzehr mit Ketchup.

....

3. Der Autor nannte einige Beispiele für Nahrungsmittel, die für den Verzehr mit Ketchup ungeeignet sind. Ich finde, dass er dabei ganz schön übertreibt.

....

Übung 4

Streiche in dem folgenden Textabschnitt alle für eine Inhaltsangabe unwesentlichen Angaben durch.

„Überhaupt muß der Fisch in nahrungsmitteltechnischer Hinsicht als mangelhaft, wenn nicht als Fehlkonstruktion gelten, im Wasser lebend, weit vom Menschen entfernt, noch dazu leicht verderblich, schwer faßbar, schlecht zu stapeln, schuppig, voll ekliger Innereien – und dann muß man ihn vor dem Verzehr noch töten, bäh …
Das Fischstäbchen hingegen hat nie gelebt: kleines Fischziegelchen aus der Fischfabrik, aus gewaltigen, kalten Blöcken herausgesägt. […]"

Übung 5

Verfasse zu dem „Streiflicht" eine Inhaltsangabe mit Basissatz (schreibe in dein Heft). Dazu kannst du deine Notizen aus Übung 4, Seite 65, benutzen.

Tipp

Verwende in deinem Basissatz Formulierungen wie

→ *In dem Text …* (Texttitel) *von …* (Autorname) *geht es darum, dass … / geht es um …* (Thema)

oder

→ *In dem in …* (Erscheinungsort) *erschienenen Text …* (Texttitel) *von …* (Autorname) *wird …* (Thema / zentrale Problematik) *thematisiert.*

3. Zitierregeln anwenden

Alle Aussagen, die du über den Text machst, musst du **durch Zitate belegen.** Diese geben Inhalte des Textes wieder und nennen die entsprechende **Fundstelle** durch Zeilenangabe.
Es gibt verschiedene **Möglichkeiten zu zitieren**:

- **Wörtliche Zitate**
  werden immer durch **Anführungszeichen** gekennzeichnet und geben den **genauen Wortlaut** wieder.
  Sie können als ganze Sätze, Satzteile oder einzelne Wörter durch Doppelpunkt angekündigt oder stimmig in deinen Satz eingebaut werden. **Auslassungen** in den zitierten Sätzen werden durch drei Punkte in eckigen Klammern „[…]" markiert.
  Beispiel:
  Der Autor des Streiflichtes meint: „Lächerlich in dieser Hinsicht das glatte Gemüse […]" (S. 62, Z. 25/26).

- **Sinngemäße Zitate**
  geben den Inhalt des Textes **in eigenen Worten** wieder. Dabei wird oft die **indirekte Rede** (Konjunktiv) verwendet. Damit der Leser deine Aussage mit dem Original vergleichen kann, gibst du auch hier die Textstelle mit dem zusätzlichen Vermerk „vgl." (= vergleiche) in Klammern an.
  Beispiel:
  Der Autor des Streiflichtes glaubt, dass man als Jugendlicher Ketchup essen müsse (vgl. S. 62, Z. 40–42).
  Er hält Salat und Obst für den gemeinsamen Verzehr mit Ketchup für völlig ungeeignet (vgl. S. 62, Z. 25–28).

Übung 1

In die folgenden wörtlichen Zitate haben sich jeweils zwei Fehler eingeschlichen. Verbessere diese, indem du sie mit dem Originaltext vergleichst und auf Satzzeichen achtest.

1. Der Autor beruhigt: „Aber keine Sorge: Ketchup enthält alle wesentlichen Mineralstoffe sowie Vitamine, dazu einen Glücksstoff" (S. 62, Z. 8–11).
2. Er sagt, dass Heranwachsende so große Mengen Ketchup brauchen, dass „es uns gelegentlich fast unheimlich erscheint (S. 62, Z. 3–4), kann aber im Anschluss daran seine Leser beruhigen.
3. Selten wohl hat sich der Mensch […] zu Größerem emporgeschwungen (S. 62, Z. 39–41).
4. „Das Fischstäbchen hat nie gelebt" [S. 63, Z. 55/56].
5. Die Fischstäbchen „wartet auf zupackende Mütter und Väter", die sie daheim für ihre Kinder zubereiten (S. 63, Z. 63/64).

Übung 2

In dieser Übung ist es deine Aufgabe, zu den sinngemäßen Zitaten den zugehörigen Satz aus dem Streiflicht zu finden und ihn wörtlich zu zitieren.

1. Der Autor behauptet, dass Ketchup einen Glücklichmacher enthält, der Jugendlichen ihre Eltern erträglich macht.

....

....

.... S. ...., Z. ....

2. Das „Streiflicht" wurde aus Anlass des 50-jährigen Geburtstages des Fischstäbchens verfasst.

....

....

.... S. ...., Z. ....

Übung 3

Versuche, die folgenden Sätze sinngemäß wiederzugeben. Verwende dabei die indirekte Rede. Die wichtigsten Regeln zur indirekten Rede findest du unten unter „Merke".

1. „Überhaupt muß der Fisch in nahrungsmitteltechnischer Hinsicht als mangelhaft, wenn nicht als Fehlkonstruktion gelten [...]" (S. 62, Z. 47–50).

Der Verfasser stellt fest, dass ....

....

....

2. „Das Fischstäbchen hingegen hat nie gelebt" (S. 63, Z. 55/56).

Der Schriftsteller behauptet, dass ....

....

....

Merke

Bildung der indirekten Rede durch den Verbstamm:
Indikativ → Konjunktiv I
„Er geht." → Sie sagt, er gehe.
Indikativ → Konjunktiv II, wenn Konjunktiv I = Indikativ
*„Wir bleiben hier." → Sie sagten, sie **blieben*** (Konj. I = *bleiben) hier.*
Umschreibung mit *würde*: Indikativ → *würde* + Infinitiv
*„Wir bleiben hier." → Sie sagten, sie **würden** hier **bleiben**.*
Fragesätze → Einleitung des Nebensatzes mit *ob* + Konj. I
*„Soll ich springen?" → Er fragte, **ob** er springen **solle**.*

Übungstext 2

PRO & CONTRA

Sitzenbleiben abschaffen?

Rund zwei Prozent aller Schüler bleiben dieses Jahr sitzen und müssen ihre Klasse wiederholen. Einige Pädagogen halten die Ehrenrunde allerdings für überholt. Sie möchten lieber mit dem eingesparten Geld schwache Schüler in ihren problematischen Fächern individuell fördern.

JA

MARIANNE DEMMER

Die 54-jährige Lehrerin gehört dem Vorstand der Gewerkschaft Erziehung und Wissenschaft (GEW) an. *Marianne Demmer war mehr als 25 Jahre an Grund-, Haupt- und Realschulen tätig*

Mädchen und Jungen müssen in der Schule eine Bildung erhalten, die ihnen Schlüssel zum Leben ist und Grundlagen für die berufliche Zukunft legt. Schule kann diese Aufgabe heute nur erfüllen, wenn sie sich ändert. Sitzenbleiben – nicht die freiwillige Rückstellung aus Krankheitsgründen – ist ein Mittel aus der pädagogischen Steinzeit. Es bestraft und ist ein Angriff auf das Selbstwertgefühl der Schüler, aber es hilft ihnen nicht. Während der frustrierenden Ehrenrunde erhalten Sitzenbleiber in ihren Problemfächern meist nicht die notwendige zusätzliche Unterstützung. In ihren stärkeren Fächern wird ihnen zudem die Chance genommen, sich weiterzuentwickeln und Erfolgserlebnisse zu haben. Die rund vier Milliarden Mark, die Klassenwiederholungen bundesweit jährlich kosten, sind in zusätzlicher präventiver Förderung und Unterstützung sinnvoller angelegt. In kleinen Klassen und in Schulen mit Ganztagsbetrieb haben Lehrer mehr Möglichkeiten, die Schüler rechtzeitig individuell zu fördern. Die Vorstellung, dass hohe Sitzenbleiber-Quoten ein Qualitätsmerkmal von Schule sind, ist falsch. Das Ziel muss Integration statt immer mehr und immer früherer Auslese heißen. Die große Mehrzahl wissenschaftlicher Studien beweist uns, dass Schüler in heterogen zusammengesetzten Klassen bessere Lernerfolge erzielen als in leistungsmäßig homogenen Gruppen. Die skandinavischen Staaten haben aus diesen Erkenntnissen längst die Konsequenz gezogen. Hier gibt es kein Sitzenbleiben mehr. Hohe Abiturientenquoten und die Ergebnisse internationaler Leistungsvergleiche geben ihnen Recht.

> **„Sitzenbleiben ist ein Angriff auf das Selbstwertgefühl der Schüler“**

NEIN

JOSEF KRAUS

Der 51-jährige Diplompsychologe ist Präsident des Deutschen Lehrerverbands und CSU-Mitglied.
Der Oberstudiendirektor unterrichtet als Leiter eines Gymnasiums in Bayern Deutsch und Sport

Die Abschaffung des Sitzenbleibens bringt weder pädagogisch noch finanziell etwas. Diese Idee ist vielmehr ein schulpolitischer Ladenhüter von Leuten, die angeblich das Risiko des Scheiterns ausschließen möchten, tatsächlich auf kaltem Weg den Grundsatz der Eignung abschaffen, jedem das Abitur ermöglichen und das Schulwesen vereinheitlichen wollen. Das Wiederholen einer Klasse hat einen guten pädagogischen Grund. Deshalb hilft man Schülern nicht, wenn man sie trotz kumulierter Wissensdefizite in den nächsten Jahrgang boxt. Ein Wiederholungsjahr ist vielmehr Chance zum Neuanfang und zur Stabilisierung – oder für Eltern Anlass zu überlegen, ob das Kind überhaupt die richtige Schullaufbahn eingeschlagen hat. Es ist zudem eine Milchmädchenrechnung zu glauben, mit der Abschaffung des Sitzenbleibens könnten Personal und Gelder für schulische Fördermaßnahmen freigesetzt werden. Die Tatsache, dass Schüler eine Klasse wiederholen, bedeutet nicht automatisch, dass mehr Klassen geschaffen werden müssen und dazu mehr Lehrer gebraucht werden. Die betriebswirtschaftliche Betrachtung einer solchen pädagogischen Frage ist grundsätzlich ein Unding. Überhaupt darf man das Sitzenbleiben in seinem Ausmaß nicht dramatisieren. Von den zwölf Millionen Schülern in Deutschland drehen pro Jahr rund 250 000 eine Ehrenrunde. Das sind rund zwei Prozent Sitzenbleiber, je nach Schulform beziehungsweise Jahrgangsstufe weniger oder mehr. Ein Katastrophengeschrei ist allein schon deshalb nicht angebracht.

> **„Das Wiederholungsjahr ist eine Chance zum Neuanfang“**

(„Focus“, Heft 32, 06.08.2001)

Hinweis

Unter der Rubrik „Pro & Contra“ werden in „Focus“ wöchentlich unterschiedliche Fragen behandelt. Jeweils zwei Experten vertreten dabei unterschiedliche Meinungen.
Die beiden Kästen „Pro“ und „Contra“ standen im Original nebeneinander.

C 1. Den äußeren und inneren Aufbau untersuchen

Der **äußere Aufbau** folgt **bestimmten Gestaltungsprinzipien** und verrät deshalb etwas über die **Textart** und den **Inhalt des Textes**. Folgende Aspekte solltest du beschreiben:

- **Überschrift**
  Gibt es eine Schlagzeile?
  Gibt es einen Untertitel oder Zwischenüberschriften?
- **Gliederung in Absätze**
  Gibt es einen fett gedruckten Vorspann (= sog. „Lead" bei Zeitungsberichten)? Wird der Text in Spalten gedruckt?
  Wie viele Absätze werden gemacht?
- **Hervorhebungen**
  Werden einzelne Wörter oder Passagen z. B. durch Kursivdruck, Fettdruck oder Farbe optisch hervorgehoben?
- **Sonstige Besonderheiten**
  Wird der Text durch Bilder, Zitate, besondere Schriftarten usw. gestaltet? Wo ist der Text erschienen (z. B. auf der ersten Seite, in einer Randspalte usw.)?

Entscheidend bei all diesen Aspekten ist die **Frage nach der Absicht des Autors**, d. h., warum hat er sich für eine bestimmte äußere Form entschieden?

Übung 1

Lies dir den Text auf Seite 70/71 unter besonderer Berücksichtigung des äußeren Aufbaus durch. Beantworte anschließend die folgenden Fragen.

1. Wie lautet die Überschrift? Welche Absicht vermutest du hinter ihrer grafischen Gestaltung?

Überschrift: ....

Art der Gestaltung: ....

Absicht der Gestaltung: ....

2. Welche drei Wörter werden hier sonst noch besonders hervorgehoben?

Wörter: ....

Art der Hervorhebung: ....

Absicht der Hervorhebung: ....

Übung 2

Beschreibe in deinem Heft den äußeren Aufbau des Textes. Warum kann man sagen, dass er leserfreundlich gestaltet ist?

Der **innere Aufbau** eines Sachtextes ist für die spätere Deutung wichtig. Untersuchen und beschreiben solltest du folgende Aspekte:

- **Überschrift:** Wie verhält sich der Titel zum Gesamttext?
- **Einleitung:** Existiert eine Einleitung? Führt die Einleitung direkt zum Thema? Wird ein Problem aufgeworfen?
- **Hauptteil:** Wird sachlich informiert oder argumentiert? Beweist der Verfasser seine Behauptungen? Nennt er Beispiele? Ist der Text logisch gegliedert? Findet eine Steigerung oder eine überraschende Wende statt?
- **Schluss:** Existiert ein Schluss? Rundet er das Thema ab oder lässt er Fragen offen? Appelliert der Autor an seine Leser?

Übung 3

Lies noch einmal den Text auf Seite 70/71 durch; achte diesmal aber auf den inhaltlichen Aufbau. Kreuze die für den Text zutreffenden Beschreibungen an.

○ Die Überschrift „Pro & Contra" hat mit dem Text inhaltlich nichts zu tun.
○ Die Überschrift „Sitzenbleiben abschaffen?" zeigt dem Leser sofort an, welche Frage im Text behandelt wird.
○ Der erste Kasten stellt eine Einleitung zum Thema dar.
○ Der erste Kasten zeigt, warum die Frage „Sitzenbleiben abschaffen?" aktuell ist.
○ Die Kästen mit der Überschrift „JA" und „NEIN" beinhalten Interviews mit Lehrern.
○ Die Kästen mit der Überschrift „JA" und „NEIN" beinhalten Stellungnahmen von Lehrern.
○ Ein Schluss fehlt, damit man sich selbst ein Urteil bilden kann.
○ Ein Schluss fehlt, weil der letzte Lehrer Recht hat.

Übung 4

Welche Funktion (= Aufgabe) erfüllen die jeweiligen Sätze im Text? Ordne folgende Begriffe zu:

Appell – Beispiel – Beweis – Behauptung – Einwand

1. „Die große Mehrzahl wissenschaftlicher Studien beweist uns, dass Schüler in heterogen zusammengesetzten Klassen bessere Lernerfolge erzielen […]" (Z. 64–72).
2. „Die skandinavischen Staaten haben aus diesen Erkenntnissen längst die Konsequenz gezogen" (Z. 75–79).
3. „Überhaupt darf man das Sitzenbleiben in seinem Ausmaß nicht dramatisieren" (Z. 146–151).
4. „Die Tatsache, dass Schüler eine Klasse wiederholen, bedeutet nicht automatisch, dass mehr Klassen geschaffen werden müssen […]" (Z. 135–139).
5. „Die Abschaffung des Sitzenbleibens bringt weder pädagogisch noch finanziell etwas" (Z. 95–98).

2. Die Sprache auf der Wortebene untersuchen

Ein Autor wählt je **nach Textart und -inhalt** eine bestimmte Sprache, einen bestimmten **Stil**, um seine Aussagen dem **Leser** nahezubringen. Auf der **Wortebene** des Textes solltest du folgende **Fragen an den Text** richten:

- Welche Wortarten (z. B. Substantiv, Verb, Adjektiv usw.) werden häufig benutzt?
- Werden Fremdwörter, Dialekt, Umgangssprache, Fachbegriffe, Modewörter (Anglizismen, Jugendsprache usw.) oder Schlüsselbegriffe verwendet?
- Werden rhetorische Mittel, z. B. Alliteration, Metapher, Neologismus (= Bildung neuer Ausdrücke) usw., verwendet?

Wichtig ist es, nicht nur deine Untersuchungsergebnisse aufzulisten, sondern auch die **Absicht der Wortwahl** zu **erklären**.

Übung 1

Unterstreiche alle Substantive einfach, alle Adjektive doppelt. Überlege anschließend, welche Aufgabe sie in den Sätzen übernehmen.

„Ein Wiederholungsjahr ist vielmehr Chance zum Neuanfang und zur Stabilisierung – oder für Eltern Anlass zu überlegen, ob das Kind überhaupt die richtige Schullaufbahn eingeschlagen hat. Es ist zudem eine Milchmädchenrechnung zu glauben, mit der Abschaffung des Sitzenbleibens könnten Personal und Gelder für schulische Fördermaßnahmen freigesetzt werden." (Z. 121–135)

Übung 2

Unterstreiche alle Verben und überlege, warum an ihrer Stelle nicht Substantivierungen benutzt wurden.

„Während der frustrierenden Ehrenrunde erhalten Sitzenbleiber in ihren Problemfächern meist nicht die notwendige zusätzliche Unterstützung. In ihren stärkeren Fächern wird ihnen zudem die Chance genommen, sich weiterzuentwickeln und Erfolgserlebnisse zu haben." (Z. 33–45)

Übung 3

Versuche, die folgenden Fremdwörter, wenn nötig mithilfe eines Lexikons, zu umschreiben.

1. pädagogisch (Z. 97): ....
2. frustrierend (Z. 33/34): ....
3. Chance (Z. 122): ....
4. individuell (Z. 56/57): ....
5. heterogen (Z. 68/69): ....
6. kumuliert (Z. 117/118): ....
7. dramatisieren (Z. 151): ....
8. Katastrophe (Z. 162): ....

Übung 4

In der unten stehenden Tabelle wurden die Beschreibungen und Beispiele für rhetorische (= die Redekunst betreffende) Stilfiguren vertauscht. Verbinde die zusammengehörigen Felder mit Linien.

Stilfigur	**Beschreibung und Wirkung**	**Beispiel**
Alliteration	**Überspitzung**, Hervorhebung durch Übertreibung	*Ehrenrunde* (für das wenig ehrenhafte Sitzenbleiben)
Emphase	**versteckter Spott** durch Ausdruck des Gegenteils, dient der Kritik	***Sch**üler **sch**reiben **Sch**ulaufsätze.*
Euphemismus	**Stabreim** (gleiche Anfangsbuchstaben) zur Hervorhebung von Zusammengehörigem, dient der Einprägsamkeit	*Bis **morgen**? – Das schaff ich nie!*
Hyperbel	**ausdrückliche Betonung** durch Lautstärke oder Wortstellung	*entschlafen* (für „sterben")
Ironie	**Vermenschlichung von leblosen Dingen**, dient der Veranschaulichung	*Milchmädchenrechnung* (für „Trugschluss")
Litotes	**Beschönigung**, verharmlosende Bezeichnung einer unangenehmen Sache	*aus der pädagogischen Steinzeit* (für „pädagogisch veraltet")
Metapher	**Verneinung des Gegenteils**, Hervorhebung durch Untertreibung	*ein nicht ungeeignetes Kind* (für „ein sehr geeignetes Kind")
Personifikation	**unübliche Bezeichnung**, dient der Hervorhebung	*frittierte Kartoffelstäbe* (für „Pommes frites")
Umschreibung	**bildhafte Übertragung**, dient der Veranschaulichung	*Die Sonne lacht.*

3. Die Sprache auf der Satzebene untersuchen

Bei der **Analyse der Sprache auf der Satzebene** achtest du auf:
- **die Art des Satzbaus:**
  - **lange Sätze: Satzreihen** (Hauptsatz + Hauptsatz = **Parataxe**) zur einfachen Aufzählung oder **Satzgefüge** mit untergeordneten Nebensätzen (HS + NS = **Hypotaxe**) zur Wiedergabe von komplizierten Gedanken
  - **kurze Hauptsätze:** für eine einfache, schnell erfassbare Wiedergabe
- **und auf Abweichungen vom normalen Satzbau:**
  - Verwendet der Autor rhetorische Stilfiguren (z. B. Ellipsen)?
  - Wozu dient die Abweichung vom normalen Satzbau?

Nach der Untersuchung von Wort- und Satzebene triffst du ein **Urteil über den Stil** (= die gewählte Sprachebene) des Autors:
- **gehobener Stil:** Wortwahl (Fremdwörter, Fachbegriffe) und Satzbau (Hypotaxen) sind anspruchsvoll und werden an ein gebildetes Publikum gerichtet;
- **mittlerer Stil:** Wortwahl und Satzbau sind normalsprachlich und richten sich an ein breites Publikum;
- **niedriger Stil:** Wortwahl (Jugendsprache, Dialekt, Umgangssprache) und Satzbau (kurze Sätze, Ellipsen) sind sehr einfach und richten sich oft an eine bestimmte Gruppe.

Übung 1

Bestimme für die folgenden Sätze die Satzarten (wie im 1. Beispiel).

1. Schule kann diese Aufgabe heute nur erfüllen, wenn sie sich ändert.

   Hauptsatz + Nebensatz → Hypotaxe

2. Die Vorstellung, dass hohe Sitzenbleiber-Quoten ein Qualitätsmerkmal von Schule sind, ist falsch.

3. Es bestraft und ist ein Angriff auf das Selbstwertgefühl der Schüler.

4. Während der frustrierenden Ehrenrunde erhalten Sitzenbleiber in ihren Problemfächern meist nicht die notwendige zusätzliche Unterstützung.

Übung 2

Lies auf Seite 70 den Text im Kasten unmittelbar unter der Überschrift. Welcher Satzbau herrscht vor? Warum wohl?

Übung 3

Die folgende Übung kennst du schon von der vorhergehenden Doppelseite. Hier sollst du rhetorische Satzfiguren, die eine Abweichung vom normalen Satzbau darstellen, durch eine Linie mit ihrer Beschreibung und einem Beispiel verbinden.

Rhetorische Satzfigur	Erklärung	Beispiel
Anapher	**Umstellung** von Satzgliedern, zur Hervorhebung des umgestellten Satzgliedes	*Was nun?* (für: „Was sollen wir nun tun?")
Chiasmus	**Auslassung** eines oder mehrerer Wörter (in der Umgangssprache oder auch als Ausdruck starker Emotionen)	*Der Schüler war fleißig, faul war der Lehrer.*
Ellipse	**Wiederholung desselben Wortes** bzw. derselben Wortgruppe am Anfang zweier aufeinanderfolgender Sätze	*Er war Muttis Liebling; sie war Vatis Püppchen.*
Inversion	**Wiederholung der gleichen Bauform** in aufeinanderfolgenden Sätzen, dient der Verdeutlichung	*Ein Wiederholungsjahr bietet die Chance zum Neuanfang. Ein Wiederholungsjahr bietet Stabilisierung.*
Klimax	**kreuzweise Anordnung** von gleichen Satzgliedern (nach dem Schema ab – ba)	*Schlau ist der Schüler.* (für: „Der Schüler ist schlau.")
Parallelismus	**abgestufte Steigerung einer Reihung** von Wörtern, Satzgliedern oder Sätzen	*Schön ist es, zu lernen, schöner, zu lesen, am schönsten, zu spielen.*

Übung 4

Lies dir auf Seite 71 noch einmal die Stellungnahme von Josef Kraus durch. Welchen Stil hat er gewählt? Begründe dein Urteil in Hinblick auf Wortwahl und Satzbau.

4. Den Text deuten

In deiner **Deutung** sollte klar werden, **welche Wirkung der Autor** mit seinem Text **erreichen will.** Will er hauptsächlich

- **belehren** (z. B. „Die Königswahl im Mittelalter"),
- **regeln** (z. B. „Die Schulordnung"),
- **informieren** (z. B. „Tödlicher Unfall auf der A8"),
- **Kritik üben** (z. B. „Die Regierung schläft"),
- **appellieren** (z. B. „Kauft keine Pelzmäntel!"),
- **unterhalten** (z. B. „Mein schönstes Urlaubserlebnis") oder
- **sich künstlerisch ausdrücken** (z. B. „Winterabend")?

Zusätzlich musst du überlegen, an **welche Zielgruppe** sich der Autor richtet (z. B. Fachpublikum, breite Öffentlichkeit, bestimmte Personengruppe wie Jugendliche oder Fußballfans usw.).

Bei der Deutung kann es außerdem hilfreich sein, die **Person des Autors mit einzubeziehen** (Alter, Beruf, Interessen usw.).
Deine **Aussagen** solltest du in jedem Fall durch deine inhaltlichen und sprachlichen Analyseergebnisse **belegen.**

Übung 1

Lies dir die folgenden Überschriften durch. Schreibe dahinter, welche Absicht der Text verfolgen könnte.

1. „Abendstimmung am Lagerfeuer" ....
2. „Die neue Autobahn gefährdet die Umwelt" ....
3. „Treffen der Kaninchenzüchter sehr erfolgreich" ....
4. „Einsteins Theorie in Grundzügen" ....
5. „Brot statt Böller!" ....
6. „Gesetz zum Schutze der Jugend in der Öffentlichkeit" ....
7. „Die besten Versprecher des Jahres" ....

Übung 2

Betrachte nun noch einmal den Text auf Seite 70/71. Versuche, die folgenden Fragen (in deinem Heft) zu beantworten.

1. Warum lässt „Focus" gerade diese beiden Autoren in seiner „Pro & Contra"-Rubrik zur Frage „Sitzenbleiben abschaffen?" Stellung nehmen?
2. Warum verwendet der Autor Josef Kraus umgangssprachliche Wörter wie „Sitzenbleiber" (Z. 158), „Milchmädchenrechnung" (Z. 129), „in den nächsten Jahrgang boxen" (Z. 119/120), „Katastrophengeschrei" (Z. 162)?
3. An welches Publikum richtet sich der Artikel? Begründe dein Urteil.
4. Was wollen die beiden Autoren mit ihren Stellungnahmen erreichen?

Tipp

Damit du dich in deinem Aufsatz bei der Wortwahl nicht wiederholst, solltest du die folgenden Begriffe variieren:

- **Autor**: Verfasser, Schriftsteller, Schreiber, Berichterstatter, Journalist, Reporter usw.
- **Sachtext**: Text, Aufsatz, Zeitungsartikel, Artikel; die vorliegende Textart nennen, also z. B. Glosse usw.
- **regelt**: ordnet an, klärt, stellt Regeln auf usw.
- **belehrt**: erklärt, instruiert, unterrichtet, leitet an, klärt auf
- **informiert**: berichtet, beschreibt, legt dar, stellt heraus, zeigt, weist darauf hin usw.
- **appelliert**: möchte dazu aufrufen, dass ..., fordert auf, verlangt, rät, empfiehlt usw.
- **kritisiert**: bemängelt, lehnt ab, setzt herab, bemäkelt, beanstandet, wendet sich gegen ..., widerspricht der Auffassung, dass ..., gibt zu bedenken, dass ...

Übung 3

Verfasse zum Abschluss einen vollständigen Aufsatz über den Text auf Seite 70/71. Damit du es leichter hast, findest du unten im Kasten ein Beispiel für eine Standardgliederung.

Vorsicht!

Nicht alle Lehrer verlangen die gleiche Gliederung! Am besten erkundigst du dich deshalb bei deinem Deutschlehrer und entwirfst ansonsten in der Prüfung deine **Gliederung in Anlehnung an die Fragestellung**.

Beispiel

Gliederungsmöglichkeit für die Analyse von Sachtexten:

A Einleitung
B Hauptteil
   1. Textanalyse
      a) Kurze Inhaltsangabe
      b) Bestimmung der Textart
      c) Äußerer Aufbau des Textes
      d) Innerer Aufbau des Textes
      e) Sprachanalyse
      f) Bestimmung der Stilebene
      g) Absicht des Autors – Wirkung des Textes
   2. Mögliche Zusatzfragen, z. B. eine weiterführende Erörterung schreiben
C Schluss

5. Zusatzfragen beantworten

Sachtexte werden in Prüfungen häufig als Grundlage für weiterführende Fragen verwendet. Häufige Aufgabentypen sind:

- Thesen (= Behauptungen) im Text finden
- zusätzliche Thesen zum Text finden
- zu einer These oder dem gesamten Text Stellung nehmen
- eine Erörterung zum Thema des Textes schreiben.

Übung 1

Kreuze an, welche Thesen Frau Demmer auf Seite 70 tatsächlich aufgestellt hat, und gib den Fundort an.

○ Sitzenbleiben ist eine veraltete Methode. Zeile: ……………………

○ Sitzenbleiber werden in den neuen Klassen gehänselt. Zeile: ……………………

○ Sitzenbleiben kostet den Staat viel Geld. Zeile: ……………………

○ Sitzenbleiben verlängert die Ausbildungsdauer. Zeile: ……………………

○ Klassen mit unterschiedlich starken Schülern lernen besser. Zeile: ……………………

Übung 2

Fasse jeweils zwei Sätze aus dem Text auf Seite 71 zu einer These zusammen.

Z. 109–120: ……………………

Z. 128–141: ……………………

Übung 3

Lege eine Stoffsammlung für eine Erörterung mit dem Thema „Sitzenbleiben abschaffen?" an.

Merke

Vorgehensweise bei der Erörterung

1. **Themafrage erschließen**: steigernde oder dialektische (Pro- und Kontra-Argumente abwägende) Erörterung?
2. **Stoff sammeln** (Textvorgaben und eigene Argumente)
3. **Stoff ordnen**: Unterscheidung von Thesen, Beweisen, Beispielen, Gedanken für Einleitung bzw. Schluss finden, Einteilung in Ober- und Unterpunkte
4. **(vorläufige) Gliederung erstellen**: Argumente steigernd anordnen, Nominalstil verwenden, keine Beispiele in die Gliederung übernehmen
5. **Erörterung ausformulieren**
6. sachlich und im Präsens schreiben

Übung 4

Hier eine Stoffsammlung zur Aufgabe „Erörtere, warum Sitzenbleiben abgeschafft werden sollte". Versuche, sie in eine steigernde Gliederung mit Ober- und Unterpunkten (vgl. Kasten unten) umzuformulieren.

Pädagogische Gründe – Frustration des Schülers – Keine zusätzliche Unterstützung in Problemfächern – Keine Weiterentwicklung in leistungsstarken Fächern – Bessere Lernerfolge in leistungsmäßig heterogenen Klassen – Bestrafung des Schülers – Bestrafung durch das Elternhaus – Verlust von Kontakten zu Mitschülern der alten Klasse – Ausgrenzung in der neuen Klasse – Finanzielle Gründe – Hohe Kosten des Wiederholens – Individuelle Förderung durch eingespartes Geld – Zukunftsprognose – aktuelle Diskussion der „Ehrenrunde" – Gründe für die Abschaffung des „Sitzenbleibens"

Beispiel

Gliederungsschema bei einer steigernden Erörterung (Buchstaben-Ziffern-System):

A Einleitung
B Hauptteil
  I. These
    1. Argument
      a) Unterargument
      b) Unterargument
      c) …
    2. Argument
    …
  II. Zusammenfassung (evtl. Lösungsvorschlag)
C Schluss

Übung 5

Jedes korrekt verwendete Argument hat vier unerlässliche Bestandteile. Ordne beim folgenden Argument diese Bestandteile (rechts) den einzelnen Sätzen (links) zu.

1. Man darf das Sitzenbleiben in seinem Ausmaß nicht dramatisieren.	Begründung
2. Denn schließlich sind davon nur zwei Prozent aller Schüler betroffen.	Beleg/Beispiel
3. Von den zwölf Millionen Schülern in Deutschland drehen pro Jahr rund 250 000 eine Ehrenrunde.	Rückbezug zur Themafrage
4. Ein Katastrophengeschrei in dieser Frage ist deshalb nicht angebracht.	These

Erzählende Prosatexte

A Bevor es losgeht …

1. … mit diesem Kapitel

Darum gehts!

Was ist eine Interpretation?

Alle erzählenden Prosatexte (z. B. Kurzgeschichten, Anekdoten, Romane usw.), die du liest oder hörst, möchtest du natürlich auch verstehen. Oft sind literarische Texte aber kompliziert und nicht auf Anhieb zugänglich. Um sie zu durchschauen und den künstlerischen Wert eines Werkes erkennen zu können, lernst du in der Schule bestimmte Techniken für ein umfassendes Interpretieren. Je besser du diese bei der Arbeit an Texten anwenden kannst, desto besser verstehst du Erzählungen aller Art.
Dein Interpretationsaufsatz beschreibt,

- was in der Geschichte steht (**Inhaltsangabe**),
- wie die Geschichte erzählt wird (**Analyse**) und
- wozu die Geschichte erzählt wird (**Deutung**).

Trainingsplan

Was musst du für einen Interpretationsaufsatz können?

In diesem Kapitel lernst du Arbeitstechniken wie zum Beispiel:

- verschiedene Arten von Prosatexten unterscheiden,
- Texte genau lesen, Inhalte verstehen und zusammenfassen,
- die Gestaltung der inhaltlichen Elemente (Handlungsstruktur, Charakterisierung der Personen, Zeit- und Raumgestaltung) untersuchen,
- die sprachliche Gestaltung analysieren,
- die Erzählperspektive und Darstellungsform untersuchen,
- deine Untersuchungsergebnisse aus dem Text belegen,
- die Absicht des Autors deuten,
- Zusatzfragen zum Text beantworten (z. B. Charakterisierung einer literarischen Person) und deine Ergebnisse niederschreiben.

So klappts!

Wie arbeitest du mit diesem Kapitel?

Die oben genannten Arbeitstechniken kannst du hier **Schritt für Schritt** lernen. Die **Reihenfolge** orientiert sich an Prüfungen bzw. Klassenarbeiten; deshalb ist es sinnvoll, die **Übungen hintereinander** zu bearbeiten.

2. … mit der Klassenarbeit: Checkliste

Wenn du die Übungen in diesem Teil des Buches bearbeitet hast, bist du für die Klassenarbeit bestens vorbereitet. Die folgende Checkliste hilft dir dabei, selbstständig eine eigene Interpretation zu verfassen.

Erstens

Vorbereiten
Erst den Text untersuchen – dann schreiben!
- Fragestellung deines Lehrers genau erfassen: Ist eine ganze Interpretation verlangt oder sollen nur bestimmte Kriterien berücksichtigt und/oder Zusatzfragen zum Text beantwortet werden?
- Text mehrmals gründlich durchlesen
- Textart bestimmen
- Inhalt präzise zusammenfassen
- Entfaltung der Handlung untersuchen
- Darstellung der Personen untersuchen
- Darstellung von Zeit und Raum untersuchen
- Sprache und Stil des Textes untersuchen
- Erzählhaltung und Erzählperspektive untersuchen
- Absicht des Autors und Wirkung des Textes ermitteln
- Text in einen größeren Zusammenhang einordnen (wenn verlangt)
- (vorläufige) Gliederung erstellen, dabei die Fragestellung des Lehrers beachten

Zweitens

Schreiben
Ergebnisse der Reihe nach ausformulieren!
- im Präsens schreiben
- eigene Worte verwenden
- sachlich schreiben
- durch korrekte Zitierweise belegen

Drittens

Überarbeiten
Der letzte Schliff!
- den Aufsatz noch einmal kritisch durchlesen
- prüfen, ob alle Regeln unter „Zweitens“ beachtet wurden
- prüfen, ob deine Gliederung noch mit dem ausformulierten Aufsatz übereinstimmt
- prüfen, ob richtig zitiert wurde (Zeilenangaben!)
- Rechtschreib- und Grammatikfehler verbessern

3. Prosatextarten erkennen

Erzählende Prosatexte sind literarische Texte, die **sprachlich** relativ **ungebunden** (keine Verse, Reime usw.) sind und einen **fiktionalen** (= erdachten, nur in der Vorstellung existierenden) Inhalt darstellen.

Erzählende (= epische) Prosatextarten kann man nach ihrem Umfang in zwei Gruppen unterteilen:
Großepik: Roman, Saga, Novelle usw.
Kleinepik: Anekdote, Erzählung, Fabel, Kalendergeschichte, Kurzgeschichte, Legende, Märchen, Parabel, Parodie, Satire usw.

Übung

Versuche, für die folgenden Kurzbeschreibungen von Prosatextarten die passende Überschrift zu finden.

Fabel – Erzählung – Anekdote – Kalendergeschichte – Kurzgeschichte – Legende – Märchen – Novelle – Parabel – Satire – Roman

1. Textart: ....
Es wird eine historisch nicht gesicherte, aber wahrscheinliche, charakteristische Geschichte über eine Persönlichkeit, eine bestimmte Zeit, eine Gesellschaftsschicht (z. B. den Adel) oder ein Ereignis erzählt. Die Darstellung ist meist knapp, humorvoll und endet häufig mit einer Pointe (= überraschende Wendung).

2. Textart: ....
Dieser Text stellt recht umfangreich Personen, ihr Handeln und ihr Umfeld über einen meist längeren Zeitraum dar.

3. Textart: ....
Unter diesen Begriff fallen eigentlich alle erzählenden Textarten. Im engeren Sinn versteht man darunter aber einen kürzeren Erzähltext, der weniger ausgeprägte Gattungsmerkmale besitzt als beispielsweise die Fabel oder die Parabel.

4. Textart: ....
Hier werden menschliche Schwächen und gesellschaftliche Verhältnisse ironisch, spöttisch oder humorvoll (meist durch Übertreibungen) kritisiert. Der Leser soll auf unterhaltsame Weise zum Nachdenken oder Handeln angeregt werden. Eine Sonderform stellt die Parodie dar, in der ein literarisches Werk unter Beibehaltung der Form, aber unter witziger Veränderung des Inhalts nachgeahmt wird.

5. Textart: ....
Unter dieser Gattung versteht man eine religiös erbauliche Erzählung über einen Heiligen. Durch dessen Leben und Leiden wird dem Leser ein Muster für christliches Verhalten gezeigt.

6. Textart: ....

Damit wird eine ursprünglich mündlich überlieferte, volkstümliche Erzählung bezeichnet, die unrealistische Ereignisse und Personen (z. B. Hexen, Feen usw.) darstellt. Die sprachlich einfache Geschichte ist von Gegensätzen (z. B. gut/böse, arm/reich) geprägt, wobei in der Regel die „gute" Person siegt.

7. Textart: ....

Hier wird in einer meist lehrreichen Erzählung mit gleichnishaftem Charakter eine Lebensweisheit verschlüsselt wiedergegeben. Erzählter und tatsächlich gemeinter Inhalt schneiden sich nur in einem Vergleichspunkt. Ziel ist es, den Leser anhand einer konkreten Erzählung zum Nachdenken über eine nicht ausdrücklich genannte Lehre anzuregen.

8. Textart: ....

Diese Textart soll als kleinere Geschichte unterhalten und belehren. Da sie sich ursprünglich an ein breites, weitgehend ländliches Publikum richtete, wurde sie in einfacher Sprache verfasst. Benannt wurde diese Textart nach ihrem anfänglichen Verbreitungsmedium.

9. Textart: ....

Diese Textart ist eine unterhaltsame Erzählung mit einer lehrhaften Moral, in der meist Tiere, seltener Gegenstände, in eine Auseinandersetzung geraten und dabei menschliche Schwächen zeigen. Einige Tierarten sind dabei auf ganz bestimmte menschliche Charakterzüge festgelegt, wie z. B. der Fuchs auf Schläue.

10. Textart: ....

Hierunter versteht man einen kurzen Text, der oft eine besondere Grenzsituation im Leben eines Menschen wie in einer Momentaufnahme erzählt. Der Aufbau ist durch die unmittelbar einsetzende Handlung und den häufig offenen Schluss gekennzeichnet. Der Leser muss sich wegen der inhaltlich knappen Ausführung vieles selbst erschließen.

11. Textart: ....

Erzählt wird eine einzige krisenhafte Begebenheit. Im Gegensatz zum Roman werden Einzelheiten (Orte, Personen usw.) weniger ausführlich beschrieben. Die Handlung wird meist über ein Leitmotiv oder Dingsymbol zu einem Wendepunkt geführt. Einleitung und Schluss sind relativ kurz gefasst, die Konzentration liegt wie im Drama auf dem Höhepunkt.

Übungstext 1

Bertolt Brecht: Maßnahmen gegen die Gewalt (1930)

Raum für Notizen

Als Herr Keuner, der Denkende, sich in einem Saale vor vielen gegen die Gewalt aussprach, merkte er, wie die Leute vor ihm zurückwichen und weggingen. Er blickte sich um und sah hinter sich stehen – die Gewalt.

„Was sagtest du?“ fragte ihn die Gewalt.

„Ich sprach mich für die Gewalt aus“, antwortete Herr Keuner.

Als Herr Keuner weggegangen war, fragten ihn seine Schüler nach seinem Rückgrat. Herr Keuner antwortete: „Ich habe kein Rückgrat zum Zerschlagen. Gerade ich muß länger leben als die Gewalt.“

Und Herr Keuner erzählte folgende Geschichte:

In die Wohnung des Herrn Egge, der gelernt hatte, nein zu sagen, kam eines Tages in der Zeit der Illegalität ein Agent, der zeigte einen Schein vor, welcher ausgestellt war im Namen derer, die die Stadt beherrschten, und auf dem stand, daß ihm gehören solle jede Wohnung, in die er seinen Fuß setze; ebenso sollte ihm auch jedes Essen gehören, das er verlange; ebenso sollte ihm auch jeder Mann dienen, den er sähe.

Der Agent setzte sich in einen Stuhl, verlangte Essen, wusch sich, legte sich nieder und fragte mit dem Gesicht zur Wand vor dem Einschlafen: „Wirst du mir dienen?“

Herr Egge deckte ihn mit einer Decke zu, vertrieb die Fliegen, bewachte seinen Schlaf, und wie an diesem Tage gehorchte er ihm sieben Jahre lang. Aber was immer er für ihn tat, eines zu tun hütete er sich wohl: das war, ein Wort zu sagen. Als nun die sieben Jahre herum waren und der Agent dick geworden war vom vielen Essen, Schlafen und Befehlen, starb der Agent. Da wickelte ihn Herr Egge in die verdorbene Decke, schleifte ihn aus dem Haus, wusch das Lager, tünchte die Wände, atmete auf und antwortete: „Nein.“

Hinweis: Der Text wird in Rechtschreibung und Zeichensetzung nach der auf S. 108 genannten Quelle zitiert.

Hinweis

Bertolt Brecht (1898–1956) wurde im schwäbischen Augsburg geboren und zählt zu den bekanntesten deutschen Schriftstellern. Als die Nationalsozialisten an die Macht kamen, ging der Autor aus politischen Gründen ins Exil.

B 1. Den Text lesen und verstehen

Dein **erster Arbeitsschritt** besteht in der **gründlichen Lektüre** des Textes.

Beim ersten Lesen solltest du dir einen Überblick verschaffen:

- die W-Fragen klären („Wer?", „Was?", „Wann?", „Wo?", „Weshalb?", „Mit welchen Folgen ...?"),
- unbekannte Wörter markieren und gegebenenfalls nachschlagen,
- eine erste Deutungsmöglichkeit in Stichpunkten festhalten.

Beim vertieften, mehrmaligen Lesen solltest du:

- wesentliche Aussagen von unwesentlichen trennen (Unwichtiges streichen),
- Randnotizen zum Aufbau des Textes machen (z. B. wörtliche Rede, Schlüsselmotiv, neue Handlung oder Person),
- den Text durch Sinnabschnitte inhaltlich gliedern (z. B. Einleitung, Hauptteil, Höhepunkt, Wendepunkt, Schluss).

Übung 1

Unterstreiche im Text diejenigen Angaben farbig, die Aufschluss über Personen, Orte und Zeit geben.

Übung 2

Schreibe an den Rand des Textes Notizen zu allen Punkten, die dir wichtig erscheinen.

Übung 3

Erkläre, wenn nötig mit einem Wörterbuch, folgende Begriffe:

1. Rückgrat (Z. 8) ....
2. Illegalität (Z. 13) ....
3. Agent (Z. 13) ....

Übung 4

Was will Brecht mit dieser Geschichte erreichen? Notiere deinen ersten Eindruck.

Brecht will mit seiner Geschichte zeigen, dass ....

....

....

....

2. Den Inhalt zusammenfassen

In deinem nächsten Arbeitsschritt hältst du deine **Ergebnisse schriftlich als Inhaltsangabe** fest. Achte dabei auf:

Inhaltliches:
- zunächst einen **einleitenden Basissatz formulieren**, der den **Verfassernamen**, die **Überschrift**, das **Erscheinungsdatum**, das **Thema** des Textes (W-Fragen!) und die Bestimmung der **Textart** enthält,
- danach die **inhaltlichen Schritte** in **chronologischer Reihenfolge** wiedergeben,
- dabei den **logischen Gedankengang** des Textes durch **Konjunktionen** verdeutlichen (z. B. *weil, da, sodass, damit, obwohl, indem, nachdem* usw.) und
- **Unwesentliches weglassen**.

Sprache:
- im **Präsens** schreiben,
- **knapp und sachlich** schreiben (keine eigenen Meinungen und Gefühle),
- **eigene Worte** verwenden (keine Nacherzählung!),
- direkte Rede in **indirekte Rede** umformen.

Übung 1

Bestimme die Textart von „Maßnahmen gegen die Gewalt". Begründe deine Entscheidung (schreibe in dein Heft).

Übung 2

Fülle die Lücken des Standardschemas für einen Basissatz.

In .... (Textart) „..

....“(Überschrift) von .... (Autor) aus dem

Jahre .... (Erscheinungsjahr) geht es darum, dass ....

.... (Hauptperson und Thema).

Tipp

Das Schema aus Übung 2 kannst du auch bei der Inhaltsangabe zu anderen Prosatexten für den Basissatz verwenden!

Übung 3

Versuche, die folgenden drei Abschnitte des Textes auf Seite 86 in eigenen Worten stichpunktartig zusammenzufassen:

Z. 1–6: ……………………………………………………

……………………………………………………………

……………………………………………………………

Z. 7–11: ……………………………………………………

……………………………………………………………

……………………………………………………………

Z. 12–30: ……………………………………………………

……………………………………………………………

……………………………………………………………

Übung 4

Forme die folgenden Sätze in die indirekte Rede um. Hinweise zu den wichtigsten Regeln der indirekten Rede findest du auf Seite 69.

1. „Ich sprach mich für die Gewalt aus“, antwortete Herr Keuner.

Herr Keuner antwortete, dass ……………………………………

2. Herr Keuner antwortete: „Ich habe kein Rückgrat zum Zerschlagen.“

Herr Keuner antwortete, dass ……………………………………

3. Der Agent fragte: „Wirst du mir dienen?“

Der Agent fragte, ……………………………………

Übung 5

Verfasse eine Inhaltsangabe zu „Maßnahmen gegen die Gewalt“ (in deinem Heft). Du kannst dazu natürlich die Ergebnisse der bisherigen Übungen benutzen.

3. Die Komposition der Handlung untersuchen

Autoren überlegen sich genau, wie sie eine Geschichte niederschreiben. Untersuche deshalb:

- **die äußere Gliederung des Textes** (z. B. durch Abschnitte),
- **den Aufbau der Spannung** (z. B. Anstieg, Verzögerung, Lösung der Spannung),
- **den zeitlichen Aufbau der Handlung:** chronologisch oder diskontinuierlich (z. B. Rückblenden, Vorausdeutungen o. Ä.),
- ob **eine Rahmen- und eine Binnenhandlung** (= eine Geschichte in der Geschichte) vorliegt,
- **die Vollständigkeit der erzählten Handlung** (fehlt z. B. die Einleitung oder der Schluss?).

Unterscheiden kann man außerdem die

- **äußere Handlung** (Worte und Taten) und
- **innere Handlung** (Gefühle, Gedanken, Träume).

Alle Ergebnisse, die du bei deiner Analyse erhältst und in deinem Aufsatz verwendest, musst du **durch Zitate belegen**. Korrektes Zitieren kannst du auf Seite 68/69 üben.

Übung 1

Versuche, die Abschnitte des Textes ihrem Inhalt und ihrer Funktion (= Aufgabe) durch Linien zuzuordnen.

Abschnitt 1	Erklärung Keuners für sein widersinnig erscheinendes Verhalten	Binnenhandlung
Abschnitt 2	Parabel 2 (= Veranschaulichung der Erklärung Keuners)	Rahmenhandlung (= Parabel 1)
Abschnitt 3	Unterordnung Keuners unter die Gewalt trotz seiner vorhergehenden Rede gegen die Gewalt	

Übung 2

Durch welchen erzählerischen Trick leitet Brecht die Binnenhandlung ein?

Übung 3

In welchem dir sicherlich bekannten Buch kommen ebenfalls sehr häufig Gleichnisse vor? Welchen Zweck erfüllen sie?

....

....

Übung 4

Zeichne eine Spannungskurve in das Diagramm ein.

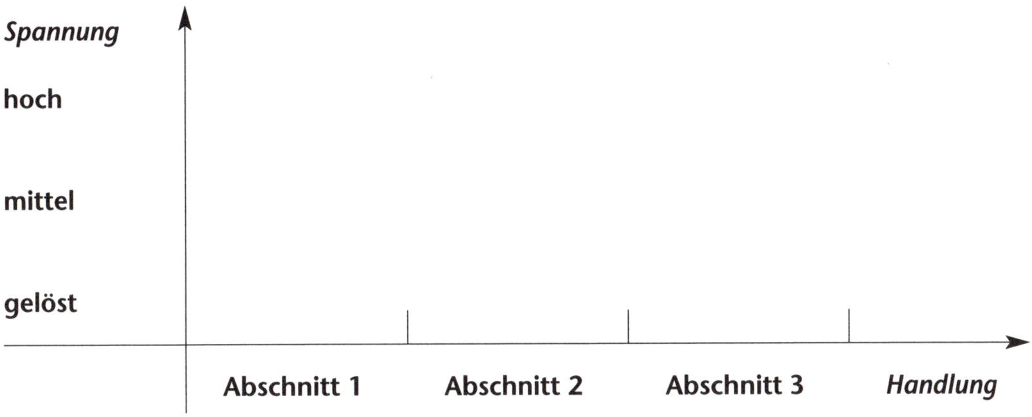

Übung 5

In der Parabel von Brecht wird auf innere Handlung weitgehend verzichtet. Verfasse einen inneren Monolog (= eine Person spricht stumm mit sich selbst, siehe Tipp unten) aus der Sicht von Herrn Egge, während er den Agenten bedient (Umfang ca. eine halbe Heftseite).

Tipp

Prüfungsaufgabe: inneren Monolog oder Traum verfassen

- Gefühle und Gedanken der Personen **lebendig ausgestalten** (Adjektive, direkte Rede, Ausrufe)
- **Sprache der Person anpassen** (z. B. den inneren Monolog eines Teenagers in Jugendsprache abfassen)
- **Glaubwürdigkeit beachten** (Welche Gefühle und Gedanken sind für die betreffende Person kennzeichnend?)

Übung 6

Unterstreiche in den folgenden Sätzen die innere Handlung.

Herr Keuner hatte Angst vor der vor ihm stehenden Gewalt und zitterte. Sie fragte: „Was redest du?“ Keuner dachte sich, die Gewalt ist stärker als ich, und antwortete: „Ich sprach mich für die Gewalt aus.“ Die Gewalt fühlte sich geschmeichelt und ließ den verängstigten, aber heilfrohen, von einer gewaltlosen Welt träumenden Keuner gehen.

4. Die Figurendarstellung untersuchen

Für einen Autor gibt es verschiedene Möglichkeiten, dem Leser die handelnden Personen nahezubringen:

- **direkte Charakterisierung** (durch den Erzähler, die Person selbst oder durch eine andere Person)
- **indirekte Charakterisierung** (durch das Verhalten und Reden der Person).

Auf folgende Merkmale solltest du achten:

- **Äußeres**: Alter, Körperbau, Kleidung, Bewegung usw.
- **Lebensumstände**: Beruf, Vermögen, Beziehungen usw.
- **Verhalten**: Sprechweise, Gewohnheiten usw.
- **Denken und Fühlen**: geistige Fähigkeiten, Selbstbewusstsein, Wertvorstellungen usw.
- **Entwicklung der Person**: z. B. vom Bösen zum Guten.

Abschließend solltest du fragen, ob eher ein **Typus** (z. B. der Held) oder ein **individueller Mensch** dargestellt wird.

Von besonderem Interesse ist natürlich auch das **Verhältnis der Personen** zueinander. Beachte vor allem Konfliktkonstellationen (z. B. Vater/Sohn, Mann/Frau, Arm/Reich usw.). Auch hier kann eine Entwicklung stattfinden.

Übung 1

Unterstreiche in den folgenden Sätzen direkte Charakterisierungen einfach und indirekte zweifach.

1. Herr Keuner, der Denkende, sprach sich in einem Saale vor vielen gegen die Gewalt aus.
2. Herr Keuner antwortete: „Ich habe kein Rückgrat zum Zerschlagen. Gerade ich muß länger leben als die Gewalt."
3. In die Wohnung des Herrn Egge, der gelernt hatte, nein zu sagen, kam […] ein Agent […].
4. Der Agent setzte sich in einen Stuhl, verlangte Essen, wusch sich, legte sich nieder und fragte mit dem Gesicht zur Wand vor dem Einschlafen: „Wirst du mir dienen?"
5. Herr Egge deckte ihn mit einer Decke zu, vertrieb die Fliegen, bewachte seinen Schlaf, und wie an diesem Tage gehorchte er ihm sieben Jahre lang.
6. Als nun die sieben Jahre herum waren und der Agent dick geworden war vom vielen Essen, Schlafen und Befehlen, starb der Agent.

Übung 2

Suche im Text diejenigen Stellen (Zeilenangabe), die die unten stehenden Charakterisierungen rechtfertigen.

1. Herr Keuner will sein Leben nicht umsonst riskieren (Zeile ....).
2. Die Gewalt flößt den Menschen Furcht ein (Zeile ....).
3. Die Schüler sind über Keuners Verhalten erstaunt (Zeile ....).
4. Der Agent benimmt sich herrisch (Zeile ....).
5. Herr Egge dient sieben Jahre ohne Widerspruch (Zeile ....).

Übung 3

Beantworte die folgenden Fragen zu den Personen in „Maßnahmen gegen die Gewalt".

1. Ist der Agent als Typus oder als individuelle Person dargestellt? Begründe.

....

....

2. „Keuner" bedeutet in Brechts Heimatgebiet Schwaben „keiner". Warum könnte Brecht seine Hauptperson so genannt haben?

....

....

3. Wie entwickelt sich Herr Egge? Was könnte sein Name bedeuten?

....

....

Übung 4

Versuche, das Schema der Personenkonstellation zu vervollständigen. Beschrifte dabei auch die Pfeile.

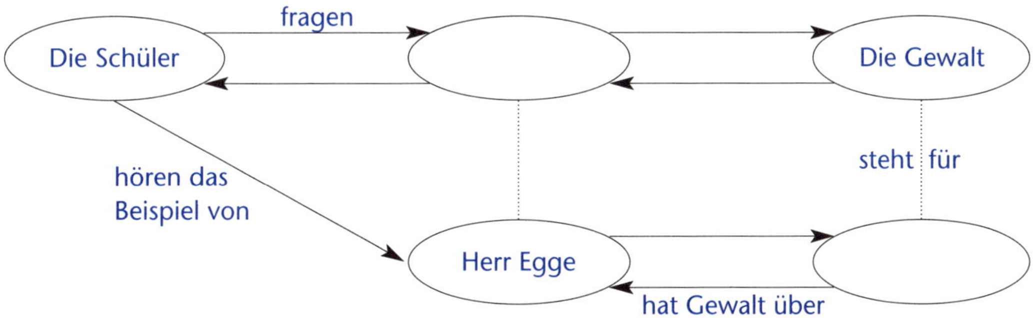

C Übungstext 2

Gerhard Zwerenz: Nicht alles gefallen lassen … (1962)

Wir wohnten im dritten Stock mitten in der Stadt und haben uns nie etwas zuschulden kommen lassen, auch mit Dörfelts von gegenüber verband uns eine jahrelange Freundschaft, bis die Frau sich kurz vor dem Fest unsre Bratpfanne auslieh und nicht zurückbrachte.

Als meine Mutter dreimal vergeblich gemahnt hatte, riss ihr eines Tages die Geduld, und sie sagte auf der Treppe zu Frau Muschg, die im vierten Stock wohnt, Frau Dörfelt sei eine Schlampe.

Irgendwer muss das den Dörfelts hinterbracht haben, denn am nächsten Tag überfielen Klaus und Achim unsern Jüngsten, den Hans, und prügelten ihn windelweich.

Ich stand grad im Hausflur, als Hans ankam und heulte. In diesem Moment trat Frau Dörfelt drüben aus der Haustür, ich lief über die Straße, packte ihre Einkaufstasche und stülpte sie ihr über den Kopf. Sie schrie aufgeregt um Hilfe, als sei sonst was los, dabei drückten sie nur die Glasscherben etwas auf den Kopf, weil sie ein paar Milchflaschen in der Tasche gehabt hatte.

Vielleicht wäre die Sache noch gut ausgegangen, aber es war just um die Mittagszeit, und da kam Herr Dörfelt mit dem Wagen angefahren.

Ich zog mich sofort zurück, doch Elli, meine Schwester, die mittags zum Essen heimkommt, fiel Herrn Dörfelt in die Hände. Er schlug ihr ins Gesicht und zerriss dabei ihren Rock. Das Geschrei lockte unsre Mutter ans Fenster, und als sie sah, wie Herr Dörfelt mit Elli umging, warf unsre Mutter mit Blumentöpfen nach ihm. Von Stund an herrschte erbitterte Feindschaft zwischen den Familien.

Weil wir nun Dörfelts nicht über den Weg trauten, installierte Herbert, mein ältester Bruder, der bei einem Optiker in die Lehre geht, ein Scherenfernrohr am Küchenfenster.

Da konnte unsre Mutter, waren wir andern alle unterwegs, die Dörfelts beobachten. Augenscheinlich verfügten diese über ein ähnliches Instrument, denn eines Tages schossen sie von drüben mit einem Luftgewehr herüber. Ich erledigte das feindliche Fernrohr dafür mit einer Kleinkaliberbüchse, an diesem Abend ging unser Volkswagen unten im Hof in die Luft.

Unser Vater, der als Oberkellner im hochrenommierten Café Imperial arbeitete, nicht schlecht verdiente und immer für den Ausgleich eintrat, meinte, wir sollten uns jetzt an die Polizei wenden.

Aber unserer Mutter passte das nicht, denn Frau Dörfelt verbreitete in der ganzen Straße, wir, das heißt unsre gesamte Familie, seien derart schmutzig, dass wir mindestens zweimal jede Woche badeten und für das hohe Wassergeld, das die Mieter zu gleichen Teilen zahlen müssen, verantwortlich wären.

Wir beschlossen also, den Kampf aus eigner Kraft in aller Härte aufzunehmen, auch konnten wir nicht mehr zurück, verfolgte doch die gesamte Nachbarschaft gebannt den Fortgang des Streites.

Am nächsten Morgen schon wurde die Straße durch ein mörderisches Geschrei geweckt.

Wir lachten uns halb tot, Herr Dörfelt, der früh als Erster das Haus verließ, war in eine tiefe Grube gefallen, die sich vor der Haustüre erstreckte.

Er zappelte ganz schön in dem Stacheldraht, den wir gezogen hatten, nur mit dem linken Bein zappelte er nicht, das hielt er fein still, das hatte er sich gebrochen.

Bei alledem konnte der Mann noch von Glück sagen – denn für den Fall, dass er die Grube bemerkt und umgangen hätte, war der Zünder einer Plastikbombe mit dem Anlasser seines Wagens verbunden. Damit ging kurze Zeit später Klunker-Paul, ein Untermieter von Dörfelts, hoch, der den Arzt holen wollte.

Es ist bekannt, dass die Dörfelts leicht übel nehmen. So gegen zehn Uhr begannen sie unsre Hausfront mit einem Flakgeschütz zu bestreichen. Sie mussten sich erst einschießen, und die Einschläge befanden sich nicht alle in der Nähe unserer Fenster.

Das konnte uns nur recht sein, denn jetzt fühlten sich auch die anderen Hausbewohner geärgert, und Herr Lehmann, der Hausbesitzer, begann um den Putz zu fürchten. Eine Weile sah er sich die Sache noch an, als aber zwei Granaten in seiner guten Stube krepierten, wurde er nervös und übergab uns den Schlüssel zum Boden.

Wir robbten sofort hinauf und rissen die Tarnung von der Atomkanone.

Es lief alles wie am Schnürchen, wir hatten den Einsatz oft genug geübt, die werden sich jetzt ganz schön wundern, triumphierte unsre Mutter und kniff als Richtkanonier das rechte Auge fachmännisch zusammen.

Als wir das Rohr genau auf Dörfelts Küche eingestellt hatten, sah ich drüben gegenüber im Bodenfenster ein gleiches Rohr blinzeln, das hatte freilich keine Chance mehr, Elli, unsre Schwester, die den Verlust ihres Rockes nicht verschmerzen konnte, hatte zornroten Gesichts das Kommando „Feuer!" erteilt.

Mit einem unvergesslichen Fauchen verließ die Atomgranate das Rohr, zugleich fauchte es auch auf der Gegenseite. Die beiden Geschosse trafen sich genau in der Straßenmitte.

Natürlich sind wir nun alle tot, die Straße ist hin, und wo unsre Stadt früher stand, breitet sich jetzt ein graubrauner Fleck aus.

Aber eins muss man sagen, wir haben das Unsre getan, schließlich kann man sich nicht alles gefallen lassen.

Die Nachbarn tanzen einem sonst auf der Nase herum.

1. Die Zeit- und Raumgestaltung untersuchen

Bei der **Zeitgestaltung** solltest du feststellen, wie sich **Erzählzeit** (= Zeit, die benötigt wird, um die Geschichte zu erzählen bzw. zu lesen) und **erzählte Zeit** (= Zeitspanne, die die Handlung umfasst) zueinander verhalten:

- **Zeitraffung**: Erzählzeit < erzählte Zeit
- **Zeitdeckung**: Erzählzeit = erzählte Zeit
- **Zeitdehnung**: Erzählzeit > erzählte Zeit.

Erzählt werden kann eine Geschichte

- **chronologisch/kontinuierlich** in der natürlichen Abfolge oder
- **diskontinuierlich** (z. B. durch Rückblenden, Vorwegnahmen).

Anfang und Ende der Geschichte verdienen besonderes Interesse:

- **Anfang**: am Beginn, mitten in oder am Ende der Handlung?
- **Schluss**: sinnvoller Abschluss oder offenes Ende?

Sprachlich wird die Zeit durch **Adverbien** (z. B. *damals*), **Konjunktionen** (z. B. *nachdem, während*) und die **Zeitformen des Verbs** (z. B. *er geht, er ging, er ist gegangen*) ausgedrückt.

Übung 1 **Lies dir die Geschichte auf Seite 94/95 durch. Wie verhält sich die Erzählzeit zur erzählten Zeit?**

....

Übung 2 **Ist die Geschichte kontinuierlich oder diskontinuierlich aufgebaut? Begründe dein Urteil.**

....

Übung 3 **Beantworte die folgenden Fragen zum Text.**

1. Von welchem Zeitpunkt aus erzählt der Erzähler die Geschichte?

....

....

2. Warum ist dieser Zeitpunkt des Erzählens eigentlich unmöglich?

....

....

Räume und Gegenstände werden manchmal nur am Rande erwähnt; sie können aber auch sehr detailliert beschrieben werden. In einer Geschichte können sie **verschiedene Aufgaben** übernehmen, z. B.:

- **Ort der Handlung sein** (z. B. typisches Wartezimmer),
- **Anlass für ein Geschehen sein** (z. B. ein Nachbarschaftsstreit um den Maschendrahtzaun),
- **Charakterisierung der Figuren** (z. B. ärmliche Wohnung),
- **Stimmungen verstärken** (z. B. Regenszene bei Trauer),
- **Kontraste bilden** (z. B. Kammer/Schloss, Stadt/Land),
- **Symbol sein** (z. B. Mauer für die Kluft zwischen Arm und Reich).

Übung 4

Versuche, den Ort der Handlung durch Angaben aus dem Text zu beschreiben.

Übung 5

Welcher Gegenstand wird zum Anlass für das Geschehen? Warum wurde gerade dieser Gegenstand gewählt?

Übung 6

Kann man aufgrund der Orte eine Aussage über die Personen treffen?

Übung 7

Was fällt an den Waffen der Familien auf?

Übung 8

Wofür könnte die Straße stehen?

C 2. Die sprachliche Gestaltung untersuchen

Bei der Untersuchung der sprachlichen Gestaltung achtest du auf
- **Wortwahl** (vgl. Regel S. 74),
- **Satzbau** (vgl. Regel S. 76) und
- **rhetorische Figuren** (vgl. Tabellen auf S. 249 und 250).

Die **Rede** von Figuren gibt Aufschluss über die sprechenden Personen (z. B. über Bildungsstand, Gruppenzugehörigkeit).

Der **Stil des Autors** verrät darüber hinaus oft etwas über die **Zielgruppe** (z. B. belehrende Textarten wie Märchen und Fabel sind in leicht verständlicher Sprache verfasst).

Übung 1

Betrachte zunächst den Wortschatz des Textes auf Seite 94/95. Finde je fünf Beispiele mit Zeilenangabe für:

1. alltagssprachliche bzw. saloppe Wortwahl:

....

....

2. hochsprachliche, sehr gewählte Formulierungen:

....

....

3. militärische Wendungen:

....

....

Übung 2

Welchen Effekt hat die stilistisch uneinheitliche Wortwahl im Text?

....

....

Übung 3

Welche Wirkung haben die im Text häufig verwendeten Verben?

....

....

Übung 4

Beschreibe den Satzbau und seine Wirkung für Z. 57–60.

Übung 5

Um welche rhetorischen Figuren handelt es sich? Du kannst im Zweifel die Tabellen auf Seite 249/250 als Hilfe benutzen.

1. „das feindliche Fernrohr" (Z. 27/28)
2. „nicht schlecht verdiente" (Z. 30/31)
3. „ein gleiches Rohr blinzeln" (Z. 62)
4. „Feuer!" (Z. 64)
5. „Aber eins muss man sagen" (Z. 70)
6. „auf der Nase herumtanzen" (Z. 72)

Übung 6

Forme die indirekte Rede der Mutter in direkte Rede um.

1. Die Mutter sagte, Frau Dörfelt sei eine Schlampe.
2. Die werden sich ganz schön wundern, triumphierte unsere Mutter.

Übung 7

Warum verwendet der Autor in seiner Geschichte für die Darstellung der Streitereien keine direkte Rede?

Übung 8

An welche Zielgruppe wendet sich die Sprache des Textes?

C 3. Den Erzähler untersuchen

Zunächst untersuchst du die **Erzählerrolle**:

- **auktorialer Erzähler**: allwissender Erzähler, der nicht in das Geschehen verwickelt ist, den Überblick über Handlungen und Gefühle der Beteiligten hat und oft Kommentare und Wertungen abgibt
- **personaler Erzähler**: Erzähler, der Teil der erzählten Geschichte ist, erzählt aus seinem begrenzten Blickwinkel (er kennt nur seine eigenen Gefühle, die anderen Personen nimmt er nur äußerlich wahr)
- **neutraler Erzähler**: unbeteiligte, nicht wertende Wiedergabe von Handlungen und Gesprächen; der Leser bleibt eher distanzierter Zuschauer, da er von der Innenansicht der Personen nichts erfährt.

Der auktoriale und der personale Erzähler kann in der ersten Person (**Ich-Erzähler**) oder in der dritten Person (**Er-Erzähler**) berichten.

Übung 1 **Nenne zu den folgenden Abschnitten die Erzählerrolle.**

1. Er sah seine Frau auf den Killer zugehen. Er glaubte, sie hätte Angst. Der Killer drehte sich nicht einmal um.

....

2. Die Frau ging entschlossen auf den Killer zu. Sie fürchtete sich und betete stumm. Der Killer hatte selbstverständlich keine Angst und drehte sich nicht einmal um.

....

3. Eine Frau ging auf den Killer zu. Sie schien etwas zu murmeln. Er drehte sich nicht um.

....

4. Ich sah, wie die Frau entschlossen auf den Killer zuging. Sie fürchtete sich und betete stumm. Der Killer hatte selbstverständlich keine Angst und drehte sich nicht einmal um.

....

5. Ich sah meine Frau auf den Killer zugehen. Ich glaube, sie hatte Angst. Der Killer drehte sich nicht einmal um.

....

Übung 2 **Welche Erzählerrolle liegt in der Kurzgeschichte „Nicht alles gefallen lassen …“ vor?**

Als Nächstes untersuchst du die **Erzählhaltung**, die der Erzähler gegenüber dem einnimmt, was er erzählt. Wie trägt er das Erzählte vor:

- distanziert (unbeteiligt) und sachlich,
- beteiligt und bewegt,
- wertend und kommentierend,
- humorvoll,
- ironisch oder
- komisch?

Übung 3

Welche Erzählhaltung nimmt der Ich-Erzähler von „Nicht alles gefallen lassen …" ein? Begründe dein Urteil aus dem Text.

....

....

....

Übung 4

Wie beurteilt der Ich-Erzähler das Geschehen und die Handlung seiner Familie? Kreuze Zutreffendes an.

○ Er bewertet das Geschehen gar nicht.
○ Er hat Mitleid mit den Nachbarn.
○ Er hält die Vorgehensweise seiner Familie für korrekt.
○ Er teilt die Meinung seines Vaters.
○ Er bewertet das Geschehen eigentlich erst am Schluss.

Übung 5

Wodurch hat der Autor erreicht, dass man als Leser der Haltung des Ich-Erzählers nicht zustimmen kann? (Schreibe in dein Heft.)

Merke

Die Meinung des Erzählers muss nicht immer die Meinung des Autors sein. Indem der Autor beispielsweise den Erzähler offensichtlichen Unsinn berichten lässt, regt er den Leser dazu an, dem Erzähler zu widersprechen. Damit kann der Autor dem Leser Einsichten vermitteln, ohne ihn zu bevormunden.

4. Den Text deuten

In deiner **Deutung** sollte klar werden, **welche Wirkung der Autor** mit seinem Text beim Leser **erreichen will**. Will er hauptsächlich

- **belehren** (welche Lehre wird vermittelt?),
- **Kritik üben** (wer oder was wird kritisiert?),
- **unterhalten** oder
- **sich künstlerisch ausdrücken**?

Bei der Deutung kann es hilfreich sein, die **Person des Autors** (Alter, Beruf, Interessen, politische Richtung usw.) **mit einzubeziehen** (vgl. Beispiel 1).

Eine andere Deutungsmöglichkeit ist mit der **Einordnung der Erzählung in die Entstehungsepoche** gegeben, weil viele Autoren auf Probleme ihrer Zeit anspielen (vgl. Beispiel 2).

Deine **Aussagen** solltest du **unbedingt durch Zitate belegen**. Korrektes Zitieren kannst du auf den Seiten 68/69 lernen und üben.

Beispiele zu „Maßnahmen gegen die Gewalt" (S. 86)

Beispiel 1

Biografischer Deutungsansatz

Bertolt Brecht floh 1933 vor der Gewalt der Nationalsozialisten ins Ausland, anstatt in Deutschland zu bleiben und zu kämpfen, was höchstwahrscheinlich seine Ermordung bedeutet hätte. Einerseits hat er also den Weg der inneren Emigration abgelehnt, der in einem bloß stillen, aber folgenlosen Protest bestanden und Herrn Keuners Verhalten gegenüber „der Gewalt" entsprochen hätte. Andererseits wollte auch Brecht kein sinnloses Opfer bringen und hatte wie Herr Keuner ebenfalls kein „Rückgrat zum Zerschlagen" (vgl. S. 86, Z. 7–10). Möglicherweise hat Brecht schon zur Entstehungszeit der Parabel, als die Nationalsozialisten immer stärker wurden, mit dem Gedanken gespielt zu fliehen, falls sie die Macht ergreifen würden. Eine solche Flucht wird durch die Parabel gerechtfertigt.

Beispiel 2

Deutung aus der Epoche

Die Parabel Brechts spielt auf das nationalsozialistische Regime an, das seiner Ansicht nach wohl nur von außen wirksam bekämpft werden kann, da in ihm nur Anpassung (vgl. Herrn Keuners bzw. Herrn Egges Verhalten, Z. 6 bzw. Z. 22ff.) oder Selbstaufgabe möglich wäre (Herr Keuner: „Ich habe kein Rückgrat zum Zerschlagen. Gerade ich muß länger leben als die Gewalt.", Z. 8–10).

Übung 1

Welche der folgenden Lehren kann man aus „Nicht alles gefallen lassen …" ziehen? Kreuze Zutreffendes an.

- ◯ Man darf sich nicht alles gefallen lassen.
- ◯ Man muss auch einmal nachgeben können.
- ◯ Man darf nichts Schlechtes über seine Nachbarn sagen.
- ◯ Man sollte keine Gegenstände an unzuverlässige Personen verleihen.
- ◯ Wer zuletzt lacht, lacht am besten.
- ◯ Familien müssen zusammenhalten.
- ◯ Gewalt erzeugt Gegengewalt.

Übung 2

Gerhard Zwerenz lebte früher in der DDR, seit 1957 in der Bundesrepublik. Auf welche politische Situation könnte die Geschichte deshalb anspielen?

....

....

Übung 3

An einer Stelle des Textes bietet der Autor eine Lösungsmöglichkeit an. Nenne die Textstelle und formuliere einen eigenen Gedanken zu Gewalt vermeidendem Verhalten.

Textstelle: ....

Gewalt lässt sich verhindern, wenn ....

....

Übung 4

Man kann behaupten, dass Gerhard Zwerenz seine Kritik unterhaltsam vorträgt. Erkläre, wodurch diese Wirkung erzielt wird.

....

....

....

Merke

Die Gattungen **Fabel**, **Märchen**, **Parabel** und **Kalendergeschichte** dienen häufig der **Belehrung**, manchmal wird die Lehre sogar als **Moral** formuliert.
Die **Satire** wird hauptsächlich zur **unterhaltenden Kritik** verfasst.
Anekdoten dienen meist der (belehrenden) **Unterhaltung**.
Roman, **Novelle** und **Kurzgeschichte** sind als Gattung in ihrer Absicht **nicht festgelegt**.

5. Zusatzfragen beantworten

Wenn du bis zu dieser Stelle des Übungsbuches durchgehalten hast, dann weißt du, wie man eine komplette Interpretation verfasst. Ein **Beispiel für eine Standardgliederung**, die auch als **Übersicht** über die Untersuchungskriterien dient, findest du auf S. 107.

Achtung: In Prüfungen musst du oft keine komplette Interpretation, sondern nur einzelne Gesichtspunkte bearbeiten, wie z. B. die Beschreibung einer Person.

Häufig werden auch zusätzliche Aufgaben zum Text gestellt, die über eine Standard-Interpretation hinausgehen.
Bei den häufigsten Zusatzfragen geht es darum,
- einen inneren Monolog / einen Traum / eine Rede zu einer der handelnden Personen zu verfassen (vgl. dazu Tipp auf S. 91),
- eine Stelle im Text (z. B. Schluss) weiterzuerzählen,
- eine weiterführende Erörterung zu schreiben (vgl. dazu auch S. 80/81).

Entwirf bei Prüfungsaufgaben mit Zusatzfragen deines Lehrers deine Gliederung bzw. deinen Schreibplan **auf jeden Fall in Anlehnung an die Fragestellung**.

Übung 1

Schreibe das Ende der Geschichte „Nicht alles gefallen lassen ..." aus der Sicht des Vaters.

Tipp

Eine Leerstelle im Text ausfüllen
- **Schreibe glaubwürdig!** Welche Handlungen und Einstellungen sind typisch für die handelnden Personen?
- **Schreibe lebendig!** Welche Gefühle haben die handelnden Personen? Benutze die wörtliche Rede!

Übung 2

Gerhard Zwerenz übt Kritik am Verhalten der beiden Familien. Nenne zwei Beispiele aus deinem Alltag, in denen ebenfalls Gewalt aus nichtigen Anlässen entstanden ist.

1. ....

....

2. ....

....

Übung 3

Ordne die folgende Stoffsammlung zu einer Gliederung an. Finde abschließend selbst einen passenden Einleitungs- und Schlussgedanken. Das Thema der Erörterung lautet: „Erörtere, wodurch Gewalt in Familien und unter Freunden entsteht und wie die Entstehung von Gewalt vermieden werden kann."

Zeitmangel der Eltern – Autoritäre Erziehung – Möglichkeiten zur Vermeidung von Gewalt – Verständnis für die Position des anderen – Ursachen für die Entstehung von Gewalt – Ungünstige Wohnverhältnisse – Eifersucht – Leistungsanspruch der Eltern – Geldsorgen – Unterschiedliche Wertvorstellungen – Gruppenzwang – Gemeinsame Aktivitäten – Gegensätzliche Interessen – Kompromissbereitschaft – Nachsicht mit den Fehlern anderer – Gegenseitige Aussprache – Neid – Klare Regelungen im Haushalt

A Einleitung: ....

B Hauptteil: Gründe für die Entstehung von Gewalt in Familien und unter Freunden und Möglichkeiten zur Vermeidung von Gewalt

I. ....

1. In der Familie

a) ....

b) ....

c) ....

d) ....

e) ....

2. Im Freundeskreis

a) ....

b) ....

c) ....

d) ....

e) ....

II. ....

1. ....

2. ....

3. ....

4. ....

5. ....

6. ....

C Schluss: ....

D Übungstext 3

Wolfgang Borchert: Die Küchenuhr (1949)

Sie sahen ihn schon von Weitem auf sich zukommen, denn er fiel auf. Er hatte ein ganz altes Gesicht, aber wie er ging, daran sah man, dass er erst zwanzig war. Er setzte sich mit seinem alten Gesicht zu ihnen auf die Bank. Und dann zeigte er ihnen, was er in der Hand trug.

Das war unsere Küchenuhr, sagte er und sah sie alle der Reihe nach an, die auf der Bank in der Sonne saßen. Ja, ich habe sie noch gefunden. Sie ist übrig geblieben.

Er hielt eine runde tellerweiße Küchenuhr vor sich hin und tupfte mit dem Finger die blau gemalten Zahlen ab.

Sie hat weiter keinen Wert, meinte er entschuldigend, das weiß ich auch. Und sie ist auch nicht so besonders schön. Sie ist nur wie ein Teller, so mit weißem Lack. Aber die blauen Zahlen sehen doch ganz hübsch aus, finde ich. Die Zeiger sind natürlich nur aus Blech. Und nun gehen sie auch nicht mehr. Nein. Innerlich ist sie kaputt, das steht fest. Aber sie sieht noch aus wie immer. Auch wenn sie jetzt nicht mehr geht.

Er machte mit der Fingerspitze einen vorsichtigen Kreis auf dem Rand der Telleruhr entlang. Und er sagte leise: Und sie ist übrig geblieben.

Die auf der Bank in der Sonne saßen, sahen ihn nicht an. Einer sah auf seine Schuhe und die Frau sah in ihren Kinderwagen. Dann sagte jemand:

Sie haben wohl alles verloren?

Ja, ja, sagte er freudig, denken Sie, aber auch alles! Nur sie hier, sie ist übrig. Und er hob die Uhr wieder hoch, als ob die anderen sie noch nicht kannten.

Aber sie geht doch nicht mehr, sagte die Frau.

Nein, nein, das nicht. Kaputt ist sie, das weiß ich wohl. Aber sonst ist sie doch noch ganz wie immer: weiß und blau. Und wieder zeigte er ihnen seine Uhr. Und was das Schönste ist, fuhr er aufgeregt fort, das habe ich Ihnen ja noch überhaupt nicht erzählt. Das Schönste kommt nämlich noch: Denken Sie mal, sie ist um halb drei stehen geblieben. Ausgerechnet um halb drei, denken Sie mal!

Dann wurde Ihr Haus sicher um halb drei getroffen, sagte der Mann und schob wichtig die Unterlippe vor. Das habe ich schon oft gehört. Wenn die Bombe runtergeht, bleiben die Uhren stehen. Das kommt von dem Druck.

Er sah seine Uhr an und schüttelte überlegen den Kopf. Nein, lieber Herr, nein, da irren Sie sich. Das hat mit den Bomben nichts zu tun. Sie müssen nicht immer von den Bomben reden. Nein. Um halb drei war ganz etwas anderes, das wissen Sie nur nicht. Das ist nämlich der Witz, dass sie gerade um halb drei stehen geblieben ist. Und nicht um Viertel nach vier oder um sieben. Um halb drei kam ich nämlich immer nach Hause. Nachts, meine ich. Fast immer um halb drei. Das ist ja gerade der Witz.

Er sah die anderen an, aber die hatten ihre Augen von ihm weggenommen. Er fand sie nicht. Da nickte er seiner Uhr zu: Dann hatte ich natürlich Hunger, nicht wahr? Und ich ging immer gleich in die Küche. Da war es dann fast immer halb drei. Und dann, dann kam nämlich meine Mutter. Ich konnte noch so leise die Tür aufmachen, sie hat mich immer gehört. Und wenn ich in der dunklen Küche etwas zu essen suchte, ging plötzlich das Licht an. Dann stand sie da in ihrer Wolljacke und mit einem roten Schal um. Und barfuß. Immer barfuß. Und dabei war unsere Küche gekachelt. Und sie machte ihre Augen ganz klein, weil ihr das Licht so hell war. Denn sie hatte ja schon geschlafen. Es war ja Nacht.

So spät wieder, sagte sie dann. Mehr sagte sie nie. Nur: So spät wieder. Und dann machte sie mir das Abendbrot warm und sah zu, wie ich aß. Dabei scheuerte sie immer die Füße aneinander, weil die Kacheln so kalt waren. Schuhe zog sie nachts nie an. Und sie saß so lange bei mir, bis ich satt war. Und dann hörte ich sie noch die Teller wegsetzen, wenn ich in meinem Zimmer schon das Licht ausgemacht hatte.

Jede Nacht war es so. Und meistens immer um halb drei. Das war ganz selbstverständlich, fand ich, dass sie mir nachts um halb drei in der Küche das Essen machte. Ich fand das ganz selbstverständlich. Sie tat das ja immer. Und sie hat nie mehr gesagt als: So spät wieder. Aber das sagte sie jedes Mal. Und ich dachte, das könnte nie aufhören. Es war mir so selbstverständlich. Das alles war doch immer so gewesen.

Einen Atemzug lang war es ganz still auf der Bank. Dann sagte er leise: Und jetzt? Er sah die anderen an. Aber er fand sie nicht. Da sagte er der Uhr leise ins weißblaue runde Gesicht: Jetzt, jetzt weiß ich, dass es das Paradies war. Das richtige Paradies.

Auf der Bank war es ganz still. Dann fragte die Frau: Und Ihre Familie?

Er lächelte sie verlegen an: Ach, Sie meinen meine Eltern? Ja, die sind auch mit weg. Alles ist weg. Alles, stellen Sie sich vor. Alles weg.

Er lächelte verlegen von einem zum anderen. Aber sie sahen ihn nicht an.

Da hob er wieder die Uhr hoch und er lachte. Er lachte: Nur sie hier. Sie ist übrig. Und das Schönste ist ja, dass sie ausgerechnet um halb drei stehen geblieben ist. Ausgerechnet um halb drei.

Dann sagte er nichts mehr. Aber er hatte ein ganz altes Gesicht. Und der Mann, der neben ihm saß, sah auf seine Schuhe. Aber er sah seine Schuhe nicht. Er dachte immerzu an das Wort Paradies.

Übung

Schreibe nun selbstständig eine Interpretation mit Gliederung zu dieser Geschichte.

Tipp

Vorschlag für ein Gliederungsmuster:

A Einleitung
B Hauptteil
  I. Inhaltsangabe mit Bestimmung der Textart
  II. Textanalyse
    1. Die Komposition der Handlung
    2. Die Figurendarstellung
    3. Raum- und Zeitgestaltung
    4. Sprachliche Gestaltung
    5. Erzähler
  III. Deutung
C Schluss

Quellenverzeichnis

Seite	Quelle
62/63	Streiflicht Aus: „Süddeutsche Zeitung“, 26. Februar 1999, S. 1.
70/71	Marianne Demmer, Josef Kraus: Pro & Contra: Sitzenbleiben abschaffen? Aus: „Focus“, Heft 32, 06.08.2001, S. 44.
86	Bertolt Brecht: Maßnahmen gegen die Gewalt. Aus: Bertolt Brecht: Werke. Große kommentierte Berliner und Frankfurter Ausgabe, Band 18, © Suhrkamp Verlag, Frankfurt 1995. Zitiert nach: Bertolt Brecht: Der Schnaps ist in die Toiletten geflossen. Seine Erfolge in Berlin 1924–1933. Suhrkamp Verlag, Frankfurt 1994 (= edition suhrkamp 1833, Neue Folge 833), S. 56/57.
94/95	Gerhard Zwerenz: Nicht alles gefallen lassen … Aus: Gerhard Zwerenz: Gesänge auf dem Markt. Phantastische Geschichten und Liebeslieder. Kiepenheuer und Witsch, Köln 1962, S. 44–47, © Gerhard Zwerenz.
106/107	Wolfgang Borchert: Die Küchenuhr. Aus: Wolfgang Borchert: Das Gesamtwerk. © Rowohlt Verlag GmbH, Hamburg 1949, S. 201–204.

Teil III:

Mathematik

Lineare Gleichungssysteme

Regeln und Übungen

Benutzerhinweise

Bei den Beispielen und Übungen ist die Definitionsmenge $\mathbb{D}$ stets Teilmenge der reellen Zahlen $\mathbb{R}$:

$$\mathbb{D} \subseteq \mathbb{R}$$

und ebenso die Lösungsmenge $\mathbb{L}$:

$$\mathbb{L} \subseteq \mathbb{R}$$

Bei Übungen, die neue oder zusätzliche Überlegungen verlangen, die nicht in einem der Beispiele besprochen wurden, wird in der Regel im Lösungsteil eine der Lösungen ausführlicher vorgerechnet.

Themenübersicht Teil III

1. Einzelne Gleichungen I (Wiederholung) 112
2. Einzelne Gleichungen II (Wiederholung) 114

Zwei Gleichungen mit zwei Unbekannten 116

3. Einsetzverfahren 116
4. Gleichsetzverfahren 118
5. Grafische Lösung 120
6. Lineares Optimieren 122
7. Additionsverfahren I 124
8. Additionsverfahren II, die Probe 126
9. Zweireihige Determinanten 128
10. Lösung mit Determinanten 130
11. Textaufgaben 132
12. Sachaufgaben I: Schule und Familie 134
13. Sachaufgaben II: Es geht ums Geld 136
14. Sachaufgaben III: Reisen & Zinsen 138
15. Vermischte Aufgaben 140

Drei und mehr Gleichungen und Unbekannte 142

16. Einsetzverfahren 142
17. Additionsverfahren 144
18. Dreireihige Determinanten 146
19. Lösung mit Determinanten 148
20. Fortlaufende Proportionen 150
21. Textaufgaben 152
22. Sachaufgaben 154
23. Substitution 156
24. Vermischte Aufgaben 158

1 Einzelne Gleichungen I (Wiederholung)

Beispiele

1) $$\begin{aligned} 3x - 7 &= x + 5 \quad &| -x + 7 \\ 3x - x &= 5 + 7 & \\ 2x &= 12 \quad &| : 2 \\ x &= 6 & \mathbb{L} = \{6\} \end{aligned}$$

2) Aus zwei gleich großen, mit Mehl gefüllten Schubladen entnimmt der Bäcker insgesamt 100 kg Mehl. Nun ist die eine Schublade ganz geleert und in der anderen fehlen 10 kg, dann wäre sie noch halb voll.
Wie viele Kilogramm Mehl waren ursprünglich in jeder Lade?

In einer Schublade waren ursprünglich x kg Mehl.

Ansatz: $$2x - 100 = \frac{x}{2} - 10$$

Berechnung: $$\begin{aligned} 2x - \frac{x}{2} &= 100 - 10 & \\ \frac{3}{2}x &= 90 \quad &| \cdot \frac{2}{3} \\ x &= 60 & \end{aligned}$$

Antwort: In einer vollen Schublade sind 60 kg Mehl.

Übung 1

Unser „Einstieg" ist sehr, sehr leicht: Berechne x.

a) $x + 3 = 7$ $\mathbb{L} =$

b) $x - 3 = 7$ $\mathbb{L} =$

c) $3 - x = 7$ $\mathbb{L} =$

d) $-3 - x = 7$ $\mathbb{L} =$

e) $2x = 8$ $\mathbb{L} =$

f) $2x = -8$ $\mathbb{L} =$

g) $2x + 6 = x + 15$ $\mathbb{L} =$

h) $2x + 6 = 15 - x$ $\mathbb{L} =$

Übung 2

Auch Klammern und Faktoren vor der Klammer sind für dich sicher kein Problem.

a) $2 \cdot (x - 3) - (x + 6) = 3 \cdot (x - 2)$ $\mathbb{L} =$

b) $2 \cdot (x + 3) - (x + 6) = 3 \cdot (x - 2)$ $\mathbb{L} =$

c) $2 \cdot (x - 3) + (x + 6) + 3 \cdot (x + 2) = 0$ $\mathbb{L} =$

d) $2 \cdot (x - 3) - (x + 6) - (3x + 2) = 0$ $\mathbb{L} =$

Übung 3

Erschrick nicht über das Ergebnis, auch solche Lösungsmengen sind möglich:

a) $2 \cdot (x - 3) - 2 \cdot (x + 6) - (x - 18) = 0$ $\qquad \mathbb{L} =$ ____

b) $3 \cdot (x - 3) - 2 \cdot (x + 6) - (x - 12) = 0$ $\qquad \mathbb{L} =$ ____

c) $4 \cdot (x - 3) - 2 \cdot (x + 6) - 2 \cdot (x - 12) = 0$ $\qquad \mathbb{L} =$ ____

Übung 4

Berechne die gesuchte Zahl.

a) Welche Zahl muss man von 16 subtrahieren, um das 7-fache der Zahl zu erhalten?
Man muss die Zahl ____ subtrahieren.

b) Zieht man von dem 3-fachen einer Zahl 17 ab, so erhält man die um 5 vermehrte gesuchte Zahl.

Die gesuchte Zahl ist ____ .

c) Das arithmetische Mittel aus 24 und einer gesuchten Zahl ist gleich der um 9 vermehrten Zahl.

Die Zahl, die wir suchen, ist ____ .

d) Teilt man das 3-fache einer noch unbekannten Zahl durch die um 3 verminderte Zahl, so erhält man 6.

Die unbekannte Zahl ist ____ .

Übung 5

Aufgaben aus dem täglichen Leben:

a) Bei einer Klassenfahrt, die 900 € kostet, gewährt das Busunternehmen 36 € Nachlass. Der Lehrer und die Schüler zahlen dann noch jeweils 32 € pro Person.
Wie viele Schüler waren es?

Es waren ____ Schüler.

b) Auf einem LKW sind 90 Säcke Kartoffeln aufgeladen. Dem zweiten Händler werden doppelt so viele Kartoffelsäcke geliefert wie dem ersten. Nachdem anschließend wieder 70 Säcke aufgeladen wurden, fährt der LKW mit 85 Säcken zum letzten Händler.
Wie viele Kartoffelsäcke wurden dem ersten und dem zweiten Händler geliefert?
Dem ersten Händler wurden ____ , dem zweiten ____ Kartoffelsäcke geliefert.

c) Ein Radwanderer fährt am 2. Tag um 20 km weniger, am 3. Tag um 40 km mehr als am 1. Tag, insgesamt legt er so eine Strecke von 260 km zurück.
Wie viele Kilometer ist er am ersten Tag gefahren?

Am ersten Tag ist er ____ km gefahren.

2 Einzelne Gleichungen II (Wiederholung)

- Ein Bruch mit dem Nenner null ist nicht definiert.
- Durch null darf man nicht dividieren.

Beispiel 1

$$\frac{2}{x-3} + \frac{3}{2} = \frac{5}{x-3}$$

Definitionsmenge: $x - 3 \neq 0 \quad \Leftrightarrow \quad x \neq 3 \qquad \mathbb{D} = \mathbb{R}\backslash\{3\}$

Lösungsmenge:

$$\begin{aligned} \frac{2}{x-3} + \frac{3}{2} &= \frac{5}{x-3} & &| \cdot 2 \cdot (x-3) \\ 4 + 3 \cdot (x-3) &= 10 & & \\ 4 + 3x - 9 &= 10 & & \\ 3x &= 15 & &| : 3 \\ x &= 5 & &\mathbb{L} = \{5\} \end{aligned}$$

Beispiel 2

$(a-1) \cdot x + b = 0$

Die Lösungsmenge hängt von den Formvariablen a und b ab.

1. Möglichkeit: $(a-1) \neq 0 \quad \Leftrightarrow \quad a \neq 1$

$$(a-1) \cdot x = -b \qquad | : (a-1)$$

$$x = -\frac{b}{a-1} \qquad \mathbb{L} = \left\{-\frac{b}{a-1} \wedge a \neq 1\right\}$$

2. Möglichkeit: $(a-1) = 0 \quad \Leftrightarrow \quad a = 1$

$$(a-1) \cdot x = -b \quad \Rightarrow \quad 0 \cdot x = -b$$

1. Fall: $b = 0$

$$0 \cdot x = b \quad \Rightarrow \quad \mathbb{L} = \mathbb{R} \quad \text{für} \quad a = 1 \wedge b = 0$$

2. Fall: $b \neq 0$

$$0 \cdot x = b \quad \Rightarrow \quad \mathbb{L} = \{\,\} \quad \text{für} \quad a = 1 \wedge b \neq 0$$

Übung 1

Gib die Definitionsmenge und die Lösungsmenge an.

a) $\frac{8}{x} + 1 = \frac{4}{x} + 3$ $\qquad \mathbb{D} =$ $\qquad \mathbb{L} =$

b) $3 - \frac{1}{x} = 4$ $\qquad \mathbb{D} =$ $\qquad \mathbb{L} =$

c) $\frac{4}{x+1} - 3 = -2$ $\qquad \mathbb{D} =$ $\qquad \mathbb{L} =$

d) $\frac{24}{2x-6} + 7 = \frac{96}{2x-6} - 2$ $\qquad \mathbb{D} =$ $\qquad \mathbb{L} =$

Übung 2

Zum Warmlaufen einige einfache Aufgaben mit Formvariablen.

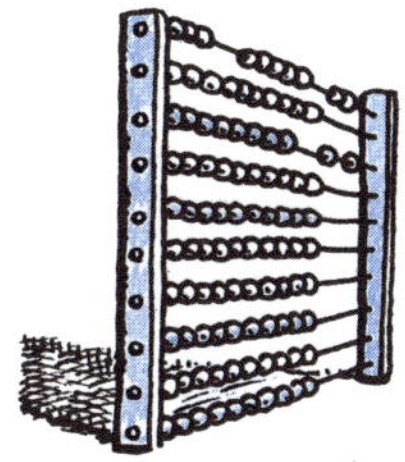

a) $x - a = b - a$ $\quad x =$

b) $x - a = b + a$ $\quad x =$

c) $3a - x = 2b + a$ $\quad x =$

d) $3a + x = 2b + a$ $\quad x =$

e) $a - x = 2b - a$ $\quad x =$

f) $a + x = a - 2b$ $\quad x =$

g) $2x - 3 \cdot (a + 1) = 3 \cdot (x - 1)$ $\quad x =$

h) $3 \cdot (a - 1) + 2x + 2 \cdot (3 - a) = 9 - 5a$ $\quad x =$

i) $6 \cdot (2x + 1 + a) - 2 \cdot (3x - 1 - 3a) = 4 \cdot (x + a)$ $\quad x =$

Übung 3

Hier ist stets $a \neq 0$. Keine Fallunterscheidungen beim Dividieren.

a) $ax = 1$ $\quad x =$

b) $ax = b$ $\quad x =$

c) $ax = a^2$ $\quad x =$

d) $ax + a = 2ax - a$ $\quad x =$

e) $3x + 4 \cdot (x - 8a) = 4 \cdot (a - x) + 2x$ $\quad x =$

f) $6 \cdot (x + 3a) - 3 \cdot (x - 7a) + 5 \cdot (2x - a) = 11 \cdot (x + 2a)$ $\quad x =$

Übung 4

Auch Produkte mit Klammern sind unser Thema. Wieder ist stets $a \neq 0$.

a) $(x + 4a)\,(x - 8) = (x - 4)\,(x + 4a)$ $\quad x =$

b) $(x + 4a)\,(x + 3a) - (x - 3a)\,(x + a) = 0$ $\quad x =$

c) $(x - a)\,(2x - a) = (x - 3a)\,(2x - 3a) + 14ax$ $\quad x =$

d) $(x - a + b)\,(x - b) - (x + a - b)\,(x + b) = x$ $\quad x =$

Übung 5

Die Fallunterscheidungen sind schon vorgegeben:

a) $ax = a^2$ $\quad$ für $a \neq 0$: $\mathbb{L} =$ $\quad$ für $a = 0$: $\mathbb{L} =$

b) $ax = 1$ $\quad$ für $a \neq 0$: $\mathbb{L} =$ $\quad$ für $a = 0$: $\mathbb{L} =$

c) $(a - 1) \cdot x = a$ $\quad$ für $a \neq 1$: $\mathbb{L} =$ $\quad$ für $a = 1$: $\mathbb{L} =$

Übung 6

Lege nun selbst die Fallunterscheidungen fest.
Es ist nicht schwer, nur aufpassen muss man.

a) $(a + 1) \cdot x = 0$

b) $(a + 1) \cdot x = a$

c) $(a - b) \cdot x = b$

3 Einsetzverfahren

Bei der Gleichung, wo es am einfachsten erscheint, isolieren wir eine der Unbekannten (Schritt 1) und setzen anschließend in die andere Gleichung ein (Schritt 2). So erhalten wir eine Gleichung mit nur einer Unbekannten.

Beispiel 1

$3x + 5y = 10$

$x + 2y = 3 \quad \Leftrightarrow \quad x = 3 - 2y$ (Schritt 1)

Denke daran, Abstände zwischen den „Rechenblöcken" freizulassen. Das verbessert deinen Überblick und du vermeidest dadurch Fehler.

$$\begin{aligned} 3 \cdot (3 - 2y) + 5y &= 10 && \text{(Schritt 2)} \\ 9 - 6y + 5y &= 10 \\ -y &= 1 && \mid \cdot (-1) \\ y &= -1 \end{aligned}$$

Eingesetzt in $x = 3 - 2y$: $\Rightarrow \quad x = 5$

Das Element der Lösungsmenge $\mathbb{L}$ ist ein geordnetes Paar $(5 \mid -1)$:
$\mathbb{L} = \{(5 \mid -1)\}$

Beispiel 2

$-2ax + a^2 = 2y$

$ax - y = 2a^2 \quad \Leftrightarrow \quad y = ax - 2a^2$

Eingesetzt in die erste Gleichung:

$$\begin{aligned} -2ax + a^2 &= 2 \cdot (ax - 2a^2) \\ -2ax + a^2 &= 2ax - 4a^2 \\ -2ax - 2ax &= -4a^2 - 4a^2 \\ -4ax &= -8a^2 && \mid : (-4) \\ ax &= 2a^2 \end{aligned}$$

Durch null darf man nicht dividieren, aber *einsetzen* kann man $a = 0$ hier. Daher werden Fallunterscheidungen notwendig:

Für $a \neq 0$: $ax = 2a^2 \quad \mid : a$

$x = 2a$

Eingesetzt in $y = ax - 2a^2$:

$y = a \cdot (2a) - 2a^2 \quad \Rightarrow \quad y = 0 \qquad \mathbb{L}_1 = \{(2a \mid 0)\}$

Für $a = 0$: $ax = 2a^2 \quad \Rightarrow \quad 0 = 0$ (wahr) $\quad \Rightarrow \quad x \in \mathbb{R}$

Eingesetzt in $y = ax - 2a^2$:

$y = 0 \quad \Rightarrow \quad \mathbb{L}_2 = \{(x \mid y) \mid x \in \mathbb{R} \wedge y = 0\}$

Übung 1

Zum Eingewöhnen:

a) $x + y = 9$
$y = x - 13$

$\mathbb{L} =$

b) $x - 2y = 1$
$x = 3y - 1$

$\mathbb{L} =$

c) $2x + 3y = -11$
$3x - y = 0$

$\mathbb{L} =$

d) $3x - 5y = 6$
$x + 2y = 2$

$\mathbb{L} =$

e) $3x + 5y = 5$
$2x - 3y = 16$

$\mathbb{L} =$

f) $-2x - 7y = 16$
$-7x + 2y = 3$

$\mathbb{L} =$

g) $y : x = 1 : 3$
$5x - y = 28$

$\mathbb{L} =$

h) $x : y = -2 : 3$
$x + 2y = 12$

$\mathbb{L} =$

Übung 2

Übe auch mit Formvariablen.

a) $3x + 2y = a$
$y = a - x$

$x =$ $y =$

b) $3x - 5y = 4a + 3b$
$x = 2y + b$

$x =$ $y =$

c) $7x - 3a = 4y + 8b$
$y + 2b = 2x - a$

$x =$ $y =$

d) $4ax + by = ab$
$x + y = a$

$x =$ $y =$

Übung 3

Gib das Ergebnis für $a \neq 0$, dann auch für $a = 0$ an.

a) $3ax - 3y = 3 + y$
$y = ax - 1$

Für $a \neq 0$: $\mathbb{L}_1 =$

Für $a = 0$: $\mathbb{L}_2 =$

b) Es ist $a \neq b$: $x + y = 2a$
$x : y = (a + b) : (a - b)$

Für $a \neq 0$: $\mathbb{L}_1 =$

Für $a = 0$: $\mathbb{L}_2 =$

4 Gleichsetzverfahren

Man isoliert bei beiden Gleichungen y (oder x) und setzt die Terme gleich.

Beispiel

$3 \cdot (x - 2) + y = 2y + 1$

$4 \cdot (y + 2) - 3 \cdot (x + 1) + (3 + x) = 0$

Wir führen das Umformen der beiden Gleichungen in deutlich voneinander getrennten Blöcken durch:

(Gl. 1):
$$\begin{aligned} 3 \cdot (x - 2) + y &= 2y + 1 \\ 3x - 6 + y &= 2y + 1 \\ y - 2y &= 1 - 3x + 6 \\ -y &= -3x + 7 \qquad | \cdot (-1) \\ y &= 3x - 7 \end{aligned}$$

(Gl. 2):
$$\begin{aligned} 4 \cdot (y + 2) - 3 \cdot (x + 1) + (3 + x) &= 0 \\ 4y + 8 - 3x - 3 + 3 + x &= 0 \\ 4y - 2x + 8 &= 0 \\ 4y &= -8 + 2x \qquad | : 4 \\ y &= -2 + 0{,}5 \cdot x \end{aligned}$$

Die neuen Terme für y setzen wir gleich:

$$\begin{aligned} 3x - 7 &= -2 + 9{,}5 \cdot x \\ 2{,}5x &= 5 \qquad | : 2{,}5 \\ x &= 2 \end{aligned}$$

Eingesetzt in $y = 3x - 7$: $y = -1 \quad \Rightarrow \quad \mathbb{L} = \{(2 \mid -1)\}$

Übung 1

Mit einfachen Aufgaben wollen wir beginnen.

a) $y = 2x + 8$
$y = 2 - x$

$\mathbb{L} =$

b) $x = 3y + 13$
$x = 5 - y$

$\mathbb{L} =$

c) $y = 1 - 2x$
$x + y = 2$

$\mathbb{L} =$

d) $y = 3x + 6$
$y - 2x = 4$

$\mathbb{L} =$

e) $2x - y = 7$
$8x + y = 3$

$\mathbb{L} =$

f) $x + y = 9$
$-x + 3y = 19$

$\mathbb{L} =$

Übung 2

Folgende Aufgaben, jetzt mit Formvariablen, sind auch nicht schwierig.

a) $2x - y = 3a + 1$
$x - y = a - 4$

$x =$

$y =$

b) $x - 3y = 7a + b$
$x + 5y = 9b - a$

$x =$

$y =$

c) $ax + y + 3b = 2$
$3ax - 6 = y + 3b$

Für $a \neq 0$: $\mathbb{L} =$

Für $a = 0$: $\mathbb{L} =$

d) $x : y = 1 : a \wedge a \neq 0$
$x - y = a$

Beim Lösen dieser Aufgabe wirst du feststellen, dass du zwischen $a \neq 1$ und $a = 1$ unterscheiden musst. Warum?

Für $a \neq 1$: $\mathbb{L} =$

Für $a = 1$: $\mathbb{L} =$

Übung 3

Forme zunächst jede Gleichung so um, dass du anschließend das Gleichsetzverfahren anwenden kannst.

a) $(x - 1)(x + 2) = x^2 + y$
$(x + 1)(x + 2) = x^2 - y$ $\mathbb{L} =$

b) $2 \cdot (3 - x)(x + 5) = y - (2x + 3)(x - 5)$
$1 - (x + y)(x - 1) = 6 - x \cdot (x + y)$ $\mathbb{L} =$

Übung 4

Ein geeigneter Ansatz führt rasch zum Ziel!

Man erhält eine erste Zahl, wenn man zum Dreifachen einer zweiten Zahl 2 addiert oder wenn man vom Fünffachen dieser zweiten Zahl 8 subtrahiert.
Wie heißen diese zwei Zahlen?

Ansatz:

Antwort:

Die erste Zahl ist ,

die zweite .

5 Grafische Lösung

g: $y = mx + n$ ist die Gleichung einer Geraden mit der Steigung m und mit n als Ordinate im Schnittpunkt T mit der y-Achse.

Für zwei lineare Gleichungen, die als Geraden dargestellt werden können, erhält man mit den *Koordinaten des Schnittpunktes* auch die *grafische Lösung* der beiden Gleichungen.

Sind die Geraden parallel, so haben sie entweder keinen (a) oder alle (b) Punkte gemeinsam:

a)

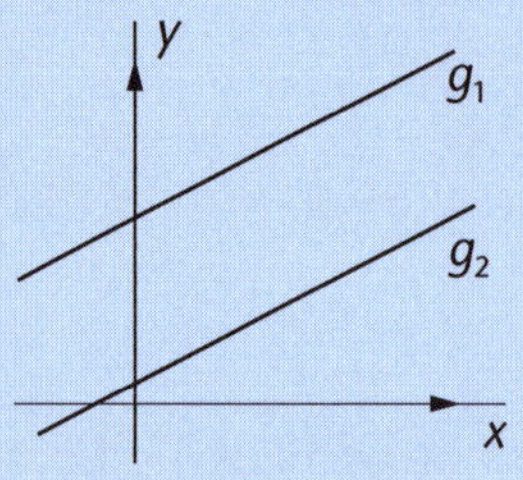

$g_1 \cap g_2 = \{\ \}$ $\mathbb{L} = \{\ \}$

b)

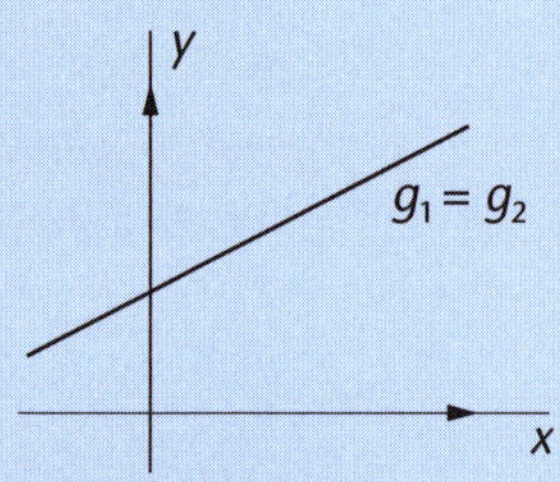

$g_1 \cap g_2 = g_1$
$\mathbb{L} = \{(x \mid y) \mid x \in \mathbb{R} \wedge y = mx + n\}$

Beispiel

Gegeben sind zwei Geraden: g_1 durch die Gleichung g_1: $y = 2x$,
g_2 durch zwei Punkte $A(1 \mid 5)$, $B(6 \mid 0)$.

Bestimme rechnerisch die Gleichung der Geraden g_2 und grafisch die Koordinaten des Schnittpunktes S mit der Geraden g_1.
Mache die Probe.

Dazu setzen wir die Koordinaten der Punkte A und B in die allgemeine Geradengleichung $y = mx + n$ ein und erhalten:

$A(1 \mid 5) \quad \Rightarrow \quad 5 = m + n \qquad B(6 \mid 0) \quad \Rightarrow \quad 0 = 6m + n$
$n = -6m$

Das sind zwei Gleichungen mit zwei Unbekannten m und n.

Eingesetzt in $5 = m + n$: $5 = m - 6m \quad \Rightarrow \quad 5 = -5m \quad \Rightarrow \quad m = -1$

Eingesetzt in $n = -6m$: $n = 6 \quad \Rightarrow \quad g_2$: $y = -x + 6$

Die Koordinaten des Schnittpunktes ergeben die grafische Lösung der Gleichungen.

Wertetabellen: g_1: $y = 2x$

x	-1	2	4
y	-2	4	8

g_2: $y = -x + 6$

x	0	3	6
y	6	3	0

Bei Geraden genügen drei Wertepaare pro Wertetabelle; zwei für die Zeichnung, das dritte zur Kontrolle.

Der Schnittpunkt $S(2 \mid 4)$ hat die Koordinaten: $x = 2$
$y = 4$

Wir machen die Probe:

$g_1: y = 2x$
$4 = 2 \cdot 2$ (wahr)

$g_2: y = -x + 6$
$4 = -2 + 6$ (wahr)

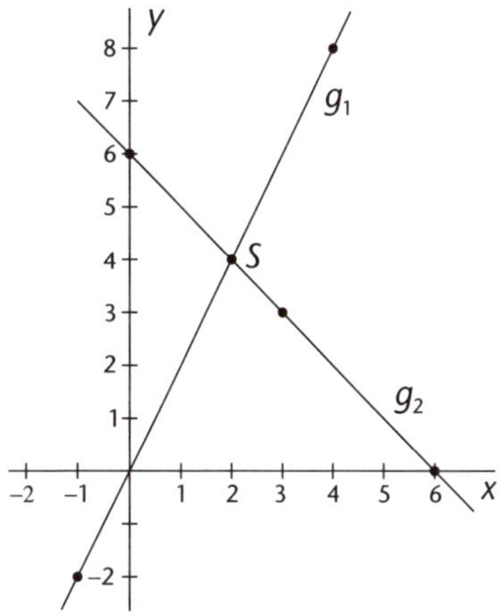

Im Allgemeinen wird man bei Aufgaben aus der Praxis auf eine grafische Lösung zurückgreifen, wenn man sich bei sehr „unhandlichen" Gleichungen mit einer begrenzten Genauigkeit begnügen kann.

Übung 1

Bringe die Geradengleichungen auf die Form g: $y = mx + n$.

a) g: $3x - 4y = 24$

c) g: $5x + 3y + 6 = 0$

b) g: $2x + 5y = 15$

d) g: $x - 2y + 14 = 0$

Übung 2

Zeichne die Geraden auf einem gesonderten Blatt und gib die abgelesenen Koordinaten des Schnittpunktes an. (Das heißt, löse die Gleichungen grafisch.)

a) $y = 3x - 1$
$y = -x + 3$ $\quad S(\quad)$

b) $y = -4x + 6$
$y = 2x - 3$ $\quad S(\quad)$

Übung 3

Jede der Gleichungen ist durch zwei Punkte gegeben. Berechne die Gleichungen und den Schnittpunkt S und damit auch die Lösungsmenge $\mathbb{L}$ der Gleichungen.
Überprüfe das Ergebnis mit einer Zeichnung.

g_1: $A(-2 \mid -3)$ $\quad B(3 \mid 2)$ $\quad \Rightarrow \quad g_1$:

g_2: $C(-1 \mid 5)$ $\quad D(1 \mid 1)$ $\quad \Rightarrow \quad g_2$:

$S(\quad) \quad \Rightarrow \quad \mathbb{L} =$

6 Lineares Optimieren

Beispiel

Ein Fachhändler beabsichtigt, im Juni Sportkleidung zu bestellen, die im September geliefert wird und ab dann mit einem monatlichen Gewinn von rund 2000 € verkauft werden kann. Doch da wird er von einem Sonderangebot für ein Ski-Sortiment zur gleichen Einkaufssumme überrascht. Die Ski kann er allerdings erst ab November bis Ende Februar verkaufen, mit einem monatlichen Gewinn von geschätzt 4000 €.
Soll sich der Fachhändler nun für die Sportkleidung oder soll er sich für die Ski entscheiden, wenn er, bei möglichst hohem Gewinn, Ende Januar des folgenden Jahres den Gewinn für neue Bestellungen verwenden will?
Wie soll er entscheiden, wenn er erst im August neu bestellen will?

Wir lösen grafisch: x-Achse: die Monate,
y-Achse: der erzielte Gewinn.

- Für die Sportkleidung:
  Bis zum Verkaufsbeginn Anfang September (3) gibt es keine Einnahmen: $A(3 \mid 0)$
  Ab dann nimmt der Gewinn beständig zu, z.B. nach 6 Monaten (Anfang März) auf $B(9 \mid 12000)$.
- Für die Ski:
  Der Verkauf beginnt im November: $C(5 \mid 0)$. Er ist Ende Februar mit einem Gewinn von 16000 € abgeschlossen: $D(9 \mid 16000)$.
  Von da an ändern sich die Einnahmen nicht mehr.

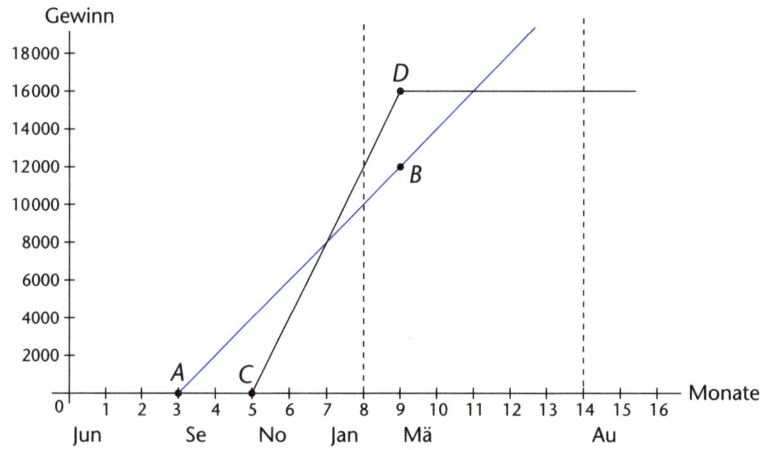

Aus der Zeichnung entnehmen wir:
Schließt der Kaufmann Ende Januar ab, so hat er den größeren Gewinn mit Ski, wartet er bis August, so bringt ihm die Sportkleidung mehr Vorteile.

Übung 1

Zum Eingewöhnen. Löse grafisch auf einem großen Blatt.

Eine Telefongesellschaft bietet die Einheit mit 0,12 € pro Verbindungsminute an, und das ohne Grundgebühr. Zahlt man jedoch eine Grundgebühr von 20 € im Monat, so wird die Einheit auf 0,04 € reduziert. Max Schlau will seinen Eltern helfen und stellt mit einer Zeichnung fest, für wie viele Einheiten pro Monat die Abrechnung *ohne*, für wie viele eine *mit* Grundgebühr günstiger ist.
Günstig ist der Tarif ohne Grundgebühr bis zu ______ Einheiten.

Übung 2

So ein Urlaub macht nur Probleme! Löse sie grafisch.

a) Familie Schröter interessiert sich für einen Urlaub auf dem Bauernhof und wälzt Prospekte. Zwei Angebote kommen noch infrage:
A: Fahrkosten 750 €, Tagessatz 100 €
B: Fahrkosten 250 €, Tagessatz 200 €
Für welche Aufenthaltsdauer ist Angebot A bzw. B günstiger?

A ist günstiger ______ ,

B ist günstiger ______ .

b) Am Urlaubsort Portofino angekommen, kann Familie Boedecker sich entscheiden:
A: Für ein Strandhotel mit einer Pauschale von 1800 € bei 13 Tagen Aufenthalt; Verlängerung möglich mit 300 € für jeden weiteren Tag oder
B: für ein Appartement mit 200 € Festpreis für jeden Tag.
Für welche Aufenthaltsdauer ist A bzw. B günstiger?

Das Hotel (A) ist günstiger für ______ ,

das Appartement (B) für ______ .

c) Beim Winterurlaub in den Alpen erkundigt sich Herr Kitzmiller an der Kasse nach den Liftpreisen. Er kann zwischen drei Angeboten wählen:
A: Tageskarte für 200 €,
B: Saisonkarte für 3000 €,
C: verbilligte Tageskarte zu 100 €, bei einmaligem Kauf eines Berechtigungsscheines für 1000 €.

Für wie viele Skitage ist A, für wie viele B, für wie viele C günstiger?

A ist günstiger für ______ .

B ist günstiger für ______ .

C ist günstiger für ______ .

7 Additionsverfahren I

Beispiel

$3x - 2y = 9$
$2x - y = 7$

Wenn wir die zweite Gleichung mit -2 multiplizieren, haben beide Gleichungen vor der Unbekannten y den gleichen Koeffizienten, jedoch mit entgegengesetzten Vorzeichen. Addiert man sodann die beiden Gleichungen, „verschwindet" y und es bleibt eine Gleichung mit einer Unbekannten: x.

$$\begin{array}{rl|l|l} 3x - 2y &= 9 & & \cdot(-2) \\ 2x - y &= 7 & \cdot(-2) & \cdot 3 \end{array}$$

Mit dem durchgehenden Markierungsstrich deuten wir an, dass beide Gleichungen jetzt im Additionsverfahren verwendet werden. Hier muss jedoch nur die zweite (mit -2) multipliziert werden.

$$\begin{array}{rl} 3x - 2y &= 9 \\ -4x + 2y &= -14 \\ \hline -x &= -5 \quad | \cdot(-1) \\ x &= 5 \end{array}$$

In gleicher Weise eliminieren wir x:

$$\begin{array}{rl} -6x + 4y &= -18 \\ 6x - 3y &= 21 \\ \hline y &= 3 \end{array}$$

Diesen neuen Rechengang beschreiben wir mit dem zweiten (blauen) Markierungsstrich.

$\mathbb{L} = \{(5 \mid 3)\}$

Meistens wird man die zweite Unbekannte aber durch Einsetzen bestimmen:

$x = 5$ in $2x - y = 7$: $\quad 10 - y = 7 \quad \Rightarrow \quad y = 3$

Übung 1

Wende zunächst das Additionsverfahren bei einfachen Aufgaben an.

a) $2x + y = 1$
$3x - y = 4$

$x =$ ____ $y =$ ____

b) $5x + y = -5$
$3x + y = -1$

$x =$ ____ $y =$ ____

c) $7x + 3y = 2$
$4x - 4y = -16$

$x =$ ____ $y =$ ____

d) $-7x + 5y = -1$
$8x + 2y = 32$

$x =$ ____ $y =$ ____

Übung 2

Führe zur Übung die Additionsmethode sowohl für x als auch für y durch.

a) $2x + 5y = 0$
$3x - 4y = 46$

$x =$ ____ $y =$ ____

b) $-7x + 3y = 19$
$2x - 5y = -22$

$x =$ ____ $y =$ ____

c) $2x - 3y = 7$
$-3x + 8y = 7$

$x =$ ____ $y =$ ____

d) $5x + 7y = -49$
$7x - 2y = -45$

$x =$ ____ $y =$ ____

Übung 3

Auch mit Formvariablen führt das Additionsverfahren zum Ziel. Sollte dabei durch einen Term mit Formvariablen *dividiert* werden, sind Fallunterscheidungen notwendig.

a) $2x + y = a$
$x - 3y = 4a$

$x =$ ____ $y =$ ____

b) $3x - 2y = 6 \cdot (b - a)$
$2x + 3y = -4a - 9b$

$x =$ ____ $y =$ ____

c) $x + y = 2a$
$3x - 2y = a + 5$

$x =$ ____ $y =$ ____

d) $ax + y = 2a$ Für $a \neq 0$: $x =$ ____ $y =$ ____
$2ax + y = 2a - a^2$ Für $a = 0$: $x =$ ____ $y =$ ____

e) $(a - 1) \cdot x + y = 0$ Für $a \neq 0$: $x =$ ____ $y =$ ____
$x - y = a^2 + a$ Für $a = 0$: $x =$ ____ $y =$ ____

Übung 4

Zu der folgenden Aufgabe gehört auch ein Ansatz:

Die Fahrkarten für die Eltern und die ermäßigten Fahrkarten für die drei Kinder kosten zusammen 460 €. Zurück fährt der Vater mit zwei der Kinder und bezahlt 265 €. Was kostet die Fahrkarte für einen Erwachsenen, was die für ein Kind?

Ansatz:

____

____

Antwort:

Die Fahrkarte für einen Erwachsenen kostet ____, die für ein Kind ____.

8 Additionsverfahren II, die Probe

Beispiel

Berechne x und y: $x \cdot (x-4) + 3y + 10 = x^2 - 4$ (1)

$\frac{2x+y}{2} - \frac{2 \cdot (x-y)}{3} = 4$ (2)

Zunächst wird getrennt vereinfacht:

(1):

$$\begin{aligned} x \cdot (x-4) + 3y + 10 &= x^2 - 4 \\ x^2 - 4x + 3y + 10 &= x^2 - 4 \\ x^2 - 4x - x^2 + 3y &= -4 - 10 \\ -4x + 3y &= -14 \end{aligned}$$

(2):

$$\begin{aligned} \frac{2x+y}{2} - \frac{2 \cdot (x-y)}{3} &= 4 \quad | \cdot 6 \\ 3 \cdot (2x+y) - 4 \cdot (x-y) &= 24 \\ 6x + 3y - 4x + 4y &= 24 \\ 2x + 7y &= 24 \end{aligned}$$

$$\begin{aligned} -4x + 3y &= -14 \\ 2x + 7y &= 24 \quad | \cdot 2 \end{aligned} \quad \Rightarrow \quad \begin{aligned} -4x + 3y &= -14 \\ 4x + 14y &= 48 \\ \hline 17y &= 34 \quad | :17 \\ y &= 2 \end{aligned}$$

$y = 2$ in $-4x + 3y = -14$ eingesetzt:

$$-4x + 6 = -14 \quad \Rightarrow \quad x = 5 \quad \Rightarrow \quad \mathbb{L} = \{(5 \mid 2)\}$$

Das Beispiel kam in einer Klassenarbeit vor und Heiko hat sich in der Aufregung verrechnet und $y = 6$ erhalten. Dies ergab beim Einsetzen $x = 8$, was er dann zur Probe in die Ausgangsgleichung (1) einsetzt:

$$8 \cdot (8-4) + 3 \cdot 6 + 10 = 8^2 - 4 \quad \Rightarrow \quad 60 = 60 \text{ (wahr)}$$

Diese Probe bringt nichts!
Heiko hat sich nämlich im Kreis gedreht, denn er hat x in *dieselbe* Gleichung eingesetzt, aus der auch die Gleichung $-4x + 3y = -14$ hergeleitet wurde – und aus der war ja der Wert von x ausgerechnet worden!

Merke: Setze zur Probe die Unbekannte stets in *die* Anfangsgleichung ein, mit der diese Unbekannte *nicht* berechnet wurde:

$$\frac{2x+y}{2} - \frac{2 \cdot (x-y)}{3} = 4 \quad \Rightarrow \quad \frac{2 \cdot 8 + 6}{2} - \frac{2 \cdot (8-6)}{3} = 4$$

$$11 - \frac{4}{3} = 4 \text{ (falsch)}$$

Übung 1

Bringe die Gleichungen auf die Form $ax + by = c$, berechne x und y und mache die geeignete, gekürzte Probe.

a) $4 \cdot (x - y) - 3 \cdot (x + y) = 15$
$8 - (x + y + 1) = 0$

$x =$ ___ $y =$ ___

b) $2 \cdot (3y - x) - 3 \cdot (2x + y) = 6y + 4$
$3 \cdot (2y + x) - 2 \cdot (3x - y) = 40 + x$

$x =$ ___ $y =$ ___

c) $4 \cdot (3x - 1) + 3 \cdot (2y - x) = 7y$
$\frac{3x + y}{2} - \frac{x + y}{3} = 2$

$x =$ ___ $y =$ ___

d) $(x - 5)(y + 3) - (x - 9)(y + 4) = 3$
$\frac{x - 4}{2} - \frac{4 \cdot (y + 7)}{5} = 7$

$x =$ ___ $y =$ ___

e) $(10 + x)(x - 4) - (x - 1)(x + 12) + (2y + 8) = 0$
$(y + 6)(y - 5) + (7 - y)(y + 10) - 5 \cdot (x - 4) = 0$

$x =$ ___ $y =$ ___

f) $(x - y)(x + 1) = x \cdot (x + 5) - xy + 2$
$(x + y)(x - 1) = (x - y)(x + 1) + 2 \cdot (xy + 1)$

$x =$ ___ $y =$ ___

Übung 2

Bestimme zunächst die Definitionsmengen $\mathbb{D}_x$ und $\mathbb{D}_y$.

a) $\frac{y + 3}{x - 4} = \frac{y}{x - 5}$ $\mathbb{D}_x =$ ___

$5x - 8y = 6$ $\mathbb{D}_y =$ ___

$x =$ ___ $y =$ ___

b) $\frac{x - 5}{y + 3} = \frac{x - 1}{y - 1}$ $\mathbb{D}_x =$ ___

$\frac{y + 7}{x - 3} = \frac{y + 12}{x - 2}$ $\mathbb{D}_y =$ ___

$x =$ ___ $y =$ ___

9 Zweireihige Determinanten

$$\begin{vmatrix} a & b \\ c & d \end{vmatrix} \begin{matrix} \leftarrow \text{1. Reihe} \\ \leftarrow \text{2. Reihe} \end{matrix}$$

1. Spalte ↑ ↑ 2. Spalte

- Für die zweireihige Determinante gibt es ein einfaches Merkschema zur Rechnung:

$$\begin{vmatrix} a & b \\ c & d \end{vmatrix} = ad - bc$$

(Diagonale von a nach d: +, Diagonale von b nach c: −)

Merke:
Diagonale von links nach rechts *ohne*, von rechts nach links *mit* Vorzeichenwechsel.

- Man kann aus einer Reihe (oder Spalte) einen gemeinsamen Faktor vor die Determinante setzen (Beispiel a).
- Eine Determinante ergibt null, wenn beide Reihen (oder beide Spalten) gleich sind oder sich nur durch einen Faktor unterscheiden (Beispiel b).

Beispiele

a) $\begin{vmatrix} 4 & -1 \\ 8 & 3 \end{vmatrix} = 4 \cdot 3 - (-1) \cdot 8 = 12 + 8 = 20$

$\begin{vmatrix} 4 & -1 \\ 8 & 3 \end{vmatrix} = 4 \cdot \begin{vmatrix} 1 & -1 \\ 2 & 3 \end{vmatrix} = 4 \cdot (1 \cdot 3 - (-1) \cdot 2) = 20$

b) $\begin{vmatrix} 3 & 5 \\ 3 & 5 \end{vmatrix} = 3 \cdot 5 - 3 \cdot 5 = 0$

$\begin{vmatrix} 6 & 3 \\ 2 & 1 \end{vmatrix} = 6 \cdot 1 - 3 \cdot 2 = 0$

Übung 1

Berechne die Determinanten:

a) $\begin{vmatrix} 3 & 4 \\ 1 & 5 \end{vmatrix} =$

c) $\begin{vmatrix} 3 & 4 \\ 1 & -5 \end{vmatrix} =$

b) $\begin{vmatrix} 3 & -4 \\ 1 & 5 \end{vmatrix} =$

d) $\begin{vmatrix} 3 & -4 \\ 1 & -5 \end{vmatrix} =$

Übung 2

Noch einige einfache Aufgaben als Training.

a) $\begin{vmatrix} 0 & 7 \\ 5 & 8 \end{vmatrix} =$

b) $\begin{vmatrix} 2 & 0 \\ 5 & 8 \end{vmatrix} =$

c) $\begin{vmatrix} 2 & 2 \\ 3 & -3 \end{vmatrix} = $ ______ d) $\begin{vmatrix} 2 & -2 \\ 3 & -3 \end{vmatrix} = $ ______

Übung 3

Ziehe einen gemeinsamen Faktor heraus und rechne dann erst weiter.

a) $\begin{vmatrix} 7 & 14 \\ 1 & 5 \end{vmatrix} = $ ______ $=$ ______

b) $\begin{vmatrix} -11 & 2 \\ 33 & 1 \end{vmatrix} = $ ______ $=$ ______

c) $\begin{vmatrix} 75 & 50 \\ 3 & -2 \end{vmatrix} = $ ______ $=$ ______

Übung 4

Klammere die gemeinsamen Faktoren nacheinander aus und berechne dann die Determinante.

a) $\begin{vmatrix} 4 & 8 \\ 3 & 9 \end{vmatrix} = $ ______ $=$ ______

b) $\begin{vmatrix} 5 & -6 \\ 10 & 9 \end{vmatrix} = $ ______ $=$ ______

c) $\begin{vmatrix} 12 & 3 \\ 4 & -1 \end{vmatrix} = $ ______ $=$ ______

Übung 5

Eine Geradengleichung kann auch mit einer Determinanten angegeben werden. Schreibe die Geradengleichungen jeweils in einer Zeile und berechne den Schnittpunkt *S*.

g_1: $\begin{vmatrix} -5 & -3 \\ x & y \end{vmatrix} = 1$ g_2: $\begin{vmatrix} 1 & -2 \\ x & y \end{vmatrix} = 5$

g_1: ______ g_2: ______

S ______

10 Lösung mit Determinanten

Das Gleichungssystem $a_1x + b_1y = c_1$

$a_2x + b_2y = c_2$

hat – wendet man das Additionsverfahren an – die Lösung:

$$x = \frac{c_1b_2 - c_2b_1}{a_1b_2 - a_2b_1} \qquad y = \frac{a_1c_2 - a_2c_1}{a_1b_2 - a_2b_1}$$

Sie ist mit Determinanten leicht zu merken:

$$x = \frac{\begin{vmatrix} c_1 & b_1 \\ c_2 & b_2 \end{vmatrix}}{\begin{vmatrix} a_1 & b_1 \\ a_2 & b_2 \end{vmatrix}} \qquad y = \frac{\begin{vmatrix} a_1 & c_1 \\ a_2 & c_2 \end{vmatrix}}{\begin{vmatrix} a_1 & b_1 \\ a_2 & b_2 \end{vmatrix}}$$

- Nenner: Im Nenner stehen immer die Koeffizienten der Variablen x und y, also a_1, a_2 bzw. b_1, b_2.
- Zähler: Berechnen wir x, so werden im Zähler die Koeffizienten von x durch c_1 und c_2 ersetzt.
  Berechnen wir y, so gilt dies entsprechend für die Koeffizienten von y.

Beispiel

$2x - 3y = 9$
$4x + 5y = 7$

$$x = \frac{\begin{vmatrix} 9 & -3 \\ 7 & 5 \end{vmatrix}}{\begin{vmatrix} 2 & -3 \\ 4 & 5 \end{vmatrix}} \qquad y = \frac{\begin{vmatrix} 2 & 9 \\ 4 & 7 \end{vmatrix}}{\begin{vmatrix} 2 & -3 \\ 4 & 5 \end{vmatrix}}$$

$$x = \frac{45 + 21}{10 + 12} \qquad y = \frac{14 - 36}{10 + 12}$$

$$x = \frac{66}{22} \quad \Rightarrow \quad x = 3 \qquad y = -\frac{22}{22} \quad \Rightarrow \quad y = -1$$

Übung 1

Wie immer am Anfang einige einfache Aufgaben, um die Lösung mit Determinanten zu üben.

a) $2x - 7y = 32$
$5x + y = 6$

$x =$ ____ $y =$ ____

b) $3x + 2y = -11$
$-x + 3y = 22$

$x =$ ____ $y =$ ____

c) $2x - 6y = -6$
$5x - 4y = 7$

$x =$ ____ $y =$ ____

d) $9x - 8y = 15$
$3x - 4y = 9$

$x =$ ____ $y =$ ____

e) $22x + 25y = 79$
$8x - 12y = 92$

$x =$ ____ $y =$ ____

f) $-3x + 5y = -126$
$5x - 3y = 146$

$x =$ ____ $y =$ ____

Übung 2

Mit Formvariablen geht es genauso!

a) $3x + 2y = 5a + 1$
$2x - y = a + 3$
$x =$ ____ $y =$ ____

b) $4x + 5y = 8 + 6a$
$x + 2y = 2 + 3a$
$x =$ ____ $y =$ ____

c) $5x + 4y = 9a - b$
$3x - 2y = a - 5b$
$x =$ ____ $y =$ ____

d) $a > 0$: $3ax + 2y = 8$
$-ax + 2ay = 2 \cdot (a - 1)$
$x =$ ____
$y =$ ____

Übung 3

Bringe die Gleichungen zunächst auf die Form $ax + by = c$ und löse sie anschließend mit Determinanten.

a) $3 \cdot (x - 5) - 4 \cdot (y - 2) = y - (x - 2)$ $x =$ ____
$5 \cdot (8 - x) + 3 \cdot (2 - y) = 7$ $y =$ ____

b) $(x - 3)(y + 8) - 2x \cdot (y + 7) = y \cdot (13 - x)$ $x =$ ____
$2 \cdot (y - x - 3) + 7 \cdot (2x + y) = 15$ $y =$ ____

c) $\frac{x + 2}{6} - \frac{2x - y}{4} + 3 = 0$ $x =$ ____

$\frac{2x - 5}{15} + \frac{y - 2x}{10} - \frac{2y - 3x}{30} = 0$ $y =$ ____

11 Textaufgaben

Beispiel

Wenn man die Quersumme einer zweistelligen Zahl mit 4 multipliziert, erhält man wieder diese zweistellige Zahl. Auf der Einerstelle steht eine um 3 größere Zahl als auf der Zehnerstelle.
Wie heißt die zweistellige Zahl?

Auf der Einerstelle steht x, auf der Zehnerstelle y, die gesuchte Zahl ist $(10y + x)$.

Ansatz: $10y + x = 4 \cdot (x + y)$
$x = y + 3$

Berechnung: Wir bevorzugen die Methode, die voraussichtlich am schnellsten zu einem Ergebnis führen kann; hier das Einsetzverfahren.

$x = y + 3$ in $10y + x = 4 \cdot (x + y)$ eingesetzt, gibt:

$$\begin{aligned} 10y + (y + 3) &= 4 \cdot ((y + 3) + y) \\ 11y + 3 &= 8y + 12 \\ 11y - 8y &= 12 - 3 \\ 3y &= 9 \qquad | : 3 \\ y &= 3 \quad \Rightarrow \quad x = 6 \end{aligned}$$

Die Zahl: $(10y + x) = 30 + 6$

Die gesuchte zweistellige Zahl ist 36.

Übung 1

Gib Ansatz und Ergebnis an:

a) Eine Zahl ist das 3-fache einer kleineren Zahl. Vermindert man beide Zahlen um 4, so ist jetzt die größere Zahl das 5-fache. Welches sind die ursprünglichen Zahlen?

Ansatz: ______ ______

Antwort: Die beiden ursprünglichen Zahlen sind ______ und ______.

b) Subtrahiert man das 3-fache einer Zahl von dem 5-fachen einer zweiten Zahl, so erhält man 10. Addiert man jedoch das 3-fache der ersten Zahl zum Doppelten der zweiten, so ist die Summe 46. Wie heißen diese Zahlen?

______ ______

Die erste Zahl ist ______, die zweite ______.

c) Das arithmetische Mittel zweier Zahlen ist das 5-fache ihrer Differenz. Addiert man das 4-fache der ersten Zahl zum 6-fachen der zweiten, so erhält man 98.
Welches sind diese beiden Zahlen?

Die beiden Zahlen sind ___ und ___ .

d) Dividiert man die um 3 verminderte Zahl durch eine zweite Zahl, so erhält man 3. Vermehrt man jedoch das Doppelte der zweiten Zahl um 10, so erhält man die erste Zahl.
Berechne diese beiden Zahlen.

Die erste Zahl ist ___ , die zweite ___ .

e) Die Summe zweier Zahlen ist 18. Vermindert man beide Zahlen um 5, so ist ihr Quotient 7.
Wie heißen diese Zahlen?

Die beiden Zahlen sind ___ und ___ .

Übung 2

Inzwischen dürftest du auch den folgenden Aufgaben gewachsen sein. Gib das Ergebnis der Rechnung an.

a) Addiert man zu einer zweistelligen Zahl ihre Quersumme, so erhält man 59, subtrahiert man von der Zahl das Doppelte der Quersumme, so erhält man 38.
Wie heißt die gesuchte Zahl?

Die gesuchte Zahl ist ___ .

b) Werden bei einer zweistelligen Zahl die beiden Ziffern vertauscht, so erhält man eine um 36 kleinere Zahl als die gegebene. Ihre Quersumme ist um 63 kleiner als die Zahl selber.
Wie lautet die gegebene Zahl?

Die gegebene Zahl ist ___ .

12 Sachaufgaben I: Schule und Familie

Beispiel

$\frac{1}{4}$ der Schüler in der Klasse 8 A sind Mädchen, in der Klasse 8 B sind es $\frac{4}{5}$. Zum Turnunterricht werden die Klassen zusammengelegt: 26 Mädchen gehen in den Turnsaal, 23 Jungs gehen getrennt zum Sportplatz.
Wie viele Schüler sind in jeder Klasse?

In der Klasse 8 A sind x Schüler, somit $\frac{x}{4}$ Mädchen, $\frac{3x}{4}$ Jungs.

In der Klasse 8 B sind y Schüler, somit $\frac{4}{5}y$ Mädchen, $\frac{1}{5}y$ Jungs.

Ansatz:

$$\frac{x}{4} + \frac{4y}{5} = 26 \quad | \cdot 20$$

$$\frac{3x}{5} + \frac{y}{4} = 23 \quad | \cdot 20$$

Berechnung:

$$\begin{aligned} 5x + 16y &= 520 \\ 15x + 4y &= 460 \end{aligned} \quad \Big| \cdot (-4) \quad \Big| \cdot (-3)$$

$$\begin{aligned} 5x + 16x &= 520 \\ -60x - 16y &= -1840 \\ \hline -55x &= -1320 \quad | : (-55) \\ x &= 24 \end{aligned}$$

$$\begin{aligned} -15x - 48y &= -1560 \\ 15x + 4y &= 460 \\ \hline -44y &= -1100 \quad | : (-44) \\ y &= 25 \end{aligned}$$

Antwort: In 8 A sind 24, in 8 B 25 Schüler.

(Nachsatz: In 8 A sind 6, in 8 B 20 Mädchen und 18 bzw. 5 Jungs.)

Übung 1

Wir bleiben erst mal in der Schule:

a) Von den 27 Schülern einer Klasse verlassen $\frac{1}{6}$ der Mädchen und $\frac{1}{3}$ der Jungs das Zimmer für einen Kurs in Russisch. Zurück bleiben gleich viele Jungs und Mädchen. Sie haben einen Kurs in Französisch.
Wie viele Schülerinnen, wie viele Schüler hat die Klasse?

Diese Klasse hat ______ Schülerinnen und ______ Schüler.

b) 9 A und 9 B schreiben eine Mathearbeit. Nach der Korrektur stellt Studienrat Emsig fest: In der 9 A haben 12,5 % der Schüler die Note 1 und 50 % die Note 3, in der 9 B haben 10 % die Note 1 und 45 % die Note 3. Insgesamt haben 5 Schüler die Note 1 und 21 Schüler die Note 3 bekommen.
Wie viele Schüler sind in der 9 A, wie viele in der 9 B?

In der Klasse 9 A sind ______ Schüler, in der 9 B sind es ______ .

Übung 2

Aus seinen Familiendaten stellt der pfiffige Sohn Rico einige Aufgaben zusammen:

a) Rico sagt: „Mein Vater ist um 2 Jahre und 9 Monate älter als meine Mutter. Wenn ich das Lebensalter beider addiere, komme ich auf 90 Jahre und 3 Monate."
Für Rico ist das Alter seiner Eltern kein Geheimnis, doch für uns?

Der Vater ist ______ Jahre und ______ Monate alt,

die Mutter ______ Jahre und ______ Monate.

b) Wenn Rico 15 Jahre älter wäre, hätte er das 3fache Alter einer seiner Schwestern heute erreicht, doch wenn seine Schwester um 15 Jahre älter wäre, wäre sie doppelt so alt wie Rico heute.
Wie alt sind heute beide?

Rico ist heute ______ Jahre alt, seine Schwester ______ Jahre.

c) Rico stellt uns noch eine Frage: „Ich habe gleich viele Brüder wie Schwestern, doch meine Schwester behauptet, ihre Schwestern seien nur ein Drittel von den Kindern."
Wie viele Töchter, wie viele Söhne sind in der Familie?

In der Familie sind ______ Töchter und ______ Söhne.

13 Sachaufgaben II: Es geht ums Geld

Beispiel

Ein Spirituosenhändler bestellt 3 Fässer Rotwein und 2 Fässer Weißwein und bezahlt dafür 1100 €. Ein Jahr später ist der Rotwein um 15% teurer, der Weißwein um 10% billiger geworden. Er kauft dieses Mal 2 Fässer Rotwein und 4 Fässer Weißwein und bezahlt dafür 260 € mehr als im Vorjahr.
Wie viel hat ursprünglich das Fass Rotwein, wie viel das Fass Weißwein gekostet?

Ursprünglich kostete ein Fass Rotwein x €, ein Fass Weißwein y €;

ein Jahr danach: Rotwein $\left(x + \frac{15}{100}x\right)$ €, Weißwein $\left(y - \frac{10}{100}y\right)$ €.

Ansatz: $3x + 2y = 1100$

$$2 \cdot \left(x + \frac{15}{100}x\right) + 4 \cdot \left(y - \frac{10}{100}y\right) = 1100 + 260$$

Berechnung:

$$\left.\begin{array}{l} 3x + 2y = 1100 \\ 2{,}3x + 3{,}6y = 1360 \end{array}\right\} \quad \Rightarrow \quad x = \frac{\begin{vmatrix} 1100 & 2 \\ 1360 & 3{,}6 \end{vmatrix}}{\begin{vmatrix} 3 & 2 \\ 2{,}3 & 3{,}6 \end{vmatrix}}$$

$$x = \frac{10 \cdot (396 - 272)}{10{,}8 - 4{,}6}$$

$$x = \frac{1240}{6{,}2}$$

$$x = 200$$

$$3 \cdot 200 + 2y = 1100 \quad \Rightarrow \quad y = 250$$

Antwort: Ursprünglich hat das Fass Rotwein 200 €, das Fass Weißwein 250 € gekostet.

Übung

Wir handeln, organisieren, sparen und konsumieren.

a) Geschäftsführerin Laura B. bestellt in Mailand für ihre Boutique „per lei" 8 Damenmäntel und 12 Hosen für 7980 €. Für einen Mantel zahlt sie um 90 € mehr als den 4-fachen Preis einer Hose. Berechne den Einkaufspreis für Mantel und Hose.

Für einen Mantel zahlt sie ______, für eine Hose ______.

b) 3 kg Orangen und 2 kg Äpfel kosten zusammen 9,75 €. Max verwechselt den Auftrag, er kauft 2 kg Orangen und 3 kg Äpfel und bezahlt dafür 9 €.
Jetzt soll Max feststellen, was 1 kg Orangen und was 1 kg Äpfel gekostet hat.

1 kg Orangen hat ______ gekostet, 1 kg Äpfel ______.

c) Für die Busfahrt in ein Ferienlager zahlt ein Erwachsener 135 €, ein Jugendlicher 95 €. Bei der ersten Fahrt nimmt der Busunternehmer 3715 € ein, bei der nachfolgenden zweiten Fahrt 3915 €. Es sind diesmal jedoch doppelt so viele Erwachsene dabei wie zuvor und fünf Jugendliche weniger.
Wie viele Erwachsene und wie viele Jugendliche waren es bei der ersten Fahrt?

Bei der ersten Fahrt waren es ______ Erwachsene und ______ Jugendliche.

d) Oliver legt seine Ersparnisse zu 3 % an, seine Schwester zu 2,25 %. Am Jahresende heben sie die Zinsen ab: Es sind zusammen 8,25 €.
Daraufhin verdoppelt Oliver seine Einlage, während seine Schwester die ihre halbiert. Am Ende des Jahres heben sie zusammen 9,75 € ab.
Wie hoch waren ihre Einlagen zu Beginn des ersten Jahres?

Oliver hatte ursprünglich ______ eingezahlt, seine Schwester ______.

e) Murat T. kauft für seinen Gemüseladen 2 Kisten Tomaten und 3 Kisten Salate. Er zahlt insgesamt 24 €. Durch Fäulnis hat er bei den Tomaten eine Mindereinnahme von 20 %, die er durch 15 % Mehreinnahmen bei den Salaten nicht wettmachen kann, sodass sein Gesamtverlust 2,5 % beträgt.
Wie teuer hat er die Kiste Tomaten, wie teuer die Kiste Salate eingekauft?

Murat T. hat die Kiste Tomaten für ______, die Kiste Salate

für ______ eingekauft.

⑭ Sachaufgaben III: Reisen & Zinsen

Ist s der Weg, t die Zeit, so ist die Geschwindigkeit: $v = \frac{s}{t}$

Beispiel

Von der Station A fährt um 12 Uhr ein ICE los, mit dem nächsten Halt beim 360 km entfernten Bahnhof B. Von diesem aus fährt um 12 Uhr 40 ein Güterzug in Richtung A. Der Güterzug ist um 90 km/h langsamer als der ICE. Beide Züge fahren um 13 Uhr 20 aneinander vorbei.
Wie schnell war jeder dieser Züge?

Der ICE hat die Geschwindigkeit v_1 km/h, der Güterzug v_2 km/h.

Bis zur Begegnung fährt der ICE:

$$13^{h}\,20^{min} - 12^{h} = 1\text{ h }20\text{ min} = \frac{4}{3}\text{ h}$$

Der Güterzug braucht:

$$13^{h}\,20^{min} - 12^{h}\,40^{min} = 40\text{ min} = \frac{2}{3}\text{ h}$$

Ansatz: $v_1 = v_2 + 90$ (Geschwindigkeit)

$v_1 \cdot \frac{4}{3} + v_2 \cdot \frac{2}{3} = 360 \quad | \cdot \frac{3}{2}$ (Strecken)

Berechnung: $v_1 = v_2 + 90$ eingesetzt in $2v_1 + v_2 = 540$ gibt:

$$2v_2 + 180 + v_2 = 540$$
$$3v_2 = 360 \quad | : 3$$
$$v_2 = 120 \quad \Rightarrow \quad v_1 = 210$$

Antwort: Der ICE hat die durchschnittliche Geschwindigkeit von 210 km/h, der Güterzug von 120 km/h.

Übung 1

Zunächst noch zwei Aufgaben zur Zinsrechnung.

a) Mette Daniels hat 5000 € zur freien Vergügung. Sie legt einen Teil des Geldes zu 3% an, kann den Rest günstig zu 8% verleihen und hat so nach einem Jahr insgesamt 325 € Zinsen erhalten.
Wie hoch war der Teil zu 3%, wie hoch der zu 8%?

Zu 3% hat sie ____ € angelegt, zu 8% hat sie ____ € verliehen.

b) Ein Elektronik-Importeur nutzt einen Bankkredit, der ihn 9 % Zinsen kostet, für Warenkäufe, von denen ihm ein Teil 5 % Mehreinnahmen, der andere jedoch 20 % Mehreinnahmen bringt. Nach Bezahlung der Zinsen verfügt er schließlich über ein Guthaben von 1000 €. Wäre es ihm gelungen, die ganze Ware mit 20 % Mehreinnahmen zu verkaufen, so hätte er ein Guthaben von 5500 €. Wie viel hat er für die Ware bezahlt, die ihm 5 % Mehreinnahmen gebracht hat, wie viel für die mit 20 %? Wie hoch war der aufgenommene Bankkredit?

5 % Mehreinnahmen hat ihm die Ware zu ______ € gebracht,

20 % Mehreinnahmen die zu ______ €.

Der Kredit hatte eine Höhe von ______ €.

Übung 2

Man trifft sich, man fährt oder man geht wieder weiter.

a) Zwei Freunde, sie wohnen 162,5 km voneinander entfernt, vereinbaren ein Treffen in den Ferien und fahren einander entgegen.

Sie starten zur gleichen Zeit und treffen sich nach $2\frac{1}{2}$ Stunden.

Der eine ist mit dem Moped 15 km/h schneller als der andere mit dem Rad.
Welche Durchschnittsgeschwindigkeit ist jeder gefahren?

Das Moped legt in der Stunde rund ______ km,

das Fahrrad ______ km zurück.

b) Leonie geht um 8 Uhr 30 in die Stadt einkaufen. Ihr Bruder fährt ihr eine Stunde später mit dem Fahrrad nach. Er ist 12 km/h schneller als Leonie und holt sie um 10 Uhr ein.
Wie schnell geht Leonie, welche Geschwindigkeit hat ihr Bruder?
In welcher Entfernung von zu Hause holt er Leonie ein?

Leonie geht rund ______ km/h, ihr Bruder fährt ihr mit ______ km/h nach.
Er erreicht sie ______ km von daheim entfernt.

15 Vermischte Aufgaben

Übung 1

Ergänze die binomischen Formeln.

$(a+b)^2 =$

$(a-b)^2 =$

$a^2 - b^2 =$

Übung 2

Gegeben sind die Gleichungen:

$$(x-3)^2 - (y+2)^2 = (x+y)(x-y) - 17$$

$$\frac{1}{x-5} = \frac{2}{y+2}$$

a) Bestimme zunächst die Definitionsmengen $\mathbb{D}_x$ und $\mathbb{D}_y$.

$\mathbb{D}_x =$ $\qquad$ $\mathbb{D}_y =$

b) Berechne x und y und gib die Lösungsmenge an.

$x =$ $\qquad$ $y =$ $\qquad$ $\mathbb{L} =$

Übung 3

Multipliziere und wende gegebenenfalls auch die binomischen Formeln an.

a) $(x-5)(2y+3) - 2\cdot(x+4)(y+2) + 1 = 0$
$3\cdot(x+1) + 5\cdot(y-2) - 1 = 0$

$x =$ $\qquad$ $y =$

b) $(x-2)^2 - (y+2)^2 = (x+y)(x-y)$
$5\cdot(x+y) - x = 7$

$x =$ $\qquad$ $y =$

c) $(y-x)(y+x) - 22 = (y-1)^2 - (x+1)^2$
$(2x+3)^2 - 4\cdot(x-1)^2 = 5y$

$x =$ $\qquad$ $y =$

Übung 4

Übe auch mit Formvariablen. Es ist $a \neq 0$ und $b \neq 0$.

a) $(ax+1)^2 - (1-ay)^2 = (ax-ay)(ax+ay)$
$2x - 3y = 5\cdot(a-1)$

$x =$ $\qquad$ $y =$

b) $(x - a)^2 - (y - b)^2 = (x + y)(x - y)$
$4ax + 2by = 2a^2 + b^2$

$x =$ $\qquad$ $y =$

Übung 5

Ist das Rechenergebnis Element der Definitionsmenge $\mathbb{D}_x$ bzw. $\mathbb{D}_y$?

a) $\dfrac{1}{x-5} = \dfrac{2}{y+4}$
$2x + 3y = 6$

$\mathbb{D}_x =$ $\qquad$ $\mathbb{D}_y =$
$\mathbb{L} =$

b) $\dfrac{6-y}{x+3} = \dfrac{4-y}{x-3}$
$3 \cdot (9 - x) - 2y = 3$

$\mathbb{D}_x =$ $\qquad$ $\mathbb{D}_y =$
$\mathbb{L} =$

c) $\dfrac{2x-4}{y+1} = \dfrac{2x}{y+2}$

$\dfrac{y+1}{x-4} = \dfrac{y+4}{x+4}$

$\mathbb{D}_x =$ $\qquad$ $\mathbb{D}_y =$
$\mathbb{L} =$

d) $\dfrac{1}{x} + \dfrac{1}{y-1} = \dfrac{3}{x \cdot (y-1)}$

$x \cdot (y + 2) - y \cdot (x - 2) = 8x$

$\mathbb{D}_x =$
$\mathbb{D}_y =$
$\mathbb{L} =$

e) $\dfrac{1}{x+2} + \dfrac{1}{y-5} = \dfrac{4}{(x+2)(y-5)}$

$\dfrac{y-3}{x-1} = \dfrac{y-1}{x}$

$\mathbb{D}_x =$
$\mathbb{D}_y =$
$\mathbb{L} =$

16 Einsetzverfahren

Beispiel

$$2x - 3y + z = -9$$
$$-3x + 2y - 5z = 5$$
$$5x + 5y - 4z = -4$$

Aus einer der Gleichungen isoliert man eine der Unbekannten, z. B. die Unbekannte z aus der ersten Gleichung:

$$2x - 3y + z = -9$$
$$z = -9 - 2x + 3y$$

Das Resultat setzt man in die anderen beiden Gleichungen ein:

$$-3x + 2y - 5 \cdot (-9 - 2x + 3y) = 5$$
$$-3x + 2y + 45 + 10x - 15y = 5$$
$$7x - 13y = -40$$

$$5x + 5y - 4 \cdot (-9 - 2x + 3y) = -4$$
$$5x + 5y + 36 + 8x - 12y = -4$$
$$13x - 7y = -40$$

Wir erhalten zwei Gleichungen mit zwei Unbekannten, die wir mit einem der bereits geübten Verfahren lösen:

$$\begin{aligned} 7x - 13y &= -40 \\ 13x - 7y &= -40 \end{aligned} \quad \Rightarrow \quad x = \frac{\begin{vmatrix} -40 & -13 \\ -40 & -7 \end{vmatrix}}{\begin{vmatrix} 7 & -13 \\ 13 & -7 \end{vmatrix}} \quad \Rightarrow \quad x = \frac{-40 \cdot \begin{vmatrix} 1 & -13 \\ 1 & -7 \end{vmatrix}}{-49 + 169}$$

$$x = \frac{-40 \cdot (-7 + 13)}{120}$$
$$x = \frac{-240}{120}$$
$$x = -2$$

Einsetzen in $13x - 7y = -40$ gibt:

$$13 \cdot (-2) - 7y = -40 \quad \Rightarrow \quad y = 2$$

Eingesetzt in $z = -9 - 2x + 3y$ erhält man:

$$z = -9 - 2 \cdot (-2) + 3 \cdot 2 \quad \Rightarrow \quad z = 1$$

Lösung: $x = -2 \quad y = 2 \quad z = 1$

Übung 1

Suche beim Einsetzverfahren die Unbekannte heraus, die sich am einfachsten isolieren lässt.

a) $x + 2y = 7$
$2x - 3y + 4z = -5$
$-x + 3y - 2z = 4$

$x =$ ___ $y =$ ___ $z =$ ___

b) $x + y + z = 0$
$2x + 3y + z = 4$
$3x - 5z = -1$

$x =$ ___ $y =$ ___ $z =$ ___

c) $5x - 3y + 5z = 0$
$3x - y + 3z = 4$
$-8x + 2y + 6z = 0$

$x =$ ___ $y =$ ___ $z =$ ___

d) $2x + y + 3z = -1$
$3x + 4y + 5z = 6$
$-4x + 3y - 2z = 2$

$x =$ ___ $y =$ ___ $z =$ ___

Übung 2

Vereinfache die Gleichungen, bevor du das Einsetzverfahren anwendest.

a) $3 \cdot (x + y) - 5y + 2z = x - 5 \cdot (y - 1) + 3z$
$3 \cdot (z - x) - 2 \cdot (y - z - 3) = 2$
$2 \cdot (x + y - 3z) + 3 \cdot (y + z + 3) - 3 \cdot (3 + z) = 0$

$x =$ ___ $y =$ ___ $z =$ ___

b) $(x - 2)^2 - (y + 3)^2 + z = (x + y)(x - y)$
$\frac{2x - 3}{3} - \frac{y + 3}{6} + \frac{z + 3}{2} = 2$
$\frac{x - 2y + 1}{5} - \frac{2x - y - z}{10} = 1$

$x =$ ___
$y =$ ___
$z =$ ___

Übung 3

Auch mit Formvariablen funktioniert das Einsetzverfahren:

a) $-2x + 2y + z = a$
$4x - 5z = 2a$
$6x - y + 2z = 2a$

$x =$ ___
$y =$ ___
$z =$ ___

b) $x + 2y + z = 0$
$2x + 3y + 2z = a$
$3x + 4y + z = 2b$

$x =$ ___
$y =$ ___
$z =$ ___

17 Additionsverfahren

Beispiel

Um die Vorgehensweise besonders deutlich darzustellen, wählen wir diesmal vier Gleichungen mit vier Unbekannten:

$$\begin{array}{rcrcrcrcrl}
3x & + & 2y & + & z & - & 4u & = & -6 & \\
2x & - & 3y & + & 2z & + & 2u & = & 0 & \mid \cdot 2 \quad \mid \cdot 3 \\
-2x & + & y & - & 5z & - & 2u & = & -1 & \\
x & + & 5y & + & z & - & 3u & = & 1 & \mid \cdot 2
\end{array}$$

- Aus zwei auf der Seite mit einem Strich markierten Gleichungen eliminieren wir mit dem Additionsverfahren eine der Unbekannten, hier u.

$$\begin{array}{rcrcrcrcr}
3x & + & 2y & + & z & - & 4u & = & -6 \\
4x & - & 6y & + & 4z & + & 4u & = & 0 \\
\hline
7x & - & 4y & + & 5z & & & = & -6
\end{array}$$

- Nun wiederholen wir das Verfahren mit einer anderen Kombination von zwei Gleichungen, die wir ebenfalls seitlich markieren. Dabei achten wir streng darauf, *dieselbe Unbekannte* (u) zu eliminieren!

$$\begin{array}{rcrcrcrcrl}
2x & - & 3y & + & 2z & + & 2u & = & 0 & \\
-2x & + & y & - & 5z & - & 2u & = & -1 & \\
\hline
 & & -2y & - & 3z & & & = & -1 & \mid \cdot (-1) \\
 & & 2y & + & 3z & & & = & 1 &
\end{array}$$

- Abschließend wählen wir eine passende Kombination mit der noch „ungenutzten" Gleichung, wieder mit seitlicher Markierung:

$$\begin{array}{rcrcrcrcr}
6x & - & 9y & + & 6z & + & 6u & = & 0 \\
2x & + & 10y & + & 2z & - & 6u & = & 2 \\
\hline
8x & + & y & + & 8z & & & = & 2
\end{array}$$

Halt, dafür ist es zu früh! Es geht natürlich auf der nächsten Seite weiter:

Die so erhaltenen drei Gleichungen mit drei Unbekannten reduzieren wir in gleicher Weise auf zwei Gleichungen mit zwei Unbekannten.

$$\begin{array}{rcrcrcrl}
7x & - & 4y & + & 5z & = & -6 & \mid \cdot 8 \\
 & & 2y & + & 3z & = & 1 & \qquad \mid \cdot 39 \\
8x & + & y & + & 8z & = & 2 & \mid \cdot (-7)
\end{array}$$

$$\begin{array}{rcrcrcr}
56x & - & 32y & + & 40z & = & -48 \\
-56x & - & 7y & - & 56z & = & -14 \\
\hline
 & & -39y & - & 16z & = & -62
\end{array} \qquad \mid \cdot 2$$

$$\begin{array}{rcrcr}
78y & + & 117z & = & 39 \\
-78y & - & 32z & = & -124 \\
\hline
 & & 85z & = & -85 \quad \mid : 85 \\
 & & z & = & -1
\end{array}$$

Setzen wir $z = -1$ passend ein, so erhalten wir $y = 2$, anschließend $x = 1$ und $u = 3$.

Übung 1

Löse mit dem Additionsverfahren:

a) $x + 3y = 2$
$4y + z = -1$
$2x - y - z = 8$

$x =$ ____ $y =$ ____ $z =$ ____

b) $2x + 3y - 2z = -8$
$x - 5y + 3z = -1$
$-y + 2z = 6$

$x =$ ____ $y =$ ____ $z =$ ____

c) $-2x + 3y + 2z = -1$
$3x - 5y - 3z = 3$
$4x + 2y - 5z = -12$

$x =$ ____ $y =$ ____ $z =$ ____

d) $2x - 3y + z = 6a + 1$
$-3x + 2y + 5z = 5$
$4x - y - 3z = 2a - 3$

$x =$ ____ $y =$ ____ $z =$ ____

Übung 2

Jetzt bist du stark genug, um auch vier Gleichungen mit vier Unbekannten zu lösen:

$$\begin{array}{rcrcrcrcr}
-2x & - & 3y & + & 2z & - & u & = & 4 \\
3x & + & 2y & - & z & + & 2u & = & 2 \\
x & - & y & + & 3z & - & 3u & = & 2 \\
2x & + & 2y & + & 2z & + & u & = & -1
\end{array}$$

$x =$ ____ $y =$ ____

$z =$ ____ $u =$ ____

18 Dreireihige Determinanten

$$\begin{vmatrix} a_1 & b_1 & c_1 \\ a_2 & b_2 & c_2 \\ a_3 & b_3 & c_3 \end{vmatrix}$$

Für die dreireihige Determinante – und *nur* für diese – gibt es ein besonderes vereinfachtes Rechenverfahren:

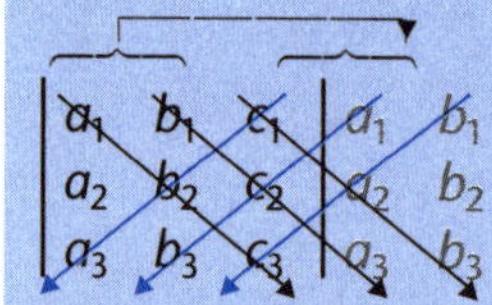

Wir wiederholen die ersten beiden Spalten nach dem rechten Strich.

Dann multiplizieren wir in der Diagonalen: von links nach rechts *ohne*, von rechts nach links *mit* Vorzeichenwechsel:

$$\begin{vmatrix} a_1 & b_1 & c_1 \\ a_2 & b_2 & c_2 \\ a_3 & b_3 & c_3 \end{vmatrix} = a_1b_2c_3 + b_1c_2a_3 + c_1a_2b_3 - c_1b_2a_3 - a_1c_2b_3 - b_1a_2c_3$$

Beispiel

$$\begin{vmatrix} 6 & -2 & 2 \\ 4 & 1 & -3 \\ 2 & 5 & 4 \end{vmatrix} = \left|\begin{array}{ccc|cc} 6 & -2 & 2 & 6 & -2 \\ 4 & 1 & -3 & 4 & 1 \\ 2 & 5 & 4 & 2 & 5 \end{array}\right| =$$

$$= 6 \cdot 1 \cdot 4 + (-2) \cdot (-3) \cdot 2 + 2 \cdot 4 \cdot 5 - - 2 \cdot 1 \cdot 2 - 6 \cdot (-3) \cdot 5 - (-2) \cdot 4 \cdot 4 =$$

$$= 24 + 12 + 40 - 4 + 90 + 32 = 194$$

Wenn es für eine Zeile oder Spalte einen gemeinsamen Faktor gibt, kann man ihn auch bei dreireihigen Determinanten herausziehen.

Beispiel

$$\begin{vmatrix} 6 & -2 & 2 \\ 4 & 1 & -3 \\ 2 & 5 & 4 \end{vmatrix} = 2 \cdot \left|\begin{array}{ccc|cc} 3 & -2 & 2 & 3 & -2 \\ 2 & 1 & -3 & 2 & 1 \\ 1 & 5 & 4 & 1 & 5 \end{array}\right| =$$

$$= 2 \cdot (12 + 6 + 20 - 2 + 45 + 16) = 2 \cdot 97 = 194$$

Übung 1

Wiederhole zuerst die beiden ersten Spalten wie im Beispiel und berechne dann die Determinante:

$$\begin{vmatrix} 1 & 3 & 2 \\ 2 & 4 & -5 \\ 3 & 1 & -2 \end{vmatrix} = \left|\begin{array}{c|c} \_\_\_\_ & \_\_\_ \\ \_\_\_\_ & \_\_\_ \\ \_\_\_\_ & \_\_\_ \end{array}\right| = \_\_\_\_$$

Übung 2

Berechne die Determinanten:

a) $\begin{vmatrix} 2 & -3 & -1 \\ 3 & 4 & 5 \\ 1 & 1 & 1 \end{vmatrix} = \underline{\qquad}$

b) $\begin{vmatrix} 2 & -3 & -1 \\ 3 & 4 & 5 \\ 1 & 1 & 0 \end{vmatrix} = \underline{\qquad}$

c) $\begin{vmatrix} 2 & -3 & 1 \\ 3 & 4 & 5 \\ 1 & 0 & 0 \end{vmatrix} = \underline{\qquad}$

d) $\begin{vmatrix} 2 & 3 & 1 \\ 3 & 4 & 5 \\ 0 & 0 & 0 \end{vmatrix} = \underline{\qquad}$

e) $\begin{vmatrix} a & b & 1 \\ b & a & 1 \\ 1 & 1 & 1 \end{vmatrix} = \underline{\qquad}$

f) $\begin{vmatrix} a & b & 1 \\ a & b & 1 \\ 1 & 1 & 1 \end{vmatrix} = \underline{\qquad}$

Übung 3

Setze zunächst gemeinsame Faktoren vor die Determinante und rechne dann erst weiter.

a) $\begin{vmatrix} 8 & 3 & -5 \\ 4 & 1 & 2 \\ 16 & 1 & 1 \end{vmatrix} = \underline{\quad} \cdot \begin{vmatrix} \underline{\qquad\qquad} \\ \underline{\qquad\qquad} \\ \underline{\qquad\qquad} \end{vmatrix} = \underline{\quad} \cdot \underline{\qquad} = \underline{\qquad}$

b) $\begin{vmatrix} 36 & 3 & -6 \\ 4 & 1 & 2 \\ 16 & 1 & 1 \end{vmatrix} = \underline{\quad} \cdot \begin{vmatrix} \underline{\qquad\qquad} \\ \underline{\qquad\qquad} \\ \underline{\qquad\qquad} \end{vmatrix} = \underline{\quad} \cdot \underline{\qquad} = \underline{\qquad}$

Übung 4

Auch eine Gleichung mit einer, zwei oder drei Unbekannten lässt sich mit einer Determinante darstellen.
Schreibe diese Gleichung weitestgehend vereinfacht in einer Zeile.

a) $\begin{vmatrix} 2 & x \\ -1 & 3 \end{vmatrix} = 5$

$\underline{\qquad\qquad\qquad}$

b) $\begin{vmatrix} 2 & 1 & x \\ 1 & -3 & y \\ 4 & -2 & 1 \end{vmatrix} = -4$

$\underline{\qquad\qquad\qquad}$

c) $\begin{vmatrix} 2 & 1 & x \\ -3 & 1 & y \\ 1 & 2 & z \end{vmatrix} = 1$

$\underline{\qquad\qquad\qquad\qquad\qquad}$

19 Lösung mit Determinanten

Löst man die Gleichungen
$$a_1x + b_1y + c_1z = d_1$$
$$a_2x + b_2y + c_2z = d_2$$
$$a_3x + b_3y + c_3z = d_3$$

allgemein mit dem Additionsverfahren auf, so sind die Ergebnisse für *x*, *y* und *z* umfangreiche, kaum überschaubare „Formeln", die jedoch mit Determinanten einfach dargestellt werden können (vgl. auch Kapitel 10).

So gilt z. B. für die Berechnung von *x*:

$$x = \frac{\begin{vmatrix} d_1 & b_1 & c_1 \\ d_2 & b_2 & c_2 \\ d_3 & b_3 & c_3 \end{vmatrix}}{\begin{vmatrix} a_1 & b_1 & c_1 \\ a_2 & b_2 & c_2 \\ a_3 & b_3 & c_3 \end{vmatrix}}$$

Im *Zähler* werden die Koeffizienten von *x* durch die Zahlen rechts vom Gleichheitszeichen ersetzt.

Im *Nenner* stehen die Koeffizienten der Unbekannten *x*, *y* und *z*.

Die Lösungen für *y* und für *z* funktionieren entsprechend.

Beispiel

Löse das Gleichungssystem
$$\begin{aligned} 2x - 3y + 5z &= 22 \\ -x + 2y + 2z &= 2 \\ 3x - 4y - 3z &= 1 \end{aligned}$$
mit Determinanten.

$$x = \frac{\begin{vmatrix} 22 & -3 & 5 \\ 2 & 2 & 2 \\ 1 & -4 & -3 \end{vmatrix}}{\begin{vmatrix} 2 & -3 & 5 \\ -1 & 2 & 2 \\ 3 & -4 & -3 \end{vmatrix}} \quad\Rightarrow\quad x = \frac{-30}{-15} \quad\Rightarrow\quad x = 2$$

$$y = \frac{\begin{vmatrix} 2 & 22 & 5 \\ -1 & 2 & 2 \\ 3 & 1 & -3 \end{vmatrix}}{-15} \quad\Rightarrow\quad y = \frac{15}{-15} \quad\Rightarrow\quad y = -1$$

$$z = \frac{\begin{vmatrix} 2 & -3 & 22 \\ -1 & 2 & 2 \\ 3 & -4 & 1 \end{vmatrix}}{-15} \quad\Rightarrow\quad z = \frac{-45}{-15} \quad\Rightarrow\quad z = 3$$

Übung 1

Berechne *x*, *y* und *z* mit Determinanten:

$$\begin{aligned} 2x &- 3y &+ z &= 2 \\ -x &+ 4y &- 2z &= 5 \\ 3x &- 2y &- 5z &= 4 \end{aligned}$$

$x =$ ——— $y =$ ——— $z =$ ———

$x =$ ___ $y =$ ___ $z =$ ___

Übung 2

Berechne jeweils zwei der Unbekannten mit Determinanten, die dritte durch Einsetzen in eine der Gleichungen.

a) $3x + 2y + z = 4$
$5x - 3y + z = 0$
$-2x + 4y = 4$

$x =$ ___ $y =$ ___ $z =$ ___

b) $x + y - z = 2a$
$2x - 2y + 3z = 1$
$3x + 3y - 2z = (6a + 1)$

$x =$ ___ $y =$ ___ $z =$ ___

20 Fortlaufende Proportionen

Das Produkt der Außenglieder einer Proportion ist gleich dem Produkt der Innenglieder.

$$a : b = c : d \quad \Leftrightarrow \quad a \cdot d = b \cdot c$$

Aus einer **fortlaufenden Proportion** $x : y : z : \ldots = a : b : c : \ldots$ können wir die drei Proportionen

$$x : y = a : b \qquad y : z = b : c \qquad x : z = a : c$$

entnehmen. Nur zwei beliebig wählbare dieser Proportionen sind nötig. Die dritte enthält keine neue Aussage und ist überflüssig.

Eine fortlaufende Proportion bleibt erhalten, falls Veränderungen links durch entsprechende Änderungen rechts vom Gleichheitszeichen ausgeglichen werden:

Beispiel: $x : y : z = a : b : c$

Ergibt: $2x : 3y : z = 2a : 3b : c$

Ebenso: $x : y : z : (x + y) = a : b : c : (a + b)$

Beispiel 1

Schreibe als fortlaufende Proportion:

a) $x : y = 5 : 2 \wedge x : z = 5 : 3$

$\Rightarrow \quad x : y : z = 5 : 2 : 3$

b) $2x : y = 3 : 1 \wedge 3x : 2z = 3 : 6$

Wir erweitern links mit 3 bzw. 2, um bei x die gleichen Koeffizienten zu erhalten:

$6x : 3y = 3 : 1 \wedge 6x : 4z = 3 : 6$

$\Rightarrow \quad 6x : 3y : 4z = 3 : 1 : 6$

Beispiel 2

Berechne x, y und z aus $\quad 2x - y = 10 \quad (1)$
und $\quad x : y : z = 2 : 3 : 7 \quad (2)$

Wir bilden aus (2): $\quad (2x - y) : x : y : z = (2 \cdot 2 - 3) : 2 : 3 : 7$

und setzen (1) ein: $\quad 10 : x : y : z = 1 : 2 : 3 : 7$

Den einzelnen Proportionen entnehmen wir:

$10 : x = 1 : 2 \quad \Leftrightarrow \quad 2 \cdot 10 = 1 \cdot x \qquad x = 20$
$10 : y = 1 : 3 \quad \Leftrightarrow \quad 3 \cdot 10 = 1 \cdot y \qquad y = 30$
$10 : z = 1 : 7 \quad \Leftrightarrow \quad 7 \cdot 10 = 1 \cdot z \qquad z = 70$

Übung 1

Entnimm die drei Proportionen:

a) $x:y:z = 5:3:4$

b) $2x:y:3z = 1:6:2$

Übung 2

Erweitere bei Bedarf und schreibe als fortlaufende Proportion:

a) $x:y = 7:1 \wedge y:z = 1:3$

b) $x:y = 2:3 \wedge y:z = 6:5$

c) $2x:y = 1:2 \wedge x:3z = 1:3$

d) $3x:y = 2:5 \wedge 2x:5z = 2:1$

e) $6x:5y = 3:1 \wedge 2x:z = 4:1$

Übung 3

Berechne *x*, *y* und *z*.

a) $x : y : z = 2 : 3 : 5$
$x + y + z = 20$

$x =$ $y =$ $z =$

b) $x : y : z = 1 : 4 : 2$
$3x + z = 15$

$x =$ $y =$ $z =$

c) $2x : 3y : 5z = 1 : 2 : 3$
$9y - 2x = 150$

$x =$ $y =$ $z =$

Übung 4

Beim Ansatz für die folgende Aufgabe soll auch eine fortlaufende Proportion verwendet werden.

Bei einem Dreieck sind die Seiten 20 cm, 30 cm und 15 cm lang. Ein ähnliches Dreieck hat den Umfang von 39 cm. (Ähnliche Dreiecke haben ein gleiches Verhältnis ihrer Seiten!)
Berechne die Seiten des ähnlichen Dreiecks.

Die Seiten sind beim ähnlichen Dreieck cm, cm

und cm lang.

21 Textaufgaben

Beispiel

Wird bei einer dreistelligen Zahl die erste Ziffer halbiert und werden die anderen beiden verdoppelt, so muss man noch 168 dazuaddieren, um die ursprüngliche Zahl zu erhalten. Wird dahingegen die erste Ziffer verdoppelt und die Summe aus den nächsten beiden Ziffern halbiert, so ist die erhaltene Zahl um 384 größer als die ursprüngliche.
Wie heißt diese ursprüngliche Zahl, wenn bei ihr die erste Ziffer um 1 kleiner ist als die Quersumme der anderen beiden?

Auf der Hunderter-Stelle steht x, auf der Zehner-Stelle y, bei den Einern z,
damit ist die ursprüngliche Zahl: $100x + 10y + z$

Ansatz: $(100x + 10y + z) = (100 \cdot \frac{x}{2} + 10 \cdot 2y + 2z) + 168 \qquad (1)$

$$100 \cdot 2x + \frac{1}{2} \cdot (10y + z) = (100x + 10y + z) + 384 \qquad (2)$$

$$x = (y + z) - 1$$

Berechnung: $100x + 10y + z = 50x + 20y + 2z + 168 \qquad (1)$

$$50x - 10y - z = 168$$

$$200x + 5y + 0{,}5z = 100x + 10y + z + 384 \qquad (2)$$

$$100x - 5y - 0{,}5z = 384$$

Die dritte Gleichung $x = y + z - 1$ eingesetzt in die beiden umgeformten Gleichungen führt zu:

$$\left.\begin{aligned} 40y + 49z &= 218 \\ 95y + 99{,}5z &= 484 \end{aligned}\right\} \quad \Rightarrow \quad y = 3; \quad z = 2$$

Eingesetzt in $x = (y + z) - 1$: $x = 4$

Die ursprüngliche Zahl ist: $100x + 10y + z = 432$

Übung 1

Hier sollst du aus den Angaben jeweils drei Zahlen berechnen:

a) Die doppelte Summe der zweiten und dritten Zahl ist um 1 kleiner als die erste Zahl. Subtrahiert man von der verdoppelten ersten Zahl das 5-fache der zweiten, so muss man noch 2 abziehen, um die dritte Zahl zu erhalten. Die Summe der drei Zahlen ist 49. Wie heißen diese Zahlen?

Die gesuchten Zahlen sind ____, ____ und ____.

b) Drei Zahlen addiert ergeben 60.
Subtrahiert man die erste von der Summe der anderen beiden, so erhält man 10, subtrahiert man die dritte Zahl von der Summe der restlichen, so erhält man 24.
Wie heißen die Zahlen?

Diese Zahlen sind ____, ____ und ____.

c) Das arithmetische Mittel aus drei Zahlen ist 66, das arithmetische Mittel der ersten beiden Zahlen übertrifft die dritte Zahl um 9, die zweite Zahl ist um 2 größer als die Summe der anderen beiden. Welches sind diese Zahlen?

Die gesuchten Zahlen sind ____, ____ und ____.

Übung 2

Folgende Angaben sind notwendig, um eine dreistellige Zahl zu berechnen:

a) Die Quersumme bei einer dreistelligen Zahl ist 11. Die Ziffer an der Zehnerstelle ist um 2 größer als jene an der Einerstelle. Vertauscht man die Einerstelle mit der Hunderterstelle, so erhält man eine um 297 kleinere Zahl.
Wie heißt die ursprüngliche Zahl?

Die ursprüngliche Zahl ist ____.

b) Die Quersumme einer dreistelligen Zahl ist 15. Setzt man die letzte Ziffer vor die erste, so erhält man eine um 162 größere Zahl, setzt man hingegen die erste Ziffer nach der letzten, so ist die erhaltene Zahl gar um 378 größer.
Welches ist die ursprüngliche Zahl?

Die ursprüngliche Zahl ist ____.

22 Sachaufgaben

Beispiel

In der 9A sind 30, in der 9B sind 24 und in der 9C 28 Schüler. Aus allen Klassen melden sich insgesamt 30 Kinder zur Teilnahme an einem Zeltlager in den Ferien, die anderen sind noch unentschlossen. Kurz vor Beginn der Ferien kommen noch die Hälfte der Unentschlossenen aus der 9B hinzu und ein Neuntel der Unentschlossenen aus 9A. Jetzt sind es aus jeder Klasse gleich viele Teilnehmer.
Wie viele Schüler hatten sich anfangs aus jeder Klasse zur Teilnahme an dem Zeltlager gemeldet?

Es waren aus 9A x, aus 9B y aus 9C z Schüler. Nachgemeldet haben sich aus 9A $\frac{30-x}{9}$, aus 9B $\frac{24-y}{2}$ Schüler.

Ansatz:

$$x + y + z = 30$$

$$x + \frac{30-x}{9} = y + \frac{24-y}{2} \quad | \cdot 18$$

$$y + \frac{24-y}{2} = z \quad | \cdot 2$$

Berechnung/Umformung:

$$x + y + z = 30$$

$$16x - 9y = 156$$

$$y - 2z = -24 \quad \Leftrightarrow \quad y = 2z - 24$$

Die dritte Gleichung wird in die beiden anderen Gleichungen eingesetzt. Man erhält mit dem Additionsverfahren:

$$x + 3z = 54 \quad | \cdot 3$$

$$8x - 9z = -30$$

$$3x + 9z = 162$$

$$8x - 9z = -30$$

$$11x = 132 \quad \Rightarrow \quad x = 12; \; z = 14; \; y = 4$$

Ursprünglich hatten sich aus der Klasse 9A 12, aus der Klasse 9B 4 und aus der Klasse 9C 14 Schüler für das Zeltlager in den Ferien gemeldet.

Übung

Erst der Ansatz, dann die Berechnung, ist doch selbstverständlich.

a) In den Klassen 8A, 8B und 8C sind insgesamt 80 Schüler, davon 37 Mädchen. In 8A sind die Hälfte Mädchen, in 8B zwei Drittel und in 8C ein Fünftel. In 8A und 8C zusammen ist ein Mädchen mehr als in 8B.
Wie viele Schüler sind in jeder Klasse und wie viele davon sind Mädchen?

In 8A sind ______ Schüler, davon ______ Mädchen.

In 8B sind ______ Schüler, davon ______ Mädchen.

In 8C sind ______ Schüler, davon ______ Mädchen.

b) Der Umfang eines Dreiecks misst 13 cm. Die Summe aus den beiden kleineren Seiten ist um 1,6 cm größer als die dritte Seite. Die doppelte Differenz aus der längsten und kürzesten Seite übertrifft die mittlere Seite um 0,9 cm.
Wie lang sind die Seiten dieses Dreiecks?

Die Seiten sind ______ cm, ______ cm und ______ cm lang.

c) Ein Feld am Stadtrand von 1800 m^2 Größe wird in drei verschieden große Baugrundstücke eingeteilt und je nach Lage zu unterschiedlichen Preisen verkauft: Das erste zu 80 €/m^2, das zweite zu 120 €/m^2 und das dritte zu 60 €/m^2. Der Besitzer bekommt insgesamt 160 000 €.
Der Käufer veräußert diese Grundstücke: Das erste und das zweite mit einem Gewinn von 10 €/m^2, beim dritten hat er jedoch einen Verlust von 20 €/m^2, sodass er insgesamt nur ein Guthaben von 6000 € verbuchen kann.
Wie groß waren die einzelnen Grundstücke?

Die Grundstücke hatten eine Fläche von ______ m^2,

______ m^2 und ______ m^2.

d) Drei Freunde kaufen gemeinsam ein Boot, das 24 000 € kostet, wobei jeder ein Drittel des Preises übernimmt. Sie borgen sich das Geld, zahlen jedoch nicht den gleichen Zinssatz und stellen am Schluss eines Jahres fest, dass sie insgesamt 1120 € für die Zinsen bezahlt haben. Dabei hat der Dritte genauso viele Zinsen bezahlt wie die anderen beiden zusammen, der Zweite 80 € mehr Zinsen als der Erste.
Zu welchem Zinssatz hat sich jeder das Geld geborgt?

Der Erste hat sich das Geld für ______ % geborgt,

der Zweite für ______ % und der Dritte für ______ %.

23 Substitution

Beispiel

Ein Schwimmbecken wird mit zwei Rohrzuleitungen gefüllt. Der Bademeister öffnet diese, vergisst aber den Abfluss zu schließen, und so ist das Becken erst in 8 Stunden voll. Bei geschlossenem Abfluss hätte das Füllen nur 4 Stunden gedauert. Früher einmal hatte er bei geöffnetem Abfluss nur das größere Zuflussrohr geöffnet und musste erleben, dass das Schwimmbecken erst in 24 Stunden gefüllt wurde.
In welcher Zeit füllt bzw. leert jedes einzelne Rohr allein das Schwimmbecken?

Zum Füllen benötigt das eine Zuflussrohr allein x, das andere y Stunden. Ohne Zufluss wird das Becken in z Stunden geleert.

Ansatz: Für den Ansatz bedenken wir, wie viel des Beckens *in einer Stunde* gefüllt bzw. geleert wird, und dies unter den verschiedenen Bedingungen.

$$\frac{1}{x}+\frac{1}{y}-\frac{1}{z}=\frac{1}{8}; \quad \frac{1}{x}+\frac{1}{y}=\frac{1}{4}; \quad \frac{1}{y}-\frac{1}{z}=\frac{1}{24}$$

Berechnung:

Die Unbekannten stehen im Nenner. Da durch null aber nicht dividiert werden darf, bestimmen wir zunächst die Definitionsmengen:

$$\mathbb{D}_x=\mathbb{R}\setminus\{0\} \quad \mathbb{D}_y=\mathbb{R}\setminus\{0\} \quad \mathbb{D}_z=\mathbb{R}\setminus\{0\}$$

Beseitigen wir die Nenner, indem wir – wie sonst üblich – die Gleichungen mit dem Hauptnenner multiplizieren,

$$\frac{1}{x}+\frac{1}{y}-\frac{1}{z}=\frac{1}{8} \quad \xRightarrow{\cdot 8xyz} \quad 8yz+8xz-8xy=xyz$$

geraten wir in eine Sackgasse! Die lässt sich vermeiden, indem wir die Brüche durch Substitution beseitigen:

$$\frac{1}{x}=u; \quad \frac{1}{y}=v; \quad \frac{1}{z}=w$$

$$\begin{array}{ll|l}
u+v-w=\frac{1}{8} & \cdot(-1) \quad \Rightarrow & -u-v+w=-\frac{1}{8} \\
u+v \quad =\frac{1}{4} & & u+v \quad = \frac{1}{4} \\
\hline
v-w=\frac{1}{24} & & w=\frac{1}{8}
\end{array}$$

Rücksubstitution: $w=\frac{1}{8} \quad \Rightarrow \quad \frac{1}{z}=\frac{1}{8} \quad \Rightarrow \quad z=8$

$$v - \frac{1}{8} = \frac{1}{24} \quad \Rightarrow \quad v = \frac{1}{6} \quad \Rightarrow \quad \frac{1}{y} = \frac{1}{6} \quad \Rightarrow \quad y = 6$$

$$u + \frac{1}{6} = \frac{1}{4} \quad \Rightarrow \quad u = \frac{1}{12} \quad \Rightarrow \quad \frac{1}{x} = \frac{1}{12} \quad \Rightarrow \quad x = 12$$

Jedes Zuflussrohr allein füllt das Becken in 12 bzw. 6 Stunden. Ist nur der Abfluss geöffnet, so ist das Becken in 8 Stunden leer.

Übung 1

Wähle eine geeignete Substitution und bestimme vorher die Definitionsmengen.

$$\frac{1}{x} - \frac{1}{y} + z = 12$$

$$\frac{2}{x} + \frac{3}{y} - z = 20$$

$$\frac{3}{x} + \frac{2}{y} - 8z = 8$$

$\mathbb{D}_x =$ ______ $\mathbb{D}_y =$ ______

$\mathbb{D}_z =$ ______

$x =$ ______ $y =$ ______ $z =$ ______

Übung 2

Welche Substitution eignet sich hier?

$$\frac{1}{x-1} + \frac{2}{y+2} - \frac{1}{z} = 6{,}4$$

$$\frac{3}{x-1} - \frac{5}{y+2} - \frac{2}{z} = 12$$

$$\frac{2}{x-1} + \frac{10}{y+2} = 4$$

$\mathbb{D}_x =$ ______ $\mathbb{D}_y =$ ______ $\mathbb{D}_z =$ ______

$x =$ ______ $y =$ ______ $z =$ ______

Übung 3

Ein bei Hochwasser überfluteter Keller kann von zwei Pumpaggregaten in 3 h 20 min geleert werden, doch durch weiteres Sickerwasser dürfte es 4 Stunden dauern. Leider kommt eine der Pumpen erst gar nicht zum Einsatz, da sie an anderer Stelle dringend benötigt wird, und so ist der Keller wegen des Sickerwassers erst nach 20 Stunden leer.
In welcher Zeit füllt das Sickerwasser den Keller, in welcher Zeit würde – bei gestopptem Sickerwasser – jede der Pumpen allein den vollen Keller leeren?

Umrechnung: 3 Stunden 20 Minuten sind ______ Stunden.

Der Keller wird *mit* Sickerwasser in ______ Stunden gefüllt.

Ohne Sickerwasser wird er von einer Pumpe allein in ______, von beiden Pumpen in ______ Stunden geleert.

24 Vermischte Aufgaben

Übung 1

Verwende zur Lösung fortlaufende Proportionen.

a) Ein Grundstück wird im Verhältnis 5 : 8 : 2 aufgeteilt.
Das Doppelte der kleinsten Fläche ist um 1600 m^2 kleiner als das größte der Grundstücke.
Wie groß sind die einzelnen Grundstücke?

Die Grundstücke haben eine Fläche von ______ m^2,

______ m^2 und ______ m^2.

b) Eine Erbschaft soll an die drei Kinder im Verhältnis 2 : 4 : 5 verteilt werden. Bei einer Aufteilung in drei gleich große Beträge hätte der am besten bedachte Erbe 10 000 € weniger bekommen als im Testament vorgesehen.
Wie hoch ist bei jedem das Erbteil?

Die Erben bekommen ______, ______

und ______.

c) Die Seiten eines Vierecks sind 15 cm, 20 cm, 18 cm und 27 cm lang.
Wie lang sind die Seiten eines ähnlichen Vierecks mit dem Umfang 360 cm?

Die Seiten des ähnlichen Vierecks sind ______ cm,

______ cm, ______ cm und ______ cm lang.

Übung 2

Sach- und Textaufgaben, bei denen uns fortlaufende Proportionen nicht hilfreich sein können:

a) Der Umfang eines Dreiecks beträgt 52 cm. Addiert man 12 cm zu einer der Seiten, so erhält man die Summe der anderen beiden Seiten, subtrahiert man 18 cm, deren Differenz.
Wie lang sind die Seiten dieses Dreiecks?

Die Seiten des Dreiecks haben eine Länge von ______ cm,

______ cm und ______ cm.

b) Zwei Dreiecke, deren Seiten in den Längen übereinstimmen, werden so nebeneinander hingelegt, dass Vierecke entstehen. Je nachdem, an welchen deckungsgleichen Seiten sie sich berühren, entsteht ein Viereck von 26 cm, von 24 cm oder 30 cm Umfang.
Wie lang sind die Seiten eines Dreiecks?

Die Seiten des Dreiecks sind ______ cm, ______ cm und ______ cm lang.

c) Das arithmetische Mittel zweier Zahlen ist um 9 größer als die dritte Zahl. Addiert man die Differenz dieser Zahlen zu der dritten Zahl, so ist das Ergebnis um 12 größer als die erste Zahl. Die Summe der drei Zahlen ergibt 288.
Welches sind diese drei Zahlen?

Diese drei Zahlen sind ____, ____ und ____.

d) Ein Konditor füllt zu Christines Geburtstag eine Schachtel mit 32 Pralinen zu 0,20 €, 0,40 € und 0,10 € das Stück. Diese Pralinen kosten ihn insgesamt 8,20 €.
Für eine zweite Schachtel zu diesem Anlass ersetzt er die Pralinen zu 0,10 € das Stück je zur Hälfte mit solchen zu 0,20 € und 0,40 € das Stück. Diesmal kosten ihn die Pralinen 10,60 €.
Wie viele Pralinen von jeder Sorte hat er in die erste Schachtel gelegt?

In der ersten Schachtel waren ____ Pralinen zu 0,20 €, ____ Pralinen zu 0,40 € und ____ Pralinen zu 0,10 € das Stück.

Übung 3

Zum Abschluss noch einige Aufgaben, bei denen man zur Lösung die Substitution benötigt.

a)
$$\frac{1}{x} + \frac{1}{y} = \frac{1}{2}$$
$$\frac{3}{x} - \frac{3}{y} = \frac{1}{2}$$

$\mathbb{D}_x =$ ____

$\mathbb{D}_y =$ ____

$x =$ ____ $y =$ ____

b)
$$\frac{1}{x-5} + \frac{y}{x+1} = -1$$
$$\frac{3}{x-5} - \frac{2y}{x+1} = 7$$

$\mathbb{D}_x =$ ____

$\mathbb{D}_y =$ ____

$x =$ ____ $y =$ ____

c) Es ist $x \neq y \wedge x \neq -y$ (keine Definitionsmenge erforderlich).
Hinweis: Substituiere jeweils gleiche Bruchterme.

$$\frac{x-y}{x+y} + \frac{z}{x-y} - \frac{1}{x+y} = 1$$
$$\frac{4 \cdot (x-y)}{x+y} - \frac{2z}{x-y} + \frac{5}{x+y} = -1$$
$$\frac{5 \cdot (x-y)}{x+y} - \frac{2}{x+y} = \frac{1}{3}$$

$x =$ ____ $y =$ ____ $z =$ ____

Teil IV:
Englisch

Die Zeiten: Bildung und Verwendung

Regeln und Übungen

Themenübersicht Teil IV

1. Das Simple Present in Aussagesätzen 164
2. Das Simple Present in Fragesätzen und Verneinungen 166
3. Das Present Progressive 168
4. Die Unterscheidung zwischen Simple Present und Present Progressive 170
5. Das Passiv im Present Tense 172
6. Mixed exercises zum Present Tense 174
7. Das Simple Past 176
8. Das Past Progressive 178
9. Die Unterscheidung zwischen Simple Past und Past Progressive 180
10. Das Passiv im Past Tense 182
11. Mixed exercises zum Past Tense 184
12. Das Present Perfect Simple in Aussagesätzen 186
13. Das Present Perfect in Frage und Verneinung 188
14. Das Present Perfect Progressive 190
15. Das Passiv im Present Perfect 192
16. Die Unterscheidung zwischen Past Tense und Present Perfect 194
17. Past Tense oder Present Perfect? 196
18. Mixed exercises 198
19. Das Past Perfect 200
20. Die Unterscheidung zwischen Simple Past und Past Perfect 202
21. Die Formen von *to be* 204
22. Unregelmäßige Verben 206
23. Test zu den bisher gelernten Tenses 208
24. Übersicht über die Zeiten 210

1 Das Simple Present in Aussagesätzen

1. Die einfache Form des Simple Present – im Gegensatz zur Verlaufsform (Present Progressive, Kapitel 3) – zeigt an, dass jemand etwas **häufig, selten** oder **nie** tut.

   → *Anna and Nicolas* ***play*** *tennis seven days a week.*

2. Es beschreibt **allgemein gültige** Tatsachen und Wahrheiten.

   → *The sun* ***rises*** *in the east.*

3. Man verwendet es, um Handlungen zu schildern, die **nacheinander** geschehen.

   → *First Mother* ***drives*** *the children to the train station,*
   then they ***take*** *a train to Wembley, and there*
   all of them ***watch*** *the tennis match.*

Merke

Signalwörter sind: ***never, rarely, seldom, occasionally, sometimes, often, frequently, every day/week/ month/year …, regularly, usually, normally, always*** etc.

Übung 1

Bilde vollständige englische Sätze aus den angegebenen Satzteilen und verwende dabei das Simple Present.

1. Before / play golf / Nina and George / they / have lunch / at 12.30 / every day.

   Before they play golf Nina and George have lunch at 12.30 every day.

2. Nina's / handicap / be / 12 / George's / be / 13.

   ....

3. George / try to / take part in / golf tournaments / regularly.

   ....

4. Nina / sometimes / watch / Grand Prix racing / on TV.

   ....

5. She and her friend / like / car racing / but / they think / it / be / dangerous / very.

   ....

6. Ferrari and McLaren / be / very / in motor sport / successful teams.

   ....

Übung 2 **Setze das richtige Verb in der richtigen Form ein.**

fall – be – be interested in – can swim – can ride – work – be – cost – come to – have – pay

Canoeing and rock-climbing .... two of George's leisure activities. He often .... into the water but he .... always .... to the bank (dt. Ufer). Nina and many of her friends .... horseback-riding. They .... several horses they .... 'Black Beauty' .... Nina's favourite. It .... a lot of money to own a horse, so Nina .... in a fast food restaurant every Saturday. With the money she .... the vet who .... see 'Black Beauty' regularly.

Übung 3 **Übersetze ins Englische.**

1. Ich spiele gern Volleyball und ich bin sehr gut in diesem Sport.

....

2. Mein Bruder George und ich sind Mitglieder der Schulmannschaft.

....

3. Meine große Schwester Marla hasst alle Arten von Ballspielen.

....

4. Sie ist verrückt nach Pferden und schnellen Autos.

....

Übung 4 **Übersetze ins Deutsche.**

1. Hot-air balloons seem to fascinate everyone.

....

2. Ballooning is a wonderful but also an expensive hobby.

....

3. A new balloon can cost between $15,000 and $45,000.

....

4. After a safe landing the pilot and his passengers always drink a glass of champagne.

....

2 Das Simple Present in Fragesätzen und Verneinungen

Frage und Verneinung von Vollverben werden im Simple Present so gebildet:

1. Frage: ***do/does*** + Subjekt + Grundform

2. Verneinung: Subjekt + ***do*** + ***not*** + Grundform

→ *He* ***knows*** *the headmaster.*

Does *he* ***know*** *the headmaster?*

He ***doesn't know*** (Kurzform von ***does not know***) *the headmaster.*

Merke

In der **gesprochenen Sprache** werden in der Regel **Kurzformen** verwendet wie *you don't, he hasn't, she's, they're* usw.

Übung 1 **Bilde vollständige englische Sätze im Simple Present.**

1. Most of the teachers / talk / too much?

....

2. The maths teacher / not give / homework / over the weekend.

....

3. He / not / believe / it / if / anyone / tell / him / that / maths / be / the most difficult subject in the world.

....

Übung 2 **Setze das richtige Verb in der richtigen Form ein.**

be – go to – not like – not like

Ralf: .... you .... a girls' school?

Mary: Oh, no, I don't. I go to a comprehensive school in the south of London.

Ralf: I heard that in England a lot of school children have to wear a school uniform but they .... it. Is that true?

Mary: I .... not so sure about that. My school uniform is pretty, but my brother .... his at all.

Übung 3 Forme die folgenden Fragen in verneinte Fragen um.

1. Does your homework take up most of your afternoon?

....

2. Do many of the pupils like German literature?

....

3. Why does the school provide us with free lunch?

....

Übung 4 Übersetze ins Englische.

1. Gehen viele französische Schulkinder auf Gesamtschulen?

....

2. Ich glaube nicht.

....

3. Kennen Sie ein berühmtes Internat?

....

4. Sind Winchester und Harrow Städte mit sehr teuren Schulen?

....

5. Besucht Prinz William eine Schule nahe dem Schloss seiner Großmutter?

....

Übung 5 Übersetze ins Deutsche.

1. I don't want to talk about the British school system.

....

2. Does your father really have to pay school fees for you?

....

3. Do their teachers have a lot of patience?

....

4. Laura does not have any difficulty with her English homework.

....

5. What do you think of Peter's attitude towards exams?

....

3 Das Present Progressive

Das Present Progressive drückt aus, dass etwas **zum gegenwärtigen Zeitpunkt** (also **gerade jetzt**) geschieht – im Gegensatz zu regelmäßig wiederkehrenden Vorgängen, die das Simple Present verlangen (vgl. auch Kap. 4).

→ *What **is** Sarah **doing** at the moment? – She**'s sending** a message.*

Bildung

Subjekt +	**Form von *to be*** +	**Grundform** + *ing*	
I	***am***	***sending***	*a message.*

Merke

Signalwörter sind: ***look, now, at the moment, at present, just …***

Beachte: Im Deutschen gibt es keine Verlaufsform. Wir drücken mit Wörtern wie „im Augenblick, gerade, momentan …" aus, dass etwas gerade geschieht.

Übung 1

Du bist in einer Autofabrik in Detroit. Berichte in vollständigen Sätzen, was du gerade siehst.

1. Robots / put together / the parts of the cars.

   ....

2. Computers / control / the quality / of the work done on the assembly lines.

   ....

3. Engineers / check / the amount of time / needed by the workers.

   ....

Übung 2

Finde jeweils das richtige Verb. Setze die korrekte Form des Present Progressive ein.

try – improve – look forward to – just modernize – wait for

1. The Ford company .... its factory in Detroit.
2. Today the car industry .... to develop non-polluting cars.
3. New production lines .... the quality of the new cars.
4. Some factory workers .... the shift to start.
5. Other workers .... having a break.

Übung 3 **Vervollständige dieses Telefongespräch.**

Craig: Hi Wayne, I hope I .... (disturb) you at the moment.

Wayne: Well, I .... (try) to get some sleep. I was partying all night long.

Craig: And what .... (your Dad / do)?

Wayne: He .... (work) in his garage, I guess. He .... (probably / repair) his old Thunderbird. But why .... (call) so early in the morning?

Craig: I .... (desperately / try) to get some help. My Dad's Porsche .... (sit) at the bottom of our swimming pool and you or your Dad must help me.

Wayne: What? What .... (say)?
You .... (joke), aren't you?

Craig: No, I'm not. I'm dead serious. I was a little drunk last night and I forgot to put on the handbrake and the Porsche slowly rolled down the drive into the swimming pool.

Wayne: Okay, okay, I'm on my way.

Übung 4 **Verbinde die Sätze mit Hilfe des Present Progressive.**

While the three men .... (pull) the Porsche out of the swimming pool, Craig's father comes back from his business trip. When he sees what .... (go on) he has a heart attack. Craig helps his father until the ambulance arrives. While they .... (hurry) to the hospital, Craig worries about what will happen. Fortunately, the driver .... (drive) fast so that they reach the hospital in time. While Craig's father .... (recover) from his shock, Craig and Wayne have the Porsche repaired. When Craig's father sees his Porsche again it .... (shine) like new.

4 Die Unterscheidung zwischen Simple Present und Present Progressive

Während das **Present Progressive** ausdrückt, was zu einem bestimmten Zeitpunkt in der Gegenwart gerade vor sich geht, drückt das **Simple Present** eine Handlung aus, die regelmäßig, oft oder nie passiert (vgl. Kap. 1, 2 und 3).

→ *Mum: I'm afraid Cory is busy at the moment. She'**s watching** her favorite series on TV. She **watches** it every Tuesday night.*

Übung 1

Simple Present oder Present Progressive? Vervollständige die Unterhaltung zwischen Cory und Alison.

Cory: .... (you / can / hear) those girls over there? .... (they / talk) about us?

Alison: I .... (not / think) so but maybe it .... (be) a good idea to leave the party now. What .... (you / think)?

Cory: I .... (be / not sure). I usually really .... (enjoy) parties but I .... (enjoy) this one. The boys here .... (be) a bit shy, and the other girls …

Alison: Why .... (we / not / leave) and .... (go to) my brother's party? He .... (have) one right now in his beautiful apartment in Kensington.

Cory: I .... (not / like) the idea.

Alison: Oh, come on. .... (not / be) such a spoilsport (dt. Spielverderber)!

Cory: All right, then. But first I .... (must / call) my parents. They always .... (want / know) where I .... (be). I .... (wonder) what they .... (do) at the moment. I hope they .... (not / wait) for me.

Alison: Oh, you and your parents. Mine .... (be) much less complicated. They .... (not / care) what I .... (be / do) as long as it .... (not / be) illegal and I .... (come) home every night.

Cory: Okay, let's go! But .... (lend) me your mobile phone (dt. Handy) first, please.

Übung 2

Unterstreiche in Übung 1 die Signalwörter (siehe Kapitel 1, Seite 164 und Kapitel 3, Seite 168). **Schreibe sie auf.**

Signalwörter für das Simple Present in diesem Text:

....

Signalwörter für das Present Progressive in diesem Text:

....

Weitere Signalwörter für das Simple Present:

....

Weitere Signalwörter für das Present Progressive:

....

Übung 3

Wähle zwischen dem Simple Present und dem Present Progressive aus. Streiche die falsche Verbform durch.

1. Hey you! What are you staring at / do you stare at?
2. Why are you driving so fast / do you drive so fast? – Because we are late.
3. Can I turn the CD-player down? You are not listening / do not listen anyway.
4. What are you eating / do you eat? – I'm having a piece of cake.
5. Are you Swedish? – No, I'm coming / I come from Denmark.
6. How many languages do you speak / are you speaking?
7. When does school usually start / is school usually starting in Denmark?
8. What are you doing / do you do right now? – Are you blind? I am playing cards / I play cards with Joe.

Übung 4

Noch ein Dialog zwischen Cory und Alison auf der Party von Alisons Bruder. Benutze das Simple Present oder das Present Progressive.

Alison: Oh, I .... (love) this party. The people here are so cool.

Cory: Look! .... (not / be) that Elton John over there?

Alison: Listen! He .... (sing) his latest song with the Spice Girls. And look over there! Mick Jagger .... (kiss) a blonde lady.

Cory: Wow, and what .... (your brother / do)? He .... (hold) hands with Tina Turner.

Alison: If I .... (not / see) this with my own eyes, I wouldn't believe it.

5 Das Passiv im Present Tense

Während das Aktiv eine Tätigkeit ausdrückt, die das Subjekt ausführt, bezeichnet das Passiv eine Tätigkeit, die am Subjekt vollzogen wird. Dem deutschen „von" bzw. „durch" entspricht das englische **by**.

Bildung

Das Passiv wird wie folgt gebildet:

Subjekt	**Form von *to be*** +	**Past Participle** +	**(*by*)**
These tankers	***are***	***built***	***by** a famous engineering company.*

Entsprechend lautet die Verlaufsform:

This tanker	***is being***	***built***	*in Hamburg.*

Übung 1

Gib das Past Participle an.

find, found, ...

join, joined, ...

catch, caught, ...

be, was/were, ...

drill, drilled, ...

drink, drank, ...

build, built, ...

Übung 2

Finde Antworten zu diesen Fragen. Benutze die vorgegebenen Wörter und das Passiv der Verben in Klammern.

1. What can happen when an oil tanker loses tons of oil in the open sea?
   (A lot of / birds and animals / kill)

   ....

2. Who lays the pipelines in the North Sea?
   (Men / on special ships / hire / for that)

   ....

3. Do they need tankers for the transportation?
   (Yes / tankers / use / to bring / oil / on shore)

   ....

4. How is energy often wasted in your home?
   (Radios / often / not switch off / and lights / leave on)

   ....

Übung 3 **Vervollständige die folgenden Sätze, indem du die angegebenen Verben im Passiv benutzt.**

leave – need – pay – toss around

1. Lots of workers .... for the work on the platforms.
2. High wages .... by the oil companies.
3. The platform cannot .... by the workers unless they have permission from their boss.
4. In bad weather or in a heavy storm the men working on the platform

   ....

Übung 4 **Heinz und John unterhalten sich über ihre Arbeit auf einer Bohrinsel. Kannst du dolmetschen?**

John: I'm forced to stay in this unfriendly place for at least two more months.

....

Heinz: Das ist wirklich schlimm.

....

John: I'm employed as a diver, and I'm the only one on board here who can dive.

....

....

Heinz: Aber kannst du nicht einfach abhauen?

....

John: No, that's impossible. But my days here are counted, believe me.

....

Übung 5 **Wie sagst du auf Englisch,**

1. … dass das Rauchen auf einer Ölbohrinsel nicht erlaubt ist?

   ....

2. … dass du wissen möchtest, wie Benzin aus Rohöl gewonnen wird?

   ....

3. … dass heutzutage immer noch neue Ölfelder gefunden werden können?

   ....

4. … dass auf Ölbohrinseln kein Alkohol getrunken werden darf?

   ....

6 Mixed exercises zum Present Tense

Übung 1

Vervollständige die Sätze. Verwende das Simple Present oder das Present Progressive der Verben in Klammern.

John Taylor .... (be) an English engineer. He .... (specialize) in drilling for oil in the North Sea. This year he .... (work) on an oil rig, which .... (call) 'Blet Sar'. He .... (do not / speak) any Norwegian, but he .... (try) to learn at least some of the most important words. John .... (know) that he .... (earn) good money but he .... (miss) his wife and four children very much. He usually .... (like) his work, but at the moment it .... (rain) heavily and no work .... (can / do) on the oil rig. Right now John and his Norwegian friends .... (play) Monopoly so that they .... (not feel) lonely.

Übung 2

John Taylor bekommt einen Brief von seiner kleinen Tochter. Setze die Verben ins Simple Present oder ins Present Progressive.

Dear Daddy,

I .... (miss) you so much. Life .... (be) boring without you. .... (like) your job in the North Sea? I .... (hate) it because it .... (take) you away from me. While I .... (write) this, I .... (cry) the whole time. I .... (feel) so lonely at the moment. Sorry that the letter .... (have) so many watery spots. These .... (be) my tears. Please, Daddy, come back soon!

Lots of love, Priscilla

P.S. Mummy .... (want) me to say hello to you for her.

Übung 3 **Vervollständige die folgenden Sätze durch die aktive oder passive Form der Verben in Klammern.**

1. Sometimes children .... (talk to) as if they are stupid.
2. Do you think these kids .... (be) capable of doing it all by themselves?
3. The young people of today .... (feel not) miserable because they believe they will have a wonderful future.
4. Boys and girls .... (have) equal educational opportunities, as

   .... (require) by law.
5. It .... (be not) reasonable for girls .... (refuse) entry into an all-male club.

Übung 4 **Übersetze die fehlenden Satzteile.**

1. ....

   (Viele Schüler an deutschen Gymnasien denken) that speaking English as the English

   do .... (ist schwierig).
2. .... (Es gibt eine Menge Wörter) the pupils have never heard of.
3. ....

   (Während der Schulaufgabe [test] wünschen sich die meisten Schüler) that they had studied more.
4. .... (Es ist allgemein bekannt) that English is one of the easiest languages in the world.
5. .... (Weißt du) how many people in the world speak English?
6. In almost every continent ....

   (gibt es mindestens eine Nation) whose mother tongue is English.
7. ....

   (Englisch wird auf der ganzen Welt gesprochen).
8. ....

   (Magst du die englische Sprache)?

7 Das Simple Past

Das Simple Past bezeichnet Vorgänge oder Handlungen, die der Vergangenheit angehören und in ihr völlig abgeschlossen wurden. Es wird auch verwendet, wenn man wiederholte Handlungen oder eine Reihenfolge von Ereignissen oder Handlungen beschreiben will.

→ *Yesterday evening I* ***prepared*** *myself to go out. I* ***put*** *on my new shirt and trousers. And then Kevin* ***called*** *to say that he couldn't pick me up.*

Merke

Signalwörter sind: ***yesterday, ago, last week/month/year, the other day*** (dt. neulich), ***in 1984, when I was a little girl*** etc.

Übung 1

Setze die Sätze in das Simple Past.

1. The lady gets up at six o'clock in the morning.

....

2. She has a shower and has breakfast.

....

3. She drinks tea and eats toast with butter.

....

4. Every morning a friend stops in front of her house and takes her to work.

....

....

Übung 2

Deine Freundin kommt aus Amerika zurück, wo sie als Au-pair-Mädchen gearbeitet hat. Stelle ihr Fragen über ihren Aufenthalt.

1. How long / you / stay / in the United States?

....

2. Like / it / you / there?

....

3. How many / new friends / you / make?

....

Übung 3 **Welches Wort passt am besten? Setze die korrekte Form im Simple Past ein.**

be – offer – pay – get – go – spend – buy – accept – be unemployed

Last month I .... to the unemployment office. They .... me a job and I .... it at once. I .... for several months but now I am working as a waitress. Last week I .... my first pay cheque. Yesterday I .... it all on beautiful clothes. I .... a blue dress, a green T-shirt and a really great skirt. I .... $45. Yesterday .... a wonderful day.

Übung 4 **Erzähle die folgende Geschichte auf Englisch.**

1. 2006 arbeitete ich ein Jahr lang als Au-pair-Mädchen in New York.

   ....

2. Mir hat es dort nicht gefallen.

   ....

3. Die Familie, bei der ich arbeitete, wohnte in einer sehr lauten Straße in Manhattan.

   ....

   ....

4. Ich war froh, als das Jahr vorbei war.

   ....

Übung 5 **Stelle nun folgende Fragen zu der Geschichte in Englisch.**

1. Wo hast du 2006 gearbeitet?

   ....

2. Hat es dir in New York gefallen?

   ....

3. Wie war das Wetter?

   ....

4. Wie bist du mit der Familie zurechtgekommen?

   ....

8 Das Past Progressive

Das Past Progressive drückt aus, was zu einem bestimmten Zeitpunkt in der Vergangenheit gerade vor sich ging. Oft verwendet man das Past Progressive für eine Hintergrundhandlung, die bereits ablief, als ein neues Ereignis eintrat (Simple Past).

→ *Inspector: What **were** you **doing** at 11 p.m. last Sunday?*
*Diana: I **was sitting** on the sofa in my living room and **listening** to the radio, when I heard the sound of breaking glass.*

Bildung

Subjekt	***was/were*** +	**Grundform** + ***ing***
The earth	***was***	***shaking.***

Übung 1

Hier ist aufgelistet, wie Diana gestern ihren Morgen verbrachte. Bilde Sätze, die angeben, was sie zu den bestimmten Zeiten gerade getan hat.

6.00–6.08 took a shower
6.15–6.18 got dressed
6.35–6.39 ran to the train station
6.40–7.35 sat in the train

1. At 6.03 o'clock ....
2. At 6.16 o'clock ....
3. At 6.37 o'clock ....
4. At 7 o'clock ....

Übung 2

Schreibe auf, was Diana gestern gerade machte (Past Progressive), als etwas anderes plötzlich passierte (Simple Past).

1. Diana / stand / in the shower / when / go out / the lights.

....

2. She / put on / her new blouse / when / come off / a button.

....

3. have breakfast / Diana / when / the telephone / ring.

....

4. She / the house / leave / when / she / a shout / hear.

....

Übung 3

Sylvia und ein paar Leute befanden sich gerade in einem Hotel in San Francisco, als die Erde bebte. Bilde mit den angegebenen Wörtern Sätze, in denen du angibst, was gleichzeitig passierte.

1. Sylvia / on the phone / talk / while / the earth / shake.

....

2. Sylvia's father / stare out of the hotel window / as the Bay Bridge / collapse.

....

....

3. Two men / try / steal / expensive diamonds / while / the owner / in the hotel restaurant / have dinner.

....

....

Übung 4

Sylvia schildert ihrer amerikanischen Freundin Diana, was während des Erdbebens in San Francisco alles passierte. Kannst du dolmetschen?

Sylvia: Der Fußboden zitterte und wir merkten, dass es ein Erdbeben war.

....

Diana: What were you doing at the time?

....

....

Sylvia: Mein Bruder und meine Schwester spielten gerade Schach, meine Mutter schrieb an ihrem Roman und ich badete den Hund.

....

....

Diana: It sounds incredible. Were you really bathing the dog while an earthquake was going on?

....

....

Sylvia: Ja. Aber der Hund spielte verrückt. Nach dem Beben versteckte er sich die ganze Nacht lang unter meinem Bett.

....

....

9 Die Unterscheidung zwischen Simple Past und Past Progressive

Das Past Progressive und das Simple Past werden oft zusammen in einem Satz verwendet, wenn ausgedrückt werden soll, dass eine Handlung zu einem vergangenen Zeitpunkt **gerade vor sich ging** (**Past Progressive**), als eine andere Handlung (im **Simple Past**) **plötzlich** einsetzte.

→ *We **were having** dinner when the lights **went** out.*

Übung 1

Bilde Sätze aus den angegebenen Wörtern. Setze die Verben in die richtige Form des Past Tense.

1. What / you / do / this time yesterday?

....

2. I / pack / my suitcase / for our trip to Wales, / and ...

....

3. ... my sister Friederike / the Internet / surf / for info about Cardiff.

....

4. She / anything / find?

....

5. No / not. / She / just / chat / with a Welshman / when / her computer crash.

....

....

Übung 2

Setze das richtige Verb in der richtigen Zeit ein.

climb – head for – hurt – want to – keep falling – travel

While we .... Wales, my brother .... to Scotland. He .... climb Ben Nevis, the highest mountain in Scotland. But while he .... Ben Nevis some rocks .... down. Fortunately, nobody ....

Übung 3

Helen unterhält sich mit ihrer Freundin Sue über ihre Ferien in Wales. Setze die richtigen Verbformen des Past Tense ein.

Helen: .... (you / have) a nice holiday?

Sue: Oh, yes. It .... (be) great.

Helen: Where .... (you / be) exactly?

Sue: First we .... (go) by plane to London, then we .... (rent) a car and .... (drive) to Cymru the same day.

Helen: What .... (you / say)?

Sue: We .... (travel) to Wales, which is called Cymru in Welsh. We .... (stay) in a haunted castle with lots of ghosts. When they .... (rattle) their chains, nobody .... (can / sleep). Old Faithful, one of the ghosts, ... (just / follow) me, when he .... (drop) his head. Another one .... (come after) my little sister when he .... (fall) over a big wooden chest.

Helen: .... (be / not / you) afraid?

Sue: No, I .... (be / not). I .... (have) a lot of fun.

Übung 4

Übersetze folgende Sätze. Beachte den Unterschied zwischen dem Simple Past und dem Past Progressive.

1. Als es zwölf Uhr schlug, lagen wir schon in unsere Betten.

....

2. Suddenly the door opened.

....

3. Ein Geist mit seinem Kopf unter seinem Arm kam langsam herein.

....

4. I turned on the lights and the creature disappeared for ever.

....

5. In der nächsten Nacht konnten wir ruhig und ungestört schlafen.

....

10 Das Passiv im Past Tense

1. Das Passiv im Simple Past wird verwendet, um zu sagen, dass eine Handlung in der Vergangenheit **oft** oder **immer wieder** ausgeführt wurde.
   → *Hurricane "George" hit Miami last night. A bridge was damaged and several trees were uprooted.*
2. Das Past Progressive im Passiv beschreibt eine Handlung, die sich **in einem bestimmten Zeitraum** in der Vergangenheit abspielte. Sie ist **abgeschlossen** und hat keinen Bezug zur Gegenwart mehr.
   → *Warnings were being given out by the police all night.*

Bildung

1. Passiv im Simple Past:

Subjekt	+	*was/were*	+	Past Participle
A bridge		***was***		***damaged**.*

2. Passiv des Past Progressive

Subjekt	+	*was/were*	+	*being*	+	Past Participle
Warnings		***were***		***being***		***given** out.*

Übung 1

„Fliegender Pfeil", ein alter Sioux-Indianer, erzählt von seiner Kindheit. Setze die richtigen Verbformen ein.

When I was seven years old, I .... (allow) to go to school for the first time in my life. My brothers and I went to a building that .... (build) by white settlers. At the door we .... (welcome) by a nice young woman who .... (call) "Madame" by the other schoolchildren. I was very excited and I liked school a lot. One day, as our maths tests .... (just / return), there was a terrible noise outside. After a while the sound .... (can / not / hear) any more. Then there it was again. Suddenly the door .... (open) wide by a big grizzly. Another big roar *(dt. Gebrüll)* .... (hear), and then there was a shot. Our teacher was standing there with a gun in her hands. The animal .... (shoot) by our brave schoolteacher. We .... each .... (allow) to take a tooth from the bear. I will remember this incident and this woman all my life.

Übung 2 **Simple Past oder Past Progressive? Übersetze die folgenden Fragen zu der Geschichte aus Übung 1.**

1. Wann wurde „Fliegender Pfeil“ in die Schule geschickt?

....

2. Von wem wurde die Schule gebaut?

....

3. Wer (!) hat ihn unterrichtet?

....

4. Wie wurde seine Lehrerin genannt?

....

5. Von welchem Tier wurde der Unterricht eines Tages gestört?

....

6. Welche Schulaufgaben wurden gerade zurückgegeben, als der Bär hereinkam?

....

7. Wer erschoss den Grizzlybären? (Passiv!)

....

8. Wer durfte die Zähne behalten? (Übersetze: Wem wurde es erlaubt, ...)

....

9. Wann wurde dieses Abenteuer erzählt?

....

10. Von wem wurde die Geschichte erzählt?

....

Übung 3 **Übersetze ins Englische.**

1. Mir und meinen Geschwistern wurden viele alte Geschichten erzählt.

....

2. Eine wurde von uns allen besonders geliebt.

....

3. Es war die Geschichte von dem Indianer „Adlerauge“, der von einem Wolf aufgezogen und ernährt wurde.

....

11 Mixed exercises zum Past Tense

Übung 1 Setze die richtige Verbform in der richtigen Zeit ein.

fascinate – be born – call – develop – found – leave – announce – buy

1. Bill Gates .... in Seattle, Washington, in the year 1955.
2. At the age of 12 he .... already .... by computers.
3. In 1975 Bill Gates and his partner Paul Allen .... a computer-programming language .... BASIC.
4. In the same year Bill Gates .... Harvard University to have more time for his company, Microsoft.
5. In 1989 the Corbis Corporation .... by Gates.
6. Six years later this company .... 16 million photographic images and plans .... to digitize a lot of them.

Übung 2 Übersetze die fehlenden Satzteile.

1. (Gestern schrieb Tom gerade auf seinem Computer) .... when it suddenly crashed.
2. (Er rief seine Freundin Celine an, die versprach) .... to come to his house immediately.
3. After a couple of minutes .... (wurde der Fehler von Celine gefunden).
4. They were playing on the computer .... (als ein lauter Schrei zu hören war).
5. Tom's mother .... (hatte ebenfalls gerade mit ihrem Computer Schwierigkeiten).
6. (Auch Toms Mutter konnte von Celine geholfen werden) ....

Übung 3

Zwei Schüler, Celine und Tom, unterhalten sich über die gestrige Prüfung. Setze die richtigen Verbformen ein.

Celine: Hi, Tom. How .... (it / go) in yesterday's exam?

Tom: Well, in the beginning I .... (think) that I .... (have) all the right answers, but then I .... (see) what the others had written and now I know that I might have failed (*to fail an exam:* eine Prüfung nicht bestehen).

Celine: .... (you / revise) enough?

Tom: Oh yes, I think so. My mother .... (help / me) a lot and even my Dad .... (study) with me. He .... (listen) for over two hours to what I .... (tell) him about the Boston Tea Party and its consequences. But what about you?

Celine: I think I .... (do) alright. In the exam I .... (ask) about Thanksgiving and I .... (be able to tell) the teachers a lot. They .... (be quite pleased) with me.

Tom: You lucky girl. Why .... (I / not / ask) by my teachers about easy stuff like Thanksgiving? I would have known almost everything about that, but in my exam I .... (can / remember / almost) nothing about a war that .... (take place) more than 200 years ago.

Celine: If I were you, I wouldn't worry too much. I'm sure you will pass the exam. By the way, ... (do) you and your friends .... (celebrate) the end of the schoolyear yesterday?

Tom: Yes, we .... (do). We .... (party) all night long. Why .... (be / not / you) there?

Celine: I .... (be / not) there because I .... (not / invite).

Tom: Oh, Celine! I'm so sorry.

12 Das Present Perfect Simple in Aussagesätzen

Das Present Perfect Simple wird verwendet, um anzuzeigen, dass eine Handlung, die in der Vergangenheit begann, in irgendeiner Form einen **Bezug zur Gegenwart** hat.

→ *Karen **has been** to Boston three times so far.*

Bildung

Subjekt +	***have/has*** +	**Past Participle**	
We	***have** never*	***been***	*to Boston before.*

Merke

Signalwörter sind unbestimmte Zeitangaben, die sowohl die Vergangenheit als auch die Gegenwart umfassen, wie z. B.: ***just now, lately, recently, already, finally, at last, this morning*** **(alle Verbindungen mit *this* und *these* + Zeitangaben),** ***today, ever, never, always, so far, yet, since*** **und** ***for***. Im Deutschen wird das Present Perfect oft auch mit dem Präsens übersetzt.

Übung 1

Bilde vollständige englische Sätze im Present Perfect.

1. Aunt Margie / try to call / us / from Boston / several times / today.

   ....

2. She / not see / us / since 1985.

   ....

Übung 2

Finde jeweils das richtige Verb. Setze die richtige Form im Present Perfect ein.

live – know – be terrible – never have – invite – accept – never visit

1. We .... guests from America before.
2. We .... Aunt Margie several times.
3. But this is the first time she .... our invitation.
4. Aunt Margie .... on the East Coast all her life.
5. She .... Germany before.
6. The weather in Boston .... for over a week now.
7. Aunt Margie .... us since we were babies.

Übung 3 **Übersetze ins Englische und verwende das Present Perfect.**

1. Die Kinder haben ihre Tante endlich wiedergesehen.

....

2. Sie hat ihnen ein Buch über Boston mitgebracht.

....

3. Margie ist bis jetzt dreizehn Mal in Europa gewesen.

....

4. Sie hat schon viele Städte und Länder gesehen.

....

5. Sie spielt jetzt seit 20 Jahren Geige bei den Bostoner Philharmonikern.

....

6. Ihr Bruder dirigiert seit 1989 die Boston Pops.

....

7. Wir haben versucht, Karten für das Festival zu bekommen, aber es ist uns noch nicht gelungen.

....

Übung 4 **Übersetze ins Deutsche.**

1. I have read the biography of John F. Kennedy, who was born in Boston.

....

2. Up to now we have never been to Canada, but we have been to almost every state in the US.

....

3. Sarah has been a tourist guide in Boston for five months now.

....

4. Have you ever followed the Freedom Trail in Boston city center?

....

13 Das Present Perfect in Frage und Verneinung

Auch Fragen und verneinte Sätze im Present Perfect schlagen eine Brücke zwischen Vergangenheit und Gegenwart.

→ ***Have** you ever **skied** in Austria? – No, I **have never done** that.*

Bildung

Frage: **have/has** + Subjekt + **Past Participle**
Verneinung: Subjekt + **have/has not** + **Past Participle**

Übung 1

***Since* oder *for*? – Erinnere dich: *since* bezeichnet einen Zeitpunkt, *for* eine Zeitspanne bzw. einen Zeitraum.**

Suzi has not been in Salzburg .... six months. Her boyfriend has been a skiing instructor .... he was 19 years old. Because there are so many people who want to take skiing lessons, she has not seen him .... November, but today is his day off and he and Suzi have been skiing .... at least four hours. Now they are very tired. They go back to the hotel-room where Suzi has been staying .... more than a week now. She turns on her lap-top and goes online, but nobody has mailed her .... yesterday. Suddenly his mobile phone *(dt. Handy)* rings and somebody says that there has been a terrible accident in the mountains. Four people have been buried under masses of snow .... a quarter of an hour. This is the worst accident .... 2006 when two teenagers were missing .... more than three days.

Übung 2

Dein Freund ist Skilehrer in Österreich. Bilde aus den angegebenen Wörtern Fragen im Present Perfect.

1. How many times / be / you / to Austria before?

   ....

2. One of your students / an accident / have / ever?

   ....

3. How long / you / a skiing instructor / be?

   ....

4. You / a lot of money / earn / so far?

   ....

Übung 3

Im Werbeprospekt eines Skiortes in den Alpen kommen die folgenden Sätze vor. Übersetze sie für einen englischen Freund, der dorthin reisen möchte.

1. Haben Sie schon einmal daran gedacht, Ihren Urlaub in unserem hübschen Ort zu verbringen?

   ....

   ....

2. Wir wetten, dass Sie noch nie einen schöneren Sonnenuntergang in den Bergen gesehen haben!

   ....

   ....

3. Und warum haben Sie noch nicht unsere weltberühmten Knödel *(engl. dumpling)* probiert?

   ....

   ....

4. Unsere Gäste haben sich noch nie über lange Schlangen an den Skiliften beschwert!

   ....

   ....

5. Und hohe Preise haben sie hier auch noch nicht bezahlt!

   ....

Übung 4

Setze die richtigen Verbformen und *since* oder *for* in dieses Gespräch zwischen Nancy und Lawrence ein.

N: Joe went skiing two days ago. .... you .... (hear) from him so far?

L: No, I .... (not / see) him .... last Friday.

N: He wanted to call me, but he .... (not / do) so yet.

L: Don't worry too much. I .... (know) Joe .... ages and he .... (never / keep) his promises.

N: I heard on the news this morning that the weather .... (change) in the place where he has been staying .... two days now.

L: All right then. I have the number of his mobile phone. Let's call him.

14 Das Present Perfect Progressive

Das Present Perfect Progressive wird verwendet, um über die **Dauer** von Handlungen oder Vorgängen zu sprechen, die in der Vergangenheit angefangen haben und einen **Bezug zur Gegenwart** aufweisen.

→ *I **have been sending** e-mails all morning.*

Bildung

Subjekt + ***have/has been*** + Grundform + ***ing***

Merke

In der deutschen Übersetzung benutzt man meist das Präsens zusammen mit dem Wort „schon".

Übung 1

Die königliche Hochzeit wird gerade im Fernsehen übertragen. Welcher der deutschen Sätze ist richtig? Kreuze an.

1. I have been watching the Royal Wedding for two hours now.
   - ○ Ich schaue die königliche Hochzeit seit zwei Stunden an.
   - ○ Ich schaue die königliche Hochzeit jetzt schon seit zwei Stunden an.
   - ○ Ich schaute die königliche Hochzeit zwei Stunden an.

2. The sun has been shining since the wedding began.
   - ○ Die Sonne scheint schon seit dem Beginn der Hochzeit.
   - ○ Die Sonne schien seit dem Beginn der Hochzeit.
   - ○ Die Sonne schien gerade, als die Hochzeit begann.

3. The prince has been staring at his bride ever since she entered the church.
   - ○ Der Prinz starrt seine Braut an, seitdem sie die Kirche betrat.
   - ○ Der Prinz starrte seine Braut seit ihrem Betreten der Kirche an.
   - ○ Der Prinz hat seine Braut angestarrt, als sie die Kirche betrat.

4. The Queen Mother has been crying since the couple exchanged rings.
   - ○ Die Königinmutter weinte, seit das Paar die Ringe getauscht hat.
   - ○ Die Königinmutter weint, seitdem das Paar die Ringe tauschte.
   - ○ Die Königinmutter hat geweint, als das Paar die Ringe getauscht hat.

Übung 2 **Present Perfect Simple oder Present Perfect Progressive? Setze die richtige Form ein.**

Ute: Hey, Tony, you look tired. .... (you / work) hard the last few days?

Tony: Oh no. Quite the opposite. I .... (just / arrive) from Los Angeles. It was wonderful over there. I was visiting my big sister. She is a famous actress. She .... (appear) in several films.

Ute: Wow, I'm impressed. It .... (be / always) my dream to go there and become a star. How often .... (you / be) to L.A.?

Tony: I .... (be) there twice. I .... (come back) this morning. By the way, I .... (have read) the book you gave me months ago, but I .... (finish) it yet.

Ute: You can keep it. But let's talk about your sister. How long .... (live) in California?

Tony: Suzanne – that's my sister's name – .... (live) in Beverly Hills for more than five years now. Her husband founded a big studio and he .... (successfully / head) it for a long time now. When I was visiting them he even offered me a small part in the latest movie with Julia Roberts.

Ute: This is hard to believe.

Tony: No, seriously. I .... (take) dance lessons since I was five. For 15 years now I .... (dance) every Friday and Saturday. I am a very good dancer. I .... just .... (win) the national championships for the third time. Don't you believe me?

Ute: Oh, come on. .... (you / really / dance) for such a long time?

Tony: Yeah, sure. Let's dance, and I'll show you!

15 Das Passiv im Present Perfect

Das Passiv im Present Perfect beschreibt, was mit einer Person bzw. Sache in der Vergangenheit **geschehen ist.**
Dieses Geschehen hat bis in die Gegenwart noch seine Bedeutung.

→ *This film* ***has been produced by*** *a man called Broccoli.*

Bildung

Subjekt + ***have/has been*** + **Past Participle**

Übung 1

Bilde vollständige englische Sätze im Present Perfect Passive.

1. Up to now / Universal Studios / visit / millions of people.

....

2. More science fiction movies / than love stories / in recent years / show.

....

....

3. How many films / direct / Steven Spielberg / so far?

....

4. Why / Tom Cruise / not award / yet / an Oscar?

....

5. So far / the latest James Bond movie / see / over 2,000,000 people.

....

....

6. Hundreds of thousands of young actors / attract / over the years / Hollywood.

....

....

Übung 2 **Setze das richtige Verb im Present Perfect Passive ein.**

rent – talk about – just open – invite – fire – hire – sell – exchange

1. A new cinema .... in Hatfield.
2. The new film .... for weeks now.
3. The actress Meg Ryan .... and Julia Roberts .... instead. Since then not a word .... between the two ladies.
4. .... the rights to the film .... to other countries yet?
5. At least 100 cars .... so far during the filming of the new James Bond movie.
6. .... you ever .... to a film premiere?

Übung 3 **Finde die Fehler, streiche sie an und verbessere die Sätze.**

1. She has never be seen in a cowboy film before.

....

2. These horses have not been yet trained.

....

3. Hugh Grant's last film have been in production for over nine months now.

....

4. It has been directed of a very famous woman.

....

Übung 4 **Übersetze folgende Sätze.**

1. Spielbergs neuester Film ist als „exzellent" bezeichnet worden.

....

2. Dieser Film ist für sechs Oscars nominiert worden.

....

16 Die Unterscheidung zwischen Past Tense und Present Perfect

Das **Past Tense** drückt aus, was zu einem bestimmten Zeitpunkt in der Vergangenheit geschehen und jetzt **vorbei** ist.
Das **Present Perfect** beschreibt dagegen, dass etwas in der Vergangenheit geschehen ist, das noch in irgendeiner Form einen **Bezug zur Gegenwart** hat.

→ *Two months ago I* ***met*** *my boy-friend for the first time.*

→ *Since then we* ***have seen*** *each other every day.*

Übung 1 **Verbinde die zueinander passenden Sätze mit einer Linie.**

Robin Hood was once	was called Little John.
He and his men	to hunt and fish in Sherwood Forest.
His best friend	seen Kevin Costner as Robin Hood?
The outlaws never	was married to Robin Hood.
His men wore green	lived of the rich people who passed by.
They never kept	robbed or hurt the poor and needy.
Maid Marian	the stolen things for themselves.
Robin and his men liked	a rich man, but he lost all his money.
Have you ever	so that it was difficult to see them in the forest.

Übung 2 **Bilde vollständige Sätze und verwende die richtigen Vergangenheitsformen.**

1. Ever / you / hear / of Robin Hood?

   ....

2. He / be / a brave and noble man / who / fight for the poor.

   ....

3. In Sherwood Forest / there / be / a camp / where all the outlaws / live / at that time.

   ....

4. Robin / love / by everyone?

   ....

5. Why / steal / Robin Hood / money / from the rich?

   ....

Übung 3 **Streiche die falsche Form durch und verbessere die Sätze.**

1. I did not see a film about Robin Hood in years.

   ....

2. Robin Hood's life was filmed about 20 times so far.

   ....

3. Friar Tuck and Little John have always accompanied Robin.

   ....

4. The merry man of Nottingham has loved his wife madly.

   ....

5. In the 14th century Edward II has been King of England.

   ....

6. Have you seen Robin Hood's statue in Nottingham?

   ....

Übung 4 **Setze die richtige Verbform ein.**

One day when Robin Hood .... (ride) with Little John through Sherwood Forest they .... (hear) loud voices. They .... (come) closer and .... (see) two ladies on white horses. The women .... (surround) by three soldiers who .... (have) swords in their hands. "Go away!" one of the ladies .... (shout). "We .... (be) on our horses for more than two hours and we .... (not want / return) to where we .... (come) from. Let us pass!" But the soldiers .... (not allow) them to continue their ride through the forest. Robin and Little John .... (fight) with the soldiers, ... (defeat) them and .... (rescue) the two ladies. These two women .... (give) Robin a golden ring as a gift because they .... (be) so grateful. In those days a lot of people .... (worship) Robin Hood and .... (think) he .... (be) a great hero.

17 Past Tense oder Present Perfect?

Übung 1

Setze in diesem Dialog zwischen Frank und Karen die richtige Zeit ein.

Frank: Hi, Karen! We .... (not / see) each other for a long time.

Karen: Yes, you're right. The last time we .... (meet) .... (be) at my sister's birthday party last September.

Frank: That's right. I even remember the topic we .... (talk about).

Karen: What .... (be) it? I can't remember.

Frank: Robin Hood and his life in the Middle Ages.

Karen: When .... (you / hear) about him for the first time?

Frank: I .... (hear) about Robin Hood in kindergarten. Our teacher .... (teach) us a song about Robin and Maid Marian and since then I .... (read) a lot about him.

Karen: .... (you / know) that his father .... (be) a brave knight?

Frank: Is that true?

Karen: About 100 years ago people .... (not / know) exactly where his place of birth .... (be) but then they .... (find) his grave in Nottingham.

Frank: No, that's not true. I .... (read) in the newspaper only last week that his grave .... (not / find) yet, and that they are still looking for it.

Karen: Do you know whether the Sheriff of Nottingham ever .... (catch) Robin?

Frank: Yes, I do. I .... (hear) in the news only a couple of days ago that the Sheriff .... (can never get hold of) Robin.

Übung 2 **Vervollständige das Telefongespräch zwischen Mark und Sue.**

Mark: Hello, Sue. This is Mark. .... (you / finish) your homework yet?

Sue: Yes, I .... (have). It .... (be) very difficult to write a dialogue between Robin Hood and the Sheriff of Nottingham. At first I .... (not / know) what I should write about them, but then my little brother .... (come) into my room and .... (disturb) me and suddenly I .... (know) what the two .... (say) to each other.

Mark: You're lucky. Yesterday I .... (be) in the public library and I .... (find) a very interesting book there on the Romans and the Saxons. Unfortunately it .... (not / say) a single word about Robin Hood. Now I .... (think) about this stupid dialogue for hours and my mind is a blank.

Sue: Don't give up, Mark. I'll help you.

Mark: That's very kind of you. I .... (already / write) the beginning of the conversation. Listen, please, and tell me whether you like it or not. "On October 14th, 1066, Duke William of Normandy .... (meet) and .... (defeat) the English army at Hastings, where he .... (kill) King Harold. On Christmas Day a bishop .... (crown) him in Westminster Abbey. From then on his new name .... (be) William I. Later he .... (become know) as William the Conqueror."

Sue: That's very interesting but you .... (not / mention) one single word about Robin so far, have you?

Mark: Oh Sue, you're very impatient. I .... (tell) you just a couple of minutes ago that this dialogue is terribly hard for me.

Sue: Well, why don't you come to my house and we'll do your homework together?

Mark: That sounds wonderful. Thank you so much. I'll be over in a sec.

18 Mixed exercises

Übung 1 **Setze das richtige Verb in der richtigen Zeit ein.**

be – have – used to – call – be – play – sing – write – be – give – win – be – play

When Tom .... a bit younger, he .... do a lot of sports, but now he .... no time for that because every other night he .... in a band in his hometown of Liverpool. The band .... the "Easy Beets". Besides Tom there .... William, the guitarist, James, who .... the piano, and Tom's girlfriend Fiona, who .... and .... beautiful songs about life and love. The three .... so successful that last year they even .... a music contest. The best music group .... a gold medal by Paul McCartney, who .... one of the most famous pop stars in the world.

Übung 2 **Übersetze ins Englische.**

1. Liverpool hat schon immer jungen Musikern die Chance gegeben, vor einem Publikum zu spielen.

   ....

   ....

2. Vor acht Jahren fand der erste Musikwettbewerb für talentierte Jugendliche statt.

   ....

   ....

3. Es gibt einige Gruppen, deren Karriere vor Jahren in einem Pub begonnen hat.

   ....

   ....

4. Natürlich wollen alle jungen Musiker Plattenverträge bekommen.

   ....

5. Aber die meisten von ihnen machen Musik, weil es ihnen einfach großen Spaß macht.

   ....

   ....

Übung 3

Vervollständige den Dialog zwischen Fiona und ihrer Mutter. Benutze dabei die Wörter in Klammern.

Fiona: Mum, I'm going to wash the dishes now.

Mum: That's okay, Fiona. I .... (do / already) it. Are you going to see Grandpa tonight?

Fiona: No, I .... (see) him yesterday.

Mum: Fiona, ... (read / yet) today's newspaper ....?

Fiona: Yes, I .... (have) and it .... (seem) as if I .... (find) an apartment for Tom and myself.

Mum: That's great. .... (let / have) a look.

Fiona: No, Mum. We .... (want / do) this by ourselves. Besides, I .... (call) the landlord an hour ago and he .... (say) that Tom and I could see the flat next Monday.

Mum: .... (think) you two .... (afford / can) the rent?

Fiona: Yes, I .... (think) so. Our fantastic music is going to make us rich!

Mum: Who will buy all the furniture?

Fiona: Tom and I .... (work) in the pub for over two years now. We .... (save) a decent amount and grandpa .... (give) me £300 for my birthday last July. The award we .... (receive) .... (bring) us another £1000.

Mum: Well, I see that you .... (be all settled) then.

Fiona: Yes, Mum. But please .... (not / be) sad when I leave home.

19 Das Past Perfect

Das Past Perfect beschreibt eine Handlung der Vergangenheit. Diese war bereits abgeschlossen, als eine zweite (im Past Tense) begann.

→ *Alex **had** just **closed** his front door when he realized that he **had left** his keys inside.*

Bildung

Past Perfect Simple:

	Subjekt +	***had*** +	**Past Participle**	
After	***I***	***had***	***gone***	*to Bali I went to Peru.*

Past Perfect Progressive:

	Subjekt +	***had been*** +	**Grundform** + ***ing***	
	Sue	***had been smoking***		*for 20 years when she finally gave it up.*

Übung 1

Vervollständige die Sätze im Past Perfect.

Alex wanted to go to Washington because he .... (read) so much about it. After he .... (check) into his hotel he had a look around the city. As soon as Alex .... (find) the Library of Congress he went in. By nightfall Alex .... (walk) all over downtown Washington all day, and he was very tired. After he .... (return) to the hotel his mother called him. She told him that she .... (visit) Washington D.C. in 1964. Until that year, she said, people who lived in Washington .... (not / have) the right to vote for the president. As soon as they .... (finish talking) Alex went to bed. The next day he went to the National Space Museum because his mother .... (give) him a very interesting book about it. After Alex .... (see) the stones from the moon, he left for the U.S. Holocaust Memorial Museum. Unfortunately, it .... (already / close) by the time he got there, and he .... (forget) to buy a ticket in advance.

Übung 2 **Finde ein passendes Verb und setze es ins Past Perfect Progressive.**

1. The Bartons moved into a big house in Washington last month. They .... in a very small one with only two bedrooms.
2. When I arrived at the Bartons', I was very late. The Bartons were rather annoyed because they .... a long time for me.
3. We .... at the dining room table for ten minutes when we noticed smoke coming out of the kitchen.
4. Pat Barton .... on the phone for at least twenty minutes before she suddenly remembered her cake in the oven.

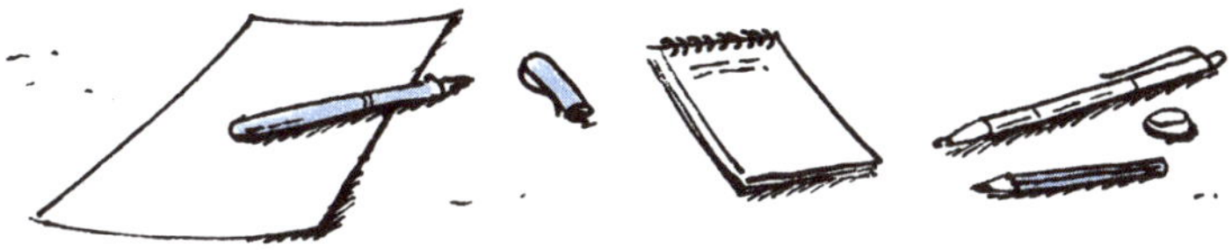

Übung 3 **Übersetze die fehlenden Satzteile ins Englische.**

1. ....
(Nachdem der Kongress lange debattiert hatte) about where the capital could be, they decided to build Washington for that purpose.
2. ....
(Nachdem die Bevölkerung auf ca. 800.000 Menschen angewachsen war) people began to think about constructing a subway system.
3. ....
(Nachdem Alex sich einen Stadtplan von Washington gekauft hatte) he started his sightseeing tour.
4. ....
(Als Alex das Lincoln Memorial besichtigt hatte) he went to Capitol Hill.
5. ....
(Nachdem er an einer Führung im Capitol teilgenommen hatte) he went down Pennsylvania Avenue.
6. Before he got into the White House (hatte er sich drei Stunden lang für eine Eintrittskarte ins berühmteste Haus der Welt angestellt.) ....

20 Die Unterscheidung zwischen Simple Past und Past Perfect

In der Vergangenheit spricht man oft über mehrere Geschehnisse. Will man die **Abfolge** von zwei Geschehen in einem Satz ausdrücken, so benutzt man:
- für das, was sich **zuerst** ereignete, das **Past Perfect** und
- für das, was **folgte**, das **Simple Past.**

→ *After Lynn **had eaten** three pieces of cake, she **didn't feel** too well.*

Übung 1 **Vervollständige das Gespräch zwischen Rory und Lynn.**

Rory: Hi, Lynn! I heard you .... (be) on vacation last week.

Lynn: Hi, Rory! You .... (hear) right. I was sailing off Cape Cod.

Rory: That sounds great, but .... (be) you all by yourself?

Lynn: Oh no! My boyfriend .... (come) me.

Rory: .... (he / have) time for that? I thought he was preparing for his final exams at the university.

Lynn: Oh, Rory, you .... (get) it all mixed up. After Bill – that's my boyfriend's name – .... (pass) all his exams, he .... (drive) with me from New York to Cape Cod. The journey .... (take) us almost three days, because our old car .... (break) down. But as soon as it .... (repair) by a friendly mechanic, we .... (be able / continue) our trip to Hyannisport.

Rory: Now, that's interesting. Isn't that the village where John F. Kennedy .... (own) a summer home?

Lynn: That's right. So after we .... (rent) a sailing boat we .... (go) out into the open sea and I .... (have) the time of my life. The sun .... (shine), the wind .... (blow) ... Why don't you come with us next time?

Rory: Thanks for the invitation! I'll think about it.

Übung 2 **Verbinde jeweils zwei Sätze mit Hilfe des Past Perfect.**

1. Lynn and Bill sailed round the Cape. They returned to the harbour to have dinner.

   After ....

   ....

2. They changed their clothes. The two of them went to a luxurious restaurant.

   As soon as ....

   ....

Übung 3 **Dolmetsche den Dialog zwischen Bill und Daniel.**

Daniel: Hallo Bill, wie geht es dir?

....

Bill: I'm fine, thanks, but my girlfriend is not feeling well.

....

Daniel: Was ist passiert?

....

Bill: Last week we were fishing on the Florida Keys. After we had found a boat to take us out into the open sea, we threw out our lines. Suddenly we saw a black shadow under the surface of the water.

....

....

....

Daniel: Was ist daran so besonders?

....

Bill: As soon as we had seen it the shadow swam very close to our boat.

....

Daniel: Was war denn das?

....

Bill: It was a huge shark and my girlfriend was so terrified that she went into shock.

....

....

Daniel: Das ist ja schrecklich.

....

21 Die Formen von *to be*

In allen zusammengesetzten Zeiten sowie bei allen Passivformen spielt das Hilfsverb *to be* eine wichtige Rolle. Deshalb sollen die Formen von *to be* hier noch einmal gesondert geübt werden.

Übung 1

Der folgende Text stammt aus einem Reisebericht. Unterstreiche alle Formen von *to be* und ordne sie den unten aufgeführten Zeitformen zu.

Travel in Australia is more than just sun and fun. Until a few years ago there were a lot of tourists who came to Australia only because of the scenery and the kangaroos, but today more and more tourists are in Australia because they want to enjoy the Australian way of life. Says Will van Dam: "This is the second time in my life I have been here, and this is the third time my wife has been in Australia. The first time that I was in Sydney and Adelaide. After I had been in these big cities for more than two weeks I took a wonderful trip in a boat through the waterways of the northern tropics."

1. Present Tense ....
2. Past Tense ....
3. Present Perfect ....
4. Past Perfect ....

Übung 2

Bilde Fragen, auf die die unterstrichenen Ausdrücke Antwort geben.

1. Brisbane is in <u>Queensland, Australia</u>.

   ....

2. <u>Captain Cook</u> was a famous traveller who explored the seas around Australia.

   ....

3. People who look for gold in the ground are called <u>gold diggers</u>.

   ....

4. <u>Less than 2 per cent</u> of Australia's population are Aboriginals.

   ....

5. A plane ticket from Perth to Canberra is <u>$75</u>.

   ....

6. <u>In 2003</u> there were 4.7 million visitors in Australia.

   ....

Übung 3

Deine Schule hat eine E-Mail-Partnerschaft mit einer Schule in Australien angefangen. Deine Partnerin, eine australische Ureinwohnerin, mailt dir zum ersten Mal. Setze die fehlenden Formen von *to be* ein.

Hello, Tanja. My name .... Toolah. I .... an Australian Aboriginal and I .... 13 years old. My home country, Australia, ... very, very big – almost twice as large as Western Europe. My hobbies .... reading and jogging. There .... seven people in my family, three children, four adults and a lot of animals. .... you coloured or .... you a white girl? My brother says that in Germany all the people .... white. .... that right? .... you ever .... to Australia? I .... never .... outside my village which .... in the Northern Territory. Oh no, sorry, that .... wrong. When I .... about five years old, I .... bitten by an emu. An emu .... a big bird, you know. After I .... dizzy for several minutes my mother called the Flying Doctors who flew us to Darwin. My mother and I .... in a hospital in Darwin for two days before we .... allowed to return home. Now I have told you so much about me, please tell me everything there .... to know about you!

Love, Toolah

Übung 4

Übersetze folgende Sätze.

1. Es gibt keine Insel, die so groß ist wie Australien.

   ....

2. Vor nicht allzu langer Zeit gab es in Australien viele verschiedene Arten von Koalabären.

   ....

   ....

3. Heutzutage sind die Koalas die Lieblingstiere vieler Touristen.

   ....

4. Hat es jemals Flamingos in Australien gegeben?

   ....

22 Unregelmäßige Verben

Übung 1

Finde die richtigen Past Tense-Formen. Die jeweiligen Infinitive findest du unter dem Rätsel.

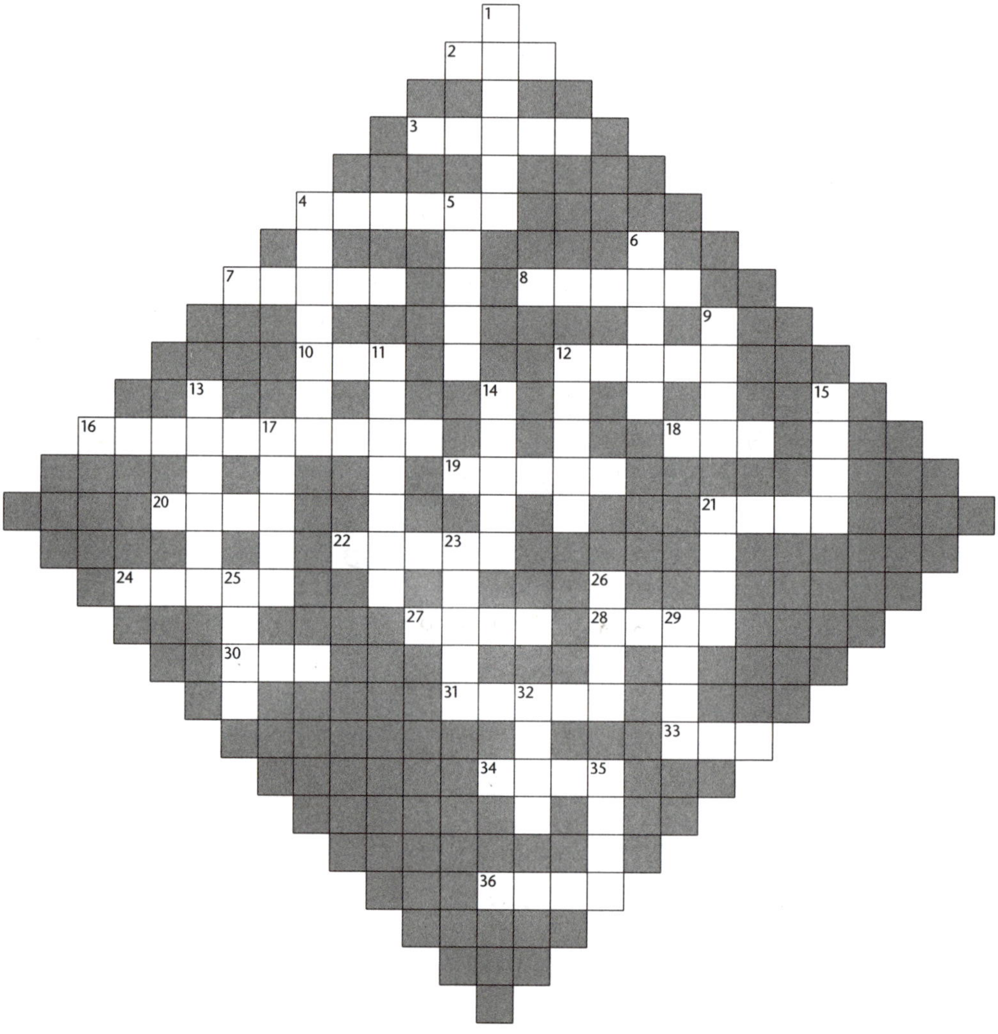

Waagerecht: 2. have, 3. begin, 4. buy, 7. break, 8. write, 10. get, 12. speak, 16. understand, 18. eat, 19. find, 20. come, 21. shut, 22. choose, 24. spell, 27. fall, 28. lose, 30. feed, 31. throw, 33. meet, 34. sing, 36. make

Senkrecht: 1. catch, 4. bring, 5. hear, 6. stand, 9. beat, 11. think, 12. shine, 13. become, 14. drive, 15. go, 17. sleep, 21. send, 23. spend, 25. leave, 26. blow, 29. swim, 32. read, 35. give

Übung 2 Ergänze die fehlenden Formen der unregelmäßigen Verben.

take		
	stole	
	ran	
lose		
	forgot	
		given
cut		
	dug	
		built
	did	
grow		
	knew	
hurt		
		gone
	found	
feel		
		drunk
see		
	left	
hold		
		been
lend		
	sold	
shut		
		shot
	won	
fly		
		taught
ring		
	paid	

23 Test zu den bisher gelernten Tenses

Übung 1

Die 15-jährige Lucy und ihre gleichaltrige Freundin Claire unterhalten sich in einem New Yorker Café. Setze die Verbformen in der richtigen Zeit ein.

Lucy: Hello, Claire. How .... (you / be)?

Claire: Fine, thanks. How about yourself?

Lucy: Oh, I .... (be) okay, but .... (you / hear) the latest news about Ralph?

Claire: You .... (mean) the boy who .... (come) into our class for the first time two weeks ago?

Lucy: Yeah, that .... (be) him. Matt, my boyfriend, ... (be) at Colthard High School on 57th Street with him. Guess what he .... (tell) me about Ralph.

Claire: I .... (not / have) the slightest idea.

Lucy: They .... (say) that Ralph .... (sell) drugs.

Claire: I .... (not / believe) such nonsense. Ralph .... (seem) to be such a nice guy. He even .... (help) me with my maths homework the other day. I .... (hate) maths and when I .... (ask) him to come over to my house he .... (agree) at once. Even my mother .... (chat) with him a bit. Afterwards she .... (say), “What a nice boy. I .... (hope) you and he .... (spend) more time together.”

Lucy: Now .... (listen), Claire. Matt .... (see) Ralph in a very dangerous part of New York yesterday. He .... (talk) to two guys who .... (hand) him a couple of dollar bills.

Wenn du mehr über Lucy, Claire, Matt und Ralph wissen möchtest, dann fülle auch noch den Test auf S. 51 aus. Wenn du für heute genug geübt hast, dann rechne deine Note aus:

Für jede richtige Verbform bekommst du 2 Punkte. Bei einem Rechtschreibfehler musst du dir einen halben Punkt wieder abziehen.

50 Punkte – 44 Punkte	= Note 1	30,5 Punkte – 24,5 Punkte	= Note 4
43,5 Punkte – 37,5 Punkte	= Note 2	24 Punkte – 18 Punkte	= Note 5
37 Punkte – 31 Punkte	= Note 3	ab 17,5 Punkte	= Note 6

Übung 2

Hier ist die Fortsetzung der Unterhaltung zwischen Lucy und ihrer Freundin Claire. Setze die Verbformen in der richtigen Zeit ein.

Claire: And what .... (happen) then?

Lucy: It .... (be) late at night and Ralph .... (give) the men something Matt .... (not / can / see).

Claire: This .... (sound) unbelievable. And what .... (Matt / do) in a place like that late at night?

Lucy: He and his family .... (drive) home from Broadway, where they .... (see) a wonderful play with Nicole Kidman. And while they .... (go) through this part of town, they .... (see) Ralph standing there dealing drugs.

Claire: Sorry, Lucy, I still .... (not / believe) you.

Lucy: But look, ... (Ralph / come). Hello, Ralph.

Ralph: Hello, you two. Oh, what a night I .... (have) yesterday.

Lucy: We would love to hear about it.

Ralph: Last night, I .... (be) out with my parents. We .... (be) on Broadway watching a wonderful play …

Lucy: … with Nicole Kidman.

Ralph: That .... (be) right. We .... (just / walk) home when I suddenly .... (step) on a wallet (dt. Geldbörse). I .... (it / pick up) and .... (find) $1,000 in it. Then we .... (notice) two men who .... (look) for something. It was their wallet, so I .... (return) it to them. I .... (give) a $100 reward.

Claire: Oh Ralph, I .... (be) so glad to hear that. Why .... (you / come) home with me and .... (help) me with my maths? Bye, Lucy!

Notenschlüssel:

52 Punkte – 46 Punkte	= Note 1	31,5 Punkte – 26,5 Punkte	= Note 4
45,5 Punkte – 39,5 Punkte	= Note 2	25 Punkte – 19 Punkte	= Note 5
38 Punkte – 32 Punkte	= Note 3	ab 18,5 Punkte	= full house

24 Übersicht über die Zeiten

Übung 1

Ergänze die fehlenden Zeitformen im Aktiv.

Simple Present	Present Progressive	Simple Past	Present Perfect	Past Perfect
		I accepted		
you rise				
			he has taken	
	she is helping			
				it had declined
		we shared		
you praise				
			they have struck	
		I got to know		
you point				
				he had employed

Übung 2 **Ergänze die fehlenden Zeitformen im Passiv.**

Simple Present	Present Progressive	Simple Past	Present Perfect	Past Perfect
		I was accepted		
you are shaken				
			he has been taken	
	she is being helped			
				it had been declined
		it was shared		
you are praised				
			they have been elected	
		I was told		
it is pointed out				
				he had been employed

Teil I:
Deutsch

Aufsatz: Erörterung

Lösungen mit Beispielaufsätzen

12 | 13

B Mündliches Argumentieren
1. Diskutieren

Übung 1

1. Mustafa unterstellt Tobi, er habe gegenüber Ingo Vorurteile: Zeile 3.
2. Mustafa macht Mara Unterstellungen: Zeile 14 und 16.
3. Tobi lässt Mara nicht einmal ausreden: Zeile 18.
4. Mara gebraucht ein für ihre Gesprächspartner möglicherweise unverständliches Fremdwort: Zeile 12.

Übung 2

Tobi, wohl der Jüngste von den Dreien, braucht in Sachen Diskutieren noch einigen Nachhilfeunterricht. Mit den Argumenten seiner Gesprächspartner setzt er sich gar nicht erst auseinander. Und statt seinen Standpunkt, wonach Ingo von der Schule fliegen soll, durch eigene Argumente zu untermauern, begnügt er sich im Wesentlichen mit der Behauptung *Ein Skin hat an unsrer Schule nichts zu suchen* (Z. 2), die er später nur sprachlich leicht abwandelt (Z. 8, 18). Gewöhne dir an, deinen Standpunkt stets zu begründen, auch wenn er dir ganz selbstverständlich erscheint.

Mustafa, der gegen den Schulausschluss ist und nur fordert, dass Ingo die *Schmiererei* selbst wieder beseitigt (Z. 3f.), hat für diesen Standpunkt zumindest Argumente: *Das war nicht mehr als Sachbeschädigung* (Z. 4f.), *Meinungsfreiheit muss sein* (Z. 9f.) und *Du kannst einen Skin nicht ernst nehmen* (Z. 23). Allerdings ist sein erstes Argument zu subjektiv (Ein Hakenkreuz ist doch nicht einfach irgendeine *Schmiererei*!), die beiden weiteren Argumente sind zu pauschal, als dass sie dem vorliegenden Fall gerecht würden. Mustafa ist nicht darum bemüht, die tieferen Ursachen für Ingos Fehlverhalten aufzudecken.

Mara hat eindeutig die besten Argumente. Aber sie ist wohl auch die Älteste von den dreien. Sie setzt sich mit Mustafas Argumenten kritisch auseinander, nicht um ihn lächerlich zu machen, sondern um ihm klarzumachen, dass sein Standpunkt dem Ernst der Angelegenheit nicht gerecht wird. Ihre eigene Position, man dürfe Ingo nicht vom Unterricht ausschließen (Z. 20f.), sondern müsse mit ihm reden, begründet sie zum einen mit dem überzeugenden Argument, Ingo habe *ja nun gar nicht mehr die Möglichkeit zu erklären, warum er das Hakenkreuz schmieren wollte* (Z. 21f.). Und auch ihr zweites Argument, Ingos Fehlverhalten sei mit Problemen im Elternhaus in Verbindung zu bringen (Z. 26f.), leuchtet ein, zumal Mara es durch die Berufung auf einen Zeitungsbericht (Z. 28f.) abstützen kann.

2. Die Diskussion leiten

14 15

Übung

An der ersten mit *(!)* gekennzeichneten Stelle kommt Nadja Pflicht Nr. 2a nicht nach. Sie hätte in etwa sagen müssen: „Zur Dekoration hat niemand mehr was zu sagen? Falls noch jemand was zur Dekoration sagen möchte, dann ziehe ich ihn vor."

An der zweiten mit *(!)* gekennzeichneten Stelle kommt Nadja Pflicht Nr. 2b nicht nach. Sie hätte in etwa sagen müssen: „Lass die Anmache. Das gehört nicht hierher. Wir wollen eine sachliche Diskussion führen."

An der dritten mit *(!)* gekennzeichneten Stelle kommt Nadja Pflicht Nr. 3a nicht nach. Sie hätte in etwa sagen müssen: „Für alle, die das nicht verstanden haben: Kevin meint ein Fest nur für Reiche."

16 | 17

C Das Thema erschließen
1. Grundbegriffe: These, Antithese, Synthese

Übung 1

	feststellende These	wertende These
1. Junge Menschen leben oft bis über das 20. Lebensjahr …	[X]	[ ]
2. Es ist gut, wenn junge Menschen bis über das 20. …	[ ]	[X]
3. Es ist schlecht, dass wir uns für kranke und alte …	[ ]	[X]
4. Immer mehr Menschen verbringen ihren Lebensabend …	[X]	[ ]

Übung 2

Lösungsvorschlag:

	feststellende These	wertende These
1. Es ist schlecht, wenn ein Schüler wegen schlechter Noten bestraft wird.	[ ]	[X]
2. Es ist gut, wenn der Schulunterricht durch Hausaufgaben ergänzt wird.	[ ]	[X]
3. *Umformulierung nicht möglich.*	[X]	[ ]
4. Es ist gut, dass die Gesamtschule die Stärken und Schwächen des einzelnen Schülers besser berücksichtigen kann.	[ ]	[X]

Übung 3

Lösungsvorschlag:

2. Antithese: Die Haltung gefährlicher Tiere sollte in Privathaushalten erlaubt sein.
3. Antithese: Informatik sollte an keiner weiterführenden Schule Pflichtfach sein.

Übung 4

Lösungsvorschlag:

1. These: Schüler sollten in den Sommerferien für Geld arbeiten.
Antithese: Schüler sollten nicht in den Sommerferien für Geld arbeiten.
Synthese: Schüler sollten nur dann in den Sommerferien für Geld arbeiten, wenn ihre schulischen Leistungen gut sind.

2. These: Wir sollten noch weitere Autobahnen bauen.
Antithese: Wir sollten keine weiteren Autobahnen mehr bauen.
Synthese: Wir sollten nur noch die unbedingt nötigen Autobahnen bauen.

3. These: Das Rauchen sollte überall im Schulgebäude und für alle Schüler verboten sein.
Antithese: Das Rauchen sollte überall im Schulgebäude und für alle Schüler erlaubt sein.
Synthese: Das Rauchen sollte nur im Raucherzimmer und nur für Oberstufenschüler erlaubt sein.

18 | 19

2. Die steigernde Erörterung

Übung 1

1. Immer mehr Jugendliche behalten bei der Erledigung ihrer Hausaufgaben den Walkman auf. Stelle die Nachteile dieser Gewohnheit dar.	Immer wieder lassen sich Jugendliche zu gewalttätigen Ausschreitungen hinreißen.
2. In den Medien wird immer wieder von gewalttätigen Ausschreitungen Jugendlicher berichtet. Nenne Gründe für die Gewaltbereitschaft vieler Jugendlicher.	Es ist gut, dass es an unserer Schule kein Raucherzimmer gibt.
3. Warum es an unserer Schule kein Raucherzimmer geben soll.	Es ist schlecht, dass immer mehr Jugendliche bei der Erledigung ihrer Hausaufgaben den Walkman aufbehalten.

Übung 2

	Ursachen-analyse	Folgen-analyse	Vorschläge zur Behebung eines Missstandes
1. Viele Jugendliche verbringen einen Großteil ihrer Freizeit vor dem Computer. Was sind …	☐	☒	☐
2. Der Rauschgiftkonsum in der Bundesrepublik stellt nach wie vor ein ernst zu nehmendes …	☒	☐	☐
3. Arbeitslosigkeit und kein Ende – auch viele Jugendliche sind betroffen. Nenne Ursachen …	☒	☐	☒

Übung 3

	nur These	These **oder** Antithese
1. Welche Gründe sprechen für oder gegen den Beitritt zu einem Sportverein?	☐	☒
2. Das Erlernen eines Musikinstruments ist eine sinnvolle Freizeitbeschäftigung.	☒	☐
3. Projekttage sind eine sinnvolle / überflüssige Einrichtung	☐	☒
4. Warum ich (k)eine Karriere als Leistungssportler anstrebe.	☐	☒

20 : 21

3. Die dialektische Erörterung

Übung 1

Lösungsvorschlag:

1. These:	Es ist gut, wenn die Läden länger geöffnet haben.
Antithese:	Es ist schlecht, wenn die Läden länger geöffnet haben.
2. These:	Es ist gut, wenn man eine feste Partnerschaft im Jugendalter hat.
Antithese:	Es ist schlecht, wenn man eine feste Partnerschaft im Jugendalter hat.
3. These:	Es ist gut, wenn man nach der 10. Klasse für ein Jahr ins Ausland geht.
Antithese:	Es ist schlecht, wenn man nach der 10. Klasse für ein Jahr ins Ausland geht.

Übung 2

Folgende Synthesen sind leider missglückt und waren durchzustreichen:

1. ~~Andere Frauen mögen mit Männern gute Erfahrungen gemacht haben, ich nicht. Darum will ich mein Lebtag lang Single bleiben.~~
   Hier wird das Thema in unzulässiger Weise ausgeweitet: Es geht nur darum, ob eine feste Partnerschaft im Jugendalter sinnvoll ist oder nicht.
2. ~~Bei allem Respekt vor Fernweh, ich würde mir lieber mal dort, wo ich wohne, ein Freijahr gönnen.~~
   Auch hier wird das Thema gesprengt: Ein „Freijahr" am Wohnort steht gar nicht zur Debatte.

Übung 3

Lösungsvorschlag:

1. Debora hat übersehen, dass es nicht um den Beruf fürs Leben geht, sondern nur um eine Beschäftigung <u>für ein Jahr</u>.
   → *Über kompliziertere Themafragen verschaffst du dir am besten mithilfe der sogenannten **W-Fragen** Klarheit: Wer soll anbieten? Der Staat. Was soll er anbieten? Eine Beschäftigung. Wem soll er sie anbieten? Hauptschülern, die keinen Ausbildungsplatz finden. Für wie lange? Für ein Jahr. Wo? Im Bereich Umweltschutz.*
2. Tilman schreibt keine dialektische Erörterung, wie verlangt, sondern eine steigernde Erörterung: Er untersucht die Ursachen eines Missstandes und macht Vorschläge zur Abhilfe.
3. Dominik versteht den Ausdruck „öffentlicher Personennahverkehr" (= öffentliche Busse, Nahverkehrszüge usw.) falsch. Für ihn gehören auch die öffentlichen Straßen dazu.
   → *Wähle ein Thema nur, wenn du es auch hundertprozentig verstehst!*

Übung 4

	steigernde Erörterung	dialektische Erörterung
1. In der Stadt oder auf dem Land: Wo lebt sichs besser?	☒	☐
2. Angehörige der unterschiedlichsten Staaten und …	☐	☒
3. Manche Menschen meinen, ihre Stimme …	☐	☒
4. „Leistung muss sich lohnen." Warum ich dieser …	☒	☐

D Stoffsammlung

1. Grundbegriffe I: Argument und Unterargument

22 | 23

Übung 1

Thesen
1. Jugendliche sollten mit Freunden Urlaub machen.
2. Hausaufgaben sind eine sinnvolle Ergänzung zum Schulunterricht.
3. Jugendliche sollten kein Musikinstrument erlernen.

Argumente
Sonst würde der in der Schule behandelte Stoff gleich wieder vergessen.
Aufwand und Ergebnis stehen zueinander in keinem Verhältnis.
Jugendliche lernen, ihre Freizeit eigenverantwortlich zu gestalten.
Die Belästigung für die Nachbarn ist nicht zu unterschätzen.
Man wüsste am Nachmittag oftmals nichts mit sich anzufangen.
Jugendliche lernen, sich in eine Gruppe Gleichaltriger einzufügen.

Übung 2

1. These: Es ist nicht sinnvoll, vom Fahrrad aufs Mofa umzusteigen.
- [x] Das Fahrrad ist billiger.
- [ ] Die Reparaturkosten fürs Fahrrad sind geringer.
- [ ] Für das Fahrrad braucht man keine Versicherung zu zahlen.

2. These: Schüler sollten während der Schulzeit jobben.
- [ ] Viele Schüler sparen auf einen Urlaub in Übersee.
- [x] Immer weniger Schüler kommen mit ihrem Taschengeld aus.
- [ ] Immer mehr Schüler legen Wert auf teure Markenkleidung.

3. These: Immer mehr Kinder werden von ihren Eltern geschlagen.
- [ ] Die meisten Eltern haben keine Ausbildung als Erzieher.
- [ ] Es gibt immer mehr schwer erziehbare Kinder.
- [x] Viele Eltern fühlen sich von der Aufgabe, ihre Kinder zu erziehen, überfordert.

Übung 3

Lösungsvorschlag:

1. Argument: Autobahnen zerstören die Umwelt.
2. Argument: Jugendliche können die hohen Erwartungen der Erwachsenen nicht erfüllen.
3. Argument: Der Luftverkehr wird immer billiger.

24 | 25

2. Grundbegriffe II: Beleg

Übung 1

	Unter-argument	konkretes Beispiel
1. **These:** Jugendliche sollten einem Fußballfanklub beitreten. Argument: Durch den Beitritt zu einem Fußballfanklub gewinnt man viele Freunde. Natan, meinen besten Freund, habe ich in einem Fußballfanklub kennengelernt.	☐	☒
2. **These:** Möglichst viele Ausländer sollten die deutsche Staatsbürgerschaft erhalten. Argument: Ausländer haben weitgehend auch dieselben Pflichten wie Deutsche. Auch Ausländer müssen Steuern zahlen.	☒	☐
3. **These:** Lügen haben kurze Beine. Argument: Wer lügt, schadet sich selber. Wer ständig lügt, steht bald ohne Freunde da.	☒	☐
4. **These:** Es ist sinnvoller, die Ferien am Meer zu verbringen als im Gebirge. Argument: Im Gebirge ist das Wetter nicht so beständig. Mein Freund Jan konnte für eine Woche die Hütte nicht verlassen, weil nachts ein Meter Neuschnee gefallen war.	☐	☒

Übung 2

1. Belegtyp: Berufung auf eine allgemein anerkannte Wahrheit.
2. Belegtyp: Berufung auf einen allgemein anerkannten ethischen Grundsatz.
3. Belegtyp: Hinweis auf Folgen.
4. Belegtyp: Berufung auf eine Autorität.
5. Belegtyp: Berufung auf einen vergleichbaren Fall.

3. Die Stoffsammlung ordnen

26 | 27

Übung 1

1. Argument: Jugendliche unterschiedlicher Herkunft besuchen oft unterschiedliche Schulen.
Beleg: Aus einer Untersuchung der Zeitschrift „Moderne Schule" geht hervor: Am Gymnasium beträgt der Anteil ausländischer Schüler nur 3%.
2. Argument: Schon die Elterngeneration hat Vorbehalte gegenüber Freundschaften mit Menschen anderer Herkunft.
Unterargument a): Zwischen Erwachsenen unterschiedlicher Herkunft gibt es kaum Freundschaften.
Unterargument b): Viele Eltern sehen es nicht gern, wenn ihre Kinder mit Jugendlichen anderer Herkunft befreundet sind.
Beleg a): Deutsche Eltern befürchten mehr Straftaten wegen des Umgangs mit ausländischen Jugendlichen.
Beleg b): Muslimische Eltern befürchten Verführung zum Alkoholkonsum.
3. Argument: Jugendliche haben oft nicht die Geduld oder die Gelegenheit, sich auf Gleichaltrige mit anderem kulturellem Hintergrund einzulassen.
Unterargument a): Jugendliche haben oft nicht die Geduld, sich auf jemanden einzulassen, dessen Muttersprache nicht die eigene ist.
Beleg: Ich werde z. B. schon ungeduldig, wenn mich meine kleine Schwester nicht gleich versteht.
Unterargument b): Viele ausländische Jugendliche fahren in den Ferien lieber in ihre Heimatländer, als gemeinsam mit deutschen Altersgenossen Urlaub zu machen.

→ ***Eine Ausformulierung dieser Erörterung findest du auf Seite 235 f.***

Übung 2

Lösungsvorschlag:
1. Argument: Das Internet stellt eine Fülle von Informationen zur Verfügung.
Unterargument a): Das Internet liefert Infos, die man für die Schule braucht.
Beleg: Erst neulich hab ich Infos für ein Biologiereferat aus dem Netz geholt.
Unterargument b): Das Internet liefert Infos, die einen selbst interessieren.
Beleg: Meine Freundin hat ihre Infos über Jazzveranstaltungen meist aus dem Internet.
2. Argument: Das Internet bietet die Möglichkeit, Informationen weiterzugeben.
Unterargument a): Auf der Homepage kann ich mich und meine Familie vorstellen.
Beleg: Ich glaube, Selbstdarstellung ist eine Art Grundbedürfnis des Menschen.
Unterargument b): Mit E-Mail kann man bequem Nachrichten versenden.
Beleg: Seitdem ich online bin, erhalte ich fast so viele E-Mails wie Briefe.
Antithese: Ich halte einen privaten Internetanschluss nicht für sinnvoll.
1. Argument: Die Beschäftigung mit dem Internet ist sehr zeitraubend.
Unterargument a): Es bleibt zu wenig Zeit für die Hausaufgaben.
Beleg: Kürzlich saß ich noch nach Mitternacht an meiner Mathehausaufgabe.
Unterargument b): Es bleibt zu wenig Zeit für Freunde.
Beleg: Seitdem mein Freund Internet hat, hat er keine Zeit mehr für mich.
2. Argument: Die Beschäftigung mit dem Internet gefährdet die Gesundheit.
Unterargument a): Die Augen werden stark belastet
Beleg: Viele Jugendliche brauchen jetzt schon eine Brille.
Unterargument b): Das viele Sitzen kann Haltungsschäden verursachen.
Beleg: Laut einer Studie in „Gesund leben" haben Haltungsschäden stark zugenommen.

28 29

3. Die Stoffsammlung ordnen
(Fortsetzung)

Übung 3

1. Argument Nr. 11 ist zu streichen, weil es nicht stichhaltig ist.
2. Argument Nr. 5 ist zu streichen, weil es in Argument Nr. 3 mit enthalten ist.
3. Eines der beiden Argumente Nr. 2 und Nr. 9 ist zu streichen, weil sie in unversöhnlichem Widerspruch zueinander stehen.
4. Argument Nr. 4 steht in einem gewissen Widerspruch zu Argument Nr. 8. Die beiden Argumente sind gegeneinander abzuwägen.

Übung 4

Lösungsvorschlag:
Nur in Fall 2 sind die Argumente sinnvoll geordnet. Ähnliche Argumente folgen aufeinander: Die ersten beiden Argumente betreffen die Finanzen, die darauf folgenden drei Argumente betreffen die Hausarbeit und die Beschäftigung mit den Kindern, die letzten drei Argumente betreffen den Kontakt zu anderen Leuten und die Anerkennung durch diese. Auch die Regel „Vom schwächeren zum stärkeren Argument" wurde eingehalten.
Dabei ist freilich zu beachten: Was das stärkere Argument ist, ist oft Ermessenssache. Nicht jeder wird der Auffassung zustimmen, dass gesellschaftliche Anerkennung wichtiger ist als finanzielle Sicherheit.

4. Einleitung und Schluss

30 | 31

Übung 1

	Nr.
Thema: „Warum Jugendliche (k)ein Musikinstrument erlernen sollten." Meine Eltern haben mich mit fünf Jahren …	1
Thema: „Immer mehr Jugendliche legen Wert auf teure Markenkleidung. Sind Klamotten wirklich so wichtig?" …	6
Thema: „Was spricht dafür, was spricht dagegen, sich im Leben von Idolen leiten zu lassen?" …	7
Thema: „Immer mehr Jugendliche greifen zu Drogen. Was sind die Ursachen, was kann man dagegen tun?" …	2
Thema: „Warum Sexualstraftäter (nicht) noch härter bestraft werden sollten." In letzter Zeit berichteten die Medien immer wieder …	3
Thema: „Unser Wald ist krank. Was sind die Ursachen, was könnte dein Beitrag zur Gesundung des Waldes sein?" …	4
Thema: „Warum schließen Jugendliche unterschiedlicher Herkunft nur selten Freundschaft?" …	5

Übung 2

	Nr.
Übrigens: Nicht nur die Luftverschmutzung ist ein sehr ernst zu nehmendes Umweltproblem, sondern auch die Verunreinigung von Boden und Wasser. Nur …	5
Für den Fall, dass kein wirkliches Umdenken in dieser Frage stattfindet, wage ich eine düstere Prognose: Die Atemwegserkrankungen werden weiter zunehmen, vielleicht …	1
Soweit ich sehe, hat es in der Frage, wie die Luftverschmutzung entscheidend reduziert werden kann, bislang keinen wirklichen Durchbruch gegeben. Vor allem …	2
Wie schon eingangs klargestellt, hat es aber wenig Sinn, wenn nur der Einzelne etwas gegen Luftverschmutzung tut. Nur wenn auch die Industrie zur Reinhaltung der Luft …	4
Wartet nicht, bis die Industrie zu mehr Rücksicht auf die Umwelt verpflichtet wird! Kauft schon jetzt nur noch Produkte, die von umweltbewussten Herstellern stammen!	3

32 | 33

E Gliederung

1. Die Gliederung der steigernden Erörterung I: Buchstaben-Ziffern-System

Übung

Lösungsvorschlag:

A Einige Schüler planen, eine neue Schülerzeitung zu gründen.

B

- I. Es ist sinnvoll, an einer Schülerzeitung mitzuarbeiten.
  1. Man erntet Anerkennung, ja Bewunderung.
  2. Man hat Einfluss auf seine Mitmenschen.
  3. Selbstständiges Arbeiten in einer Gruppe von Gleichgesinnten macht Spaß.
  4. Eine Schülerzeitung trägt zur Besserung des Schulklimas bei.
  5. Man erwirbt Fähigkeiten, die man auch im späteren Leben brauchen kann.
     - a) Man schult seine Ausdrucksfähigkeit.
     - b) Man lernt, gesellschaftlich zu denken.
     - c) Man erwirbt PC-Kenntnisse.
     - d) Man erhält einen Einblick ins Geschäftsleben.
     - e) Man lernt, eigenverantwortlich im Team zu arbeiten.
- II. Nach Abwägen aller Argumente halte ich es für sinnvoll, an einer Schülerzeitung mitzuarbeiten.

C Hoffentlich arbeiten genug Schüler an der neuen Schülerzeitung mit.

→ ***Eine Ausformulierung dieser Erörterung findest du auf Seite 237f.***

2. Die Gliederung der steigernden Erörterung II: reines Ziffernsystem

34 | 35

Übung 1

1 Eröffnung des ersten Schnellrestaurants in unserer Stadt
2
- 2.1 Vorteile des Schnellrestaurants
  - 2.1.1 Finanzieller Vorteil durch Einsparung des Trinkgelds
  - 2.1.2 Möglichkeit zu lesen wegen heller Beleuchtung
  - 2.1.3 Erhaltung der Gesundheit wegen Rauchverbots
  - 2.1.4 Im Vergleich zu anderen Restaurants bessere Kalkulierbarkeit
    - 2.1.4.1 in finanzieller Hinsicht durch standardisierte Preise
    - 2.1.4.2 in zeitlicher Hinsicht durch Vorkasse (kein Warten auf Bedienung)
    - 2.1.4.3 in qualitativer Hinsicht durch standardisierte Gerichte
  - 2.1.5 ungezwungene Atmosphäre
    - 2.1.5.1 robuste Einrichtung und Einweggeschirr
    - 2.1.5.2 keine Nötigung zum Konsum
  - 2.1.6 Möglichkeit, mit Gleichaltrigen in Kontakt zu kommen
- 2.2 Befürwortung des Schnellrestaurants

3 Günstige Prognose für das Schnellrestaurant in unserer Stadt

Übung 2

Lösungsvorschlag:

1 Eröffnung des ersten Schnellrestaurants in unserer Stadt
2
- 2.1 Nachteile des Schnellrestaurants
  - 2.1.1 Ungünstiges Preis-Leistungs-Verhältnis
  - 2.1.2 Ungemütlichkeit durch
    - 2.1.2.1 grelle Beleuchtung
    - 2.1.2.2 eilige Gäste
    - 2.1.2.3 unfreundliches Personal
    - 2.1.2.4 Selbstbedienung
  - 2.1.3 Mangelnde Umweltfreundlichkeit wegen unnötig aufwendiger Verpackung
  - 2.1.4 Gefährdung der Gesundheit
- 2.2 Ablehnung des Schnellrestaurants

3 Ungewisse Zukunft für das Schnellrestaurant in unserer Stadt

36 | 37

3. Die Pro-und-Kontra-Gliederung der dialektischen Erörterung

Übung

Lösungsvorschlag:

A Unverständnis für die gottgleiche Verehrung von Menschen

B

- I. Vorteile der auf ein Idol hin ausgerichteten Lebensführung
  - 1. Sinnvolle Freizeitbeschäftigung
  - 2. Förderung sozialer Kontakte
    - a) Herstellung von Kontakten zu Gleichgesinnten
    - b) Schließen von echten und dauerhaften Freundschaften
  - 3. Erfolgreiche Bewältigung des Lebens
    - a) Das Idol als Ansporn in einer schwierigen Situation des Alltags
    - b) Überwindung des grauen Alltags
- II. Nachteile der auf ein Idol hin ausgerichteten Lebensführung
  - 1. Hoher Aufwand
    - a) an Zeit
    - b) an Geld
  - 2. Kein Stiften wirklich guter Beziehungen
    - a) Stiften bloßer Zweckgemeinschaften
    - b) Schlechte Beziehung zu Außenstehenden
  - 3. Das Idol als Gefahr
    - a) Verfolgen unrealistischer Ziele
    - b) Flucht vor der Wirklichkeit
- III. Ablehnung von Idolen nach Abwägen aller Argumente

C Befürchtung, die gottgleiche Verehrung von Menschen werde nicht so bald aufhören

→ ***Eine Ausformulierung dieser Erörterung findest du auf Seite 239ff.***

4. Die Sachbereichsgliederung der dialektischen Erörterung

38 39

Übung

A Aktuelle Beliebtheit extremer Freizeitbeschäftigungen

B

- I. Die Kostenfrage
  - 1. Geringe Kosten (z. B. House-Running)
  - 2. Hohe Kosten (z. B. Bungee-Jumping)
- II. Die Gefühlsebene
  - 1. Lustgefühle
  - 2. Mangel an Lustgefühlen
    - a) Nachlassen der Lustgefühle aufgrund des Gewöhnungseffekts
    - b) Panische Angst
- III. Gesundheit
  - 1. Fithalten des Körpers
  - 2. Risiko für die Gesundheit
    - a) Zu hohe Belastung für den menschlichen Körper
    - b) Gefahr tödlicher Verletzungen
- IV. Reaktion der Mitmenschen
  - 1. Anerkennung bei Freunden
  - 2. Ablehnung durch Mitmenschen
    - a) Ärger mit den Eltern
    - b) Gefahr, von vielen als Spinner abgetan zu werden
- V. Ablehnung extremer Freizeitbeschäftigungen nach Abwägen aller Argumente

C Befürchtung, die Neigung zu extremen Freizeitbeschäftigungen könnte in Zukunft noch weiter zunehmen

5. Die Pro-und-Kontra-Gliederung der Texterörterung

Übung

Lösungsvorschlag:

A Immer häufiger Forderung nach Wiedereinführung der Schuluniform

B

- I. Vorteile der Schuluniform
  1. Nur scheinbar hohe Kosten
     - a) Hohe Kosten durch wachstumsbedingten häufigen Wechsel nicht nur für Schuluniformen, sondern für Kleidung generell
     - b) Geringe Kosten, verglichen mit den andernfalls durch die Straftaten Jugendlicher anfallenden Kosten
  2. Möglichkeit, zeitgemäße Schulkleidung zu entwickeln
  3. Fortfall der Möglichkeit, sich Ansehen bei den Mitschülern durch teure Markenkleidung zu erkaufen
  4. Schluss mit der Förderung des Egoismus
  5. Die Folgen der Ausgrenzung ärmerer Schüler
     - a) Soziale Spannungen
     - b) Zunahme der Gewaltdelikte unter Jugendlichen (Raub, Erpressung)
- II. Nachteile der Schuluniform
  1. Hohe Kosten durch wachstumsbedingten häufigen Wechsel der Schuluniform
  2. Altmodisches Outfit, Unbequemlichkeit
  3. Gleichmacherei

Weitere Gegenargumente:

  4. Unnötige Belastung der Staatskasse durch Kosten, die bislang der Bürger trug
  5. Mangelnde Sorgfalt im Umgang mit Kleidung, die man nicht aus der eigenen Tasche bezahlt hat
  6. Eintöniges Erscheinungsbild
  7. Schwitzen im Sommer
  8. Förderung des Untertanengeistes des Schülers gegenüber seinem Lehrer
  9. Notwendigkeit, die Ursachen für die Aufteilung der Gesellschaft in Arme und Reiche zu bekämpfen (keine wirkliche Lösung dieses Problems durch Einführung der Schuluniform)
- III. Ablehnung der Schuluniform nach Abwägen aller Argumente

C Befürchtung, die Schulen könnten sich bald in Kasernen verwandeln

F Die Einleitung formulieren

42 | 43

Übung 1

Nr.

1. **Thema:** „Untersuche die Ursachen für die zunehmende Gewaltbereitschaft unter Jugendlichen!"
   Ich persönlich habe mit gewaltbereiten Jugendlichen, wie Glatzen oder Faschos, noch … 2
2. **Thema:** „Wasser, Wind und Sonne: Was spricht aus deiner Sicht dafür, den Strom mehr und mehr aus einer nicht fossilen Energiequelle zu gewinnen?"
   Unser Haus steht an einer extrem windigen Stelle. Dieser Umstand hat mich schon oft … 1
3. **Thema:** „Mancherorts unterliegen Schülerzeitungen nach wie vor der Zensur. Was spricht für die Pressefreiheit auch an öffentlichen Schulen?"
   Die Zensur von Druckerzeugnissen ist fast so alt wie die Druckkunst selbst. Schon um … 3

Übung 2

Lösungsvorschlag:

1. Thema:	„Was spricht dafür, was dagegen, ab bestimmten Ozonwerten für private Kraftfahrzeuge ein Fahrverbot zu verhängen?"
Aufhänger:	Es hat sich immer wieder gezeigt, dass Verbote nur dann Erfolg haben, wenn ein Großteil der Bevölkerung mit ihnen einverstanden ist.
Persönlicher Bezug:	Was mich betrifft, so bin ich gegebenenfalls gern dazu bereit, mein Mofa zu Hause zu lassen – wenn meine Mitmenschen genauso handeln.
Themafrage:	Diese Selbsteinschätzung hat mich dazu bewogen, einmal gründlicher darüber nachzudenken, was dafür und was dagegen spricht, ab bestimmten Ozonwerten für private Kraftfahrzeuge ein Fahrverbot zu verhängen.
2. Thema:	„Legale Droge Alkohol – auch für Jugendliche jederzeit erreichbar. Stelle die Folgen übermäßigen Alkoholkonsums bei Jugendlichen dar!"
Aufhänger:	„Trink deinen Wein mit frohem Herzen!" heißt es in der Bibel (Prediger 9,7). Kein Wunder, dass bis auf den heutigen Tag kaum jemand sich …
Persönlicher Bezug:	Die Erfahrung, dass die Grenze oft gar nicht so leicht zu finden ist, habe ich erst neulich machen müssen, als ich trotz der besten Vorsätze beim Ausgehen betrunken nach Hause kam.
Themafrage:	Aus diesem traurigen Anlass will ich die Auswirkungen übermäßigen Alkoholkonsums bei Jugendlichen im Folgenden einmal unter die Lupe nehmen.
3. Thema:	„Inlineskaten – eine bei Erwachsenen nicht immer gern gesehene Sportart. Warum begeistern sich viele Jugendliche dafür?"
Aufhänger:	Erst neulich ist in der „Sportzeitung" ein ausführlicher Artikel über Inlineskaten erschienen. Das beweist, dass sich diese Sportart bei Jugendlichen nach wie vor großer Beliebtheit erfreut.
Persönlicher Bezug:	Ich muss sagen, dass ich die Begeisterung anderer für das Inlineskaten teile.
Themafrage:	Im Folgenden möchte ich die verschiedenen Gründe, warum viele Jugendliche genau wie ich vom Inlineskaten so begeistert sind, einmal …

44 | 45

G Den Hauptteil formulieren
1. Der Hauptteil der steigernden Erörterung

Übung

Argument	*Einmal* sind gute Freundschaften unter Jugendlichen heutzutage …
Unterargument	Das liegt *einmal* daran, dass allein schon die Schule bzw. der …
Beleg	Ich als Schüler *z. B.* verbringe normalerweise den ganzen …
Unterargument	*Außerdem* haben Jugendliche oft kaum Zeit für Freunde, weil …
Beleg	Ich *z. B.* muss in meiner Freizeit Klavier üben und ziemlich oft auf …
Unterargument	*Außerdem* wird jungen Menschen die Zeit darum oft knapp, weil …
Beleg	Erst neulich habe ich in der Zeitung gelesen, dass …
Argument	*Außerdem* gibt es unter Jugendlichen immer weniger gute …
Erläuterung	Das ist eine Gesellschaft, die vom Stärkeren nicht Solidarität mit …
Unterargument	*Einmal* wird man in der Schule zum „Ellbogenmenschen" erzogen …
Beleg	Ich *z. B.* habe noch keinen Lehrer kennengelernt, der uns auch …
Unterargument	*Außerdem* wird einem als Auszubildendem bewusst, dass man in …
Beleg	Wer sich *z. B.* zum Automechaniker ausbilden lassen will, muss …
Folgerung	*Folglich* ist es kein Wunder, wenn kaum noch jemand die Hoffnung …
Argument	*Außerdem* ist nicht die Gesellschaft allein dafür verantwortlich zu …
Unterargument	Wer einen guten Freund besitzt, der hat *einmal* …
Beleg	Ist dein Freund *z. B.* pleite, dann wirst du ihm mit Geld aushelfen …
Unterargument	Als Belastung empfinden *außerdem* diejenigen eine Freundschaft …
Einwand	Dagegen könnte man einwenden, dass ein guter Freund jemand …
Widerlegung des Einwands	Dem möchte ich widersprechen: Eine Freundschaft ganz ohne …
Folgerung	*Folglich* ist eine Freundschaft auch dann schon als gut zu …

2. Besser formulieren I: Verknüpfungsmittel

46 47

Übung 1

Lösungsvorschlag:

Zum einen sind gute Freundschaften unter Jugendlichen heutzutage …
Das liegt *zunächst* daran, dass allein schon die Schule bzw. der Beruf …
So verbringe ich als Schüler normalerweise den ganzen Vormittag in der Schule. …
Außerdem haben Jugendliche oft kaum Zeit für Freunde, weil …
Ich *z. B.* muss in meiner Freizeit Klavier üben und …
Schwerer wiegt das Argument, dass jungen Menschen die Zeit …
Zum anderen gibt es unter Jugendlichen immer weniger gute Freundschaften, weil …
Schon in der Schule wird man zum „Ellbogenmenschen" erzogen. …
Ich habe noch keinen Lehrer kennengelernt, der …
Erst recht wird einem als Auszubildendem bewusst, dass …
Wer sich *etwa* zum Automechaniker ausbilden lassen will, muss …
Kein Wunder, wenn kaum noch jemand die Hoffnung hat, …
Allerdings ist nicht die Gesellschaft allein dafür verantwortlich zu machen, dass …
Wer einen guten Freund besitzt, der hat *auch* Verpflichtungen.
Ist dein Freund pleite, dann wirst du ihm mit Geld aushelfen, …
Als Belastung empfinden *überdies* diejenigen eine Freundschaft, die mit …
Daraus folgt, dass eine Freundschaft auch dann schon als gut zu bezeichnen ist, …

Übung 2

Lösungsvorschlag:

Zusammenfassend lässt sich feststellen, dass sowohl äußere Ursachen (vor allem die unmenschliche Ellbogengesellschaft) als auch damit Hand in Hand gehende innere Ursachen (vor allem mangelnde Konfliktfähigkeit) dafür verantwortlich zu machen sind, dass es unter Jugendlichen heutzutage kaum mehr gute Freundschaften gibt.

Übung 3

Lösungsvorschlag:

Beleg (anerkannte Wahrheit):	Wer selbst froh ist, dass ihm endlich niemand mehr Vorschriften macht, der wird sich auch hüten, andere zu bevormunden.
Unterargument b):	Ebenso wichtig ist für mich, dass ich für die Erledigung meiner Hausaufgaben endlich selbst verantwortlich wäre. (…)
Einwand:	Dagegen könnte man einwenden, dass Fünfzehn-, Sechzehnjährige, die schon mit Schule und Hausaufgaben oft genug zu tun haben, dieser zusätzlichen Belastung auf Dauer nicht standhalten können. (…)
Folgerung:	Es ist also durchaus sinnvoll, sich der Herausforderung zu stellen, die ein Leben in enger Gemeinschaft mit Gleichaltrigen bedeutet. (…)
Beleg (Begründung):	Denn alle haben gleiche Rechte und Pflichten. Keiner kann dem anderen einfach vorschreiben, was er zu tun hat.
Unterargument b):	Aber gerade auch für die Freizeitgestaltung hat eine WG viele Vorteile. (…)
Beleg (konkretes Beispiel):	Ich jedenfalls habe die Erfahrung gemacht, dass mir Gleichaltrige bei Problemen oft besser helfen konnten als Erwachsene. Sei es, dass ich gerade mal pleite war, sei es, dass ich Liebeskummer hatte. Einfach weil sie mich ernst nahmen.

48 | 49

2. Der Hauptteil der dialektischen Erörterung

Übung 1

Lösungsvorschlag:
Die dargelegten Gesichtspunkte beweisen, dass doch einiges für einen Urlaub in vom Tourismus völlig unberührten Weltgegenden spricht. Nun aber sollen auch die wichtigsten Gegenargumente zur Sprache kommen.

Übung 2

Lösungsvorschlag:
... Auch mit sanitären Einrichtungen ist in entlegenen Weltgegenden nicht zu rechnen. Statt fließend Kalt- und Warmwasser gibt es vielleicht nur ein schmutziges Wasserloch und als Klosett dient möglicherweise das Gebüsch.
Der Mensch aber ist ein Gewohnheitstier und darum fällt es ihm nicht leicht, von heute auf morgen auf den gewohnten Lebensstandard zu verzichten.
Gewiss kann es sein, dass man eine fremde Kultur gut kennenlernt. *Aber* ist das nicht schwierig, wenn ich mich mit den Menschen nicht verständigen kann, weil ich ihre Sprache nicht kenne?
Vor allem aber: Was tun im Notfall?
Da die Habgier dem Menschen angeboren ist, gibt es doch überall Leute, die andere überfallen und ausrauben. Wer aber in einer vom Tourismus völlig unberührten Weltgegend Opfer eines Raubüberfalles geworden ist, kann mit polizeilicher Hilfe kaum rechnen.
Oder was tun bei Krankheit?
Zwar muss man in einer gesunden Umwelt nicht mit chemischen Rückständen in der Nahrung rechnen, dafür *aber* umso mehr mit natürlichen Krankheitserregern, die einem gerade als Fremdem gefährlich werden können. Nichts aber ist schrecklicher, als irgendwo in der Wildnis ganz ohne die gewohnte medizinische Versorgung krank dazuliegen.

Übung 3

Lösungsvorschlag:
Bei einer *kritischen Abwägung* der Argumente für und gegen einen Urlaub in einer vom Tourismus völlig unberührten Weltgegend komme *ich persönlich* zu dem Schluss, dass die Gegenargumente überwiegen. Es *mag zwar* richtig sein, dass man nur in einem Gebiet, das vom Tourismus noch nicht erschlossenen ist, auf eine intakte Umwelt hoffen darf und auch nur dort eine Kultur hautnah miterleben kann, die von westlichem Einfluss noch unberührt ist. Diese Argumente jedoch haben *in meinen Augen* nur wenig Gewicht. *Für mich* ist *viel entscheidender*, dass solche Reisen den Verzicht auf den gewohnten Lebensstandard bedeuten und darüber hinaus zu große Risiken bergen, z. B. Raubüberfälle und Krankheiten.

3. Besser formulieren II: Stolpersteine vermeiden

50 | 51

Übung 1

	Nr.
1. Einmal ist die vermehrte Nutzung der Sonnenenergie schon deshalb …	1
2. Eng damit verbunden ist ein weiterer ökologischer Aspekt. Weder …	2
3. Bei der Gewinnung von Energie aus Sonnenstrahlung kommt es auch …	5
4. Hoffentlich erkennen mehr und mehr Menschen die Vorzüge der …	7
5. Da ich aber weder öko noch arbeitslos bin, ist ein anderes Argument …	3
6. Erdöl, Kohle, Gas und Uran können die Ursache für Kriege sein. Die …	6
7. Vor allem aber: Wer mithilfe einer hauseigenen Solaranlage Strom …	4

Übung 2

Lösungsvorschlag:

1. Einmal ist es schon deshalb vorteilhaft, die Sonnenenergie vermehrt zu nutzen, weil auf diese Weise Erdöl und Kohle eingespart werden können. Das sind wertvolle fossile Rohstoffe, die bei der Herstellung chemischer Produkte wesentlich sinnvoller verwendet werden als bei der Verbrennung …
2. Eng damit verbunden ist ein weiterer ökologischer Gesichtspunkt. Weder Sonnenkollektoren noch Solargeneratoren verursachen Abgase, wie z. B. Kohlendioxid. Von Fachleuten entwickelte Solartechnik besteht aus umweltgerechten Werkstoffen, die leicht wiederverwendbar sind …
3. … Tschernobyl hat das Gegenteil davon bewiesen …
4. Hoffentlich erkennen mehr und mehr Menschen die Vorzüge der Sonnenenergie. Das wird zu einem Rückgang der Arbeitslosigkeit führen, denn im Wirtschaftszweig „Solartechnik“ werden Hunderttausende neuer Arbeitsplätze entstehen. Qualifizierte Fachleute werden gebraucht, aber auch ungelernte Kräfte werden ein neues Betätigungsfeld finden, sodass sich der Arbeitsmarkt insgesamt entspannt …
5. Da ich aber weder ökologisch denke noch arbeitslos bin, ist ein anderes Argument für mich viel wichtiger, nämlich dass man mit einer Solaranlage auf dem Dach entspannt in die Zukunft blicken kann. Die Erdöl- und Kohlevorkommen sind ja irgendwann erschöpft. Die Sonne hingegen erlischt erst in fünf Milliarden Jahren. Man braucht also keine Angst zu haben, dass plötzlich der Strom ausgeht …
6. Erdöl, Kohle, Gas und Uran sind immer wieder die Ursache für Kriege. Die Sonne hingegen kann kein Volk dem anderen wegnehmen. Somit trägt die Nutzung von Sonnenenergie zur Erhaltung des Weltfriedens bei. Auch ein sehr beruhigender Gedanke …
7. Vor allem aber: Wer mithilfe einer hauseigenen Solaranlage Strom gewinnt, der lebt in dem Wissen, dass er von der Sonneneinstrahlung abhängig ist. Dadurch bekommt er ein neues Bewusstsein für die Notwendigkeit, sparsam mit Energie umzugehen. Zumal an sonnenarmen Tagen wird er versuchen, den Stromverbrauch gering zu halten. (Was aber natürlich nicht heißen kann, dass zum Wäschewaschen und Geschirrspülen nur noch kaltes Wasser zur Verfügung steht oder gar die Heizung abgeschaltet bleibt.) …

Übung 3

Es hat sich gezeigt, dass Sonnenenergie eine ökologisch sehr sinnvolle und zugleich sehr sichere Alternative zu den herkömmlichen Energiequellen darstellt. Aber nicht nur äußere Vorzüge sprechen für die vermehrte Nutzung der Sonnenenergie, sondern auch die damit einhergehenden Veränderungen im menschlichen Bewusstsein. Der Nutzer einer hauseigenen Solaranlage geht nicht nur sorgsamer mit Energie um, er weiß auch die Bedeutung der Sonne für den Menschen gebührend zu würdigen.

52 | 53

H Den Schluss formulieren

Übung 1

	Nr.
1. Thema: „Viele Jugendliche kehren den großen Kirchen den Rücken, …	2
2. Thema: „Die Deutschen setzen in immer höherem Alter immer …	3
3. Thema: „Der Dialekt – auch im Zeitalter der Globalisierung ein zu …	1

Übung 2

	Nr.
Schluss 1: Abschließen möchte ich mit der Prognose, dass die lebhaft …	☐
Schluss 2: Bleibt festzustellen, dass natürlich auch das Tempolimit nichts …	☐
Schluss 3: Indes, es wäre naiv zu glauben, dass ein Tempolimit auf …	☒

Zu Schluss 1: Wer sich im Hauptteil der Erörterung, wie die abschließende Schlussfolgerung zeigt, für das Tempolimit ausgesprochen hat, der kann im Schluss nicht schreiben, dass ein Tempolimit eigentlich gar nicht nötig ist, weil die Mehrheit der Autofahrer „freiwillig aufhört zu rasen".
Zu Schluss 2: Wer sich im Hauptteil der Erörterung für das Tempolimit ausgesprochen hat, der kann im Schluss nicht die Befürchtung äußern, dass ein Tempolimit „nichts bringt".
Zu Schluss 3: Der Autor äußert im Schluss zwar Zweifel an der Durchsetzbarkeit des Tempolimits, gibt die Hoffnung aber nicht auf. Darum steht der Schluss nicht im Widerspruch zum Hauptteil der Erörterung.

Übung 3

Lösungsvorschlag:

1. Bleibt zu hoffen, dass immer mehr Politiker zu der Einsicht kommen, dass wir die Bahn als Alternative zu anderen Fortbewegungsmitteln unbedingt brauchen, dass sie aber auch nur eine Chance hat, wenn ihre Attraktivität auf jede nur mögliche Art und Weise gefördert wird.
2. Ich fordere alle Bürger und Politiker dazu auf, dem Ausverkauf der Bahn endlich einen Riegel vorzuschieben. Kinder, ältere Menschen, Behinderte, sozial Schwache, kurz alle, die nicht Auto fahren können, aber auch jene, die – z. B. aus Umweltschutzgründen – nicht Auto fahren wollen, sollen eine kontinuierliche Verschlechterung des Bahnangebotes einfach so hinnehmen? Das ist durch nichts, aber auch durch gar nichts zu rechtfertigen.

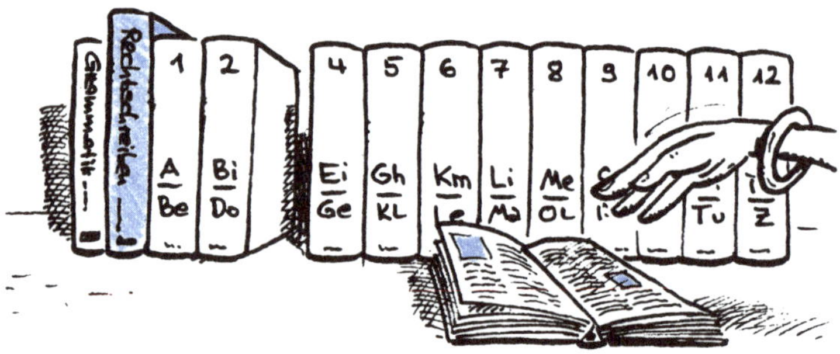

Beispielerörterungen
1. Beispiel für eine steigernde Erörterung (Ursachenanalyse)

26f., 221

Thema: „Viele ausländische Jugendliche leben dauerhaft bei uns, Freundschaften mit deutschen Jugendlichen sind aber eher selten. Warum bleiben sich die Jugendlichen fremd?“

→ ***Einen Überblick über den Hauptteil dieser Erörterung findest du auf S. 221.***

Einleitung (persönlicher Bezug / persönlicher Aufhänger)	In der Stadt, in der ich wohne, sind siebzehn Prozent der Einwohner Ausländer. Immer wenn ich durch die Straßen und über die Plätze gehe, treffe ich gerade auch auf Jugendliche, die bzw. deren Eltern aus anderen Ländern kommen. Und doch bin ich noch nie mit einem von ihnen ernsthaft ins Gespräch gekommen, geschweige dass sich eine Freundschaft entwickelt hätte.
Themafrage	Höchste Zeit, die Frage, warum sich Jugendliche unterschiedlicher Herkunft so oft fremd bleiben, einmal näher zu untersuchen.
Hauptteil	
1. Argument	Es gibt objektive Gründe für mangelnden Kontakt. Man denke nur an den Umstand, dass die Jugendlichen oft ja schon verschiedene Schulen besuchen.
Beleg (Berufung auf eine Autorität)	Schon an der Realschule sind Deutsche mehr oder weniger unter sich. Und am Gymnasium beträgt der Anteil ausländischer Schüler gerade mal 3 %, wie aus einer Untersuchung der Zeitschrift „Moderne Schule“ hervorgeht.
Folgerung	Da darf man sich zumindest nicht wundern, wenn Realschüler und Gymnasiasten nur selten einen Ausländer zum Freund haben.
2. Argument	Auch die Elterngeneration hat Vorbehalte gegenüber Freundschaften mit Menschen anderer Herkunft.
Unterargument a)	Ist es nicht so, dass sich auch die Elterngeneration kaum kennt? Zwischen Erwachsenen unterschiedlicher Herkunft gibt es kaum Freundschaften.
Unterargument b)	Viele Eltern sehen es nicht gern, wenn ihre Kinder mit Jugendlichen anderer Herkunft befreundet sind.
Beleg a):	Deutsche Eltern befürchten, dass ihre Kinder durch den Umgang mit ausländischen Jugendlichen auf die schiefe Bahn geraten könnten, da diese oft als anfälliger für Straftaten gelten.
Beleg b):	Muslimische Eltern befürchten, dass ihre Kinder durch den Umgang mit deutschen Jugendlichen zum Alkoholkonsum verführt werden könnten.
3. Argument:	Jugendliche haben oft nicht die Geduld oder die Gelegenheit, sich auf Gleichaltrige mit anderem kulturellem Hintergrund einzulassen.
Unterargument a):	Jugendliche haben oft nicht die Geduld, sich auf jemanden einzulassen, dessen Muttersprache nicht die eigene ist und mit dem sich zu unterhalten auch recht mühsam sein kann.
Beleg	Ich werde z. B. schon ungeduldig, wenn mich meine kleine Schwester nicht gleich versteht, und dabei wird sie mit derselben Muttersprache groß wie ich selber.
Unterargument b):	Jugendliche unterschiedlicher Herkunft haben einfach selten Kontakt zueinander. Viele ausländische Jugendliche fahren in den Ferien lieber in ihre Heimatländer, als gemeinsam mit deutschen Altersgenossen Urlaub zu machen.

26f., 221

Abschließende Folgerung (Vorschläge zur Behebung des Missstandes)

Bleibt die Frage: Was ist zu tun, damit sich Jugendliche unterschiedlicher Herkunft nicht länger fremd bleiben? Meiner Meinung nach kann hier vor allem der Staat Abhilfe schaffen. Zum einen denke ich, dass ausländische Jugendliche durch zusätzlichen Deutschunterricht gefördert werden sollten. Dann könnte auch ein höherer Prozentsatz von ihnen die Realschule oder das Gymnasium besuchen. Zum anderen sollten wir in der Schule mehr über die Kulturen erfahren, aus denen unsere ausländischen Mitschüler kommen. Würden unsere Lehrer Wert darauf legen, dass wir über die türkische oder albanische Kultur Bescheid wissen, dann hätten sicher auch wir ein größeres Interesse daran, einen Türken oder Albaner zum Freund zu haben.

Schluss (ethische Forderung)

Aber natürlich können wir nicht warten, bis die Erwachsenen oder der Staat sich darum kümmert, dass wir Jugendlichen besser miteinander auskommen. Darum will ich an dieser Stelle an alle Jugendlichen, deutsche wie nichtdeutsche, appellieren, bestehende Vorurteile zu vergessen und die nächste sich bietende Gelegenheit, mit einem Mitmenschen anderer Herkunft ins Gespräch zu kommen, am Schopf zu packen. Dieser Appell richtet sich last, but not least auch an meine eigene Person, denn nur wer selbst mit gutem Vorbild vorangeht, kann auch am Verhalten seiner Mitmenschen etwas ändern.

2. Beispiel für eine steigernde Erörterung (wertende Stellungnahme)

32f., 224

Thema: „Die Schülerzeitung ist ein unverzichtbarer Bestandteil des schulischen Lebens. Was spricht für die Mitarbeit an einer Schülerzeitung?"

→ *Die Gliederung zu dieser Erörterung findest du auf S. 224*

Einleitung
(aktuelles öffentliches Interesse für das Thema / unpersönlicher Aufhänger)

Seit fast zwei Jahren gibt es an unserer Schule keine Schülerzeitung mehr. Neulich aber habe ich auf einem Aushang am schwarzen Brett gelesen, dass sich ein paar Schüler zusammengetan haben, um eine neue Schülerzeitung zu gründen. Es werden noch Leute gesucht, die mitmachen.

Persönlicher Bezug

Schon früher habe ich öfter mal daran gedacht, für eine Schülerzeitung einen Artikel zu schreiben, ließ den Gedanken aber rasch wieder fallen aus Angst, von älteren Schülern ausgelacht zu werden.

Themafrage

Nun aber bin ich in der 9. Klasse und ich denke, es ist an der Zeit, noch einmal ernsthaft darüber nachzudenken, was alles für die Mitarbeit an einer Schülerzeitung spricht.

Hauptteil

1. Argument

Ein Beweggrund, bei einer Schülerzeitung mitzumachen, ist gewiss für viele die Aussicht, auf diese Weise Anerkennung, ja Bewunderung zu ernten.

Beleg (Begründung)

Die meisten Jugendlichen denken in ihrer Freizeit ja nur an ihr eigenes Vergnügen. Da rechnet man es natürlich jedem hoch an, der sich stattdessen die Mühe macht, durch das Verfassen geistreicher Artikel auch seinen Mitmenschen ein Vergnügen zu bereiten.

2. Argument

Darüber hinaus hat selbst der Redakteur einer Schülerzeitung die Möglichkeit, auf seine Mitmenschen Einfluss auszuüben.

Beleg (konkretes Beispiel)

Mein Cousin Gregor z. B. veröffentlichte in der Schülerzeitung seiner Schule einen Artikel, in dem er sich für ein Biotop im Pausenhof stark macht. Der Vorschlag wurde aufgegriffen und umgesetzt. Ich glaube nicht, dass Gregor denselben Erfolg gehabt hätte, wenn er seine Idee nur unter Freunden verbreitet hätte.

3. Argument

Der ausschlaggebende Grund für die Mitarbeit an einer Schülerzeitung sollte die Aussicht auf Anerkennung und Einfluss allerdings nicht sein. Für mich jedenfalls ist viel wichtiger, dass das Arbeiten in einer Gruppe von Gleichgesinnten viel Spaß machen kann. Es kann sehr viel Spaß machen, in entspannter Atmosphäre – ohne die ständige Bevormundung durch Erwachsene – etwas Neues auf die Beine zu stellen.

Beleg (vergleichbarer Fall)

Das jedenfalls ist die Erfahrung, die ich in der Theatergruppe gemacht habe, und dort arbeiten wir ja auch als Schüler, die ein gemeinsames Interesse eint, auf freiwilliger Basis zusammen.

Vorgezogene Belege zum 4. Argument

Beleg a) (Begründung)

Aber eine Schülerzeitung bedeutet nicht nur Spaß für wenige, sondern auch einen verbesserten Informationsaustausch, von dem viele profitieren werden: die Schüler natürlich, zugleich aber auch Lehrer und Eltern.

Beleg b) (anerkannte Wahrheit)

Je besser Menschen aber übereinander informiert sind, desto besser ist auch ihre Beziehung zueinander.

4. Argument

Eine Schülerzeitung kann also entscheidend zur Besserung des Schulklimas beitragen.

32f., 224

Einwand
„Aber die Schule ist doch für mich da und nicht ich für die Schule", könnte jemand an dieser Stelle einwenden. „Ich gehe doch nicht in die Schule, damit dort ein gutes Klima herrscht, sondern um auf das spätere Leben vorbereitet zu werden."

5. Argument
Wer so argumentiert, sollte bedenken: Gerade durch die Mitarbeit an einer Schülerzeitung wirst du eine Reihe von Fähigkeiten erwerben, die dir auch im späteren Leben sehr nützlich sein können.

Unterargument a)
Durch jeden Artikel, den du verfasst, schulst du deine Ausdrucksfähigkeit, was dir im späteren Leben – nicht nur als Journalist – zugutekommen wird.

Unterargument b)
Wenn du kritische Artikel schreibst, lernst du außerdem, dir über gesellschaftliche Fragen Gedanken zu machen oder doch wenigstens für Probleme, die dich und deine Mitschüler betreffen, nach Lösungen zu suchen.

Unterargument c)
Aber auch wer die Artikel nur in den Computer eingibt oder das Layout macht, lernt für das Leben: Die PC-Kenntnisse, die er oder sie sich auf diese Weise aneignet, werden später gewiss noch hilfreich sein.

Unterargument d)
Einen wertvollen Einblick in das Geschäftsleben schließlich erhält, wer Werbeanzeigen auftreibt oder die Schülerzeitung verkauft.

Unterargument e)
Eines aber gilt für alle Beteiligten: Sie alle lernen, eigenverantwortlich in einem Team zu arbeiten, und erwerben damit eine Qualifikation, die gerade in Zukunft eine immer größere Rolle spielen wird.

Abschließendes Urteil
Die angeführten Argumente zeigen sehr deutlich, wie ich meine, dass die Mitarbeit an einer Schülerzeitung eine durchaus sinnvolle Freizeitgestaltung darstellt. Wer an einer Schülerzeitung mitarbeitet, eignet sich eine Reihe von Fähigkeiten an, die er im späteren Leben gut brauchen kann, er trägt zur Verbesserung des Schulklimas bei und obendrein kann eigenverantwortliches Arbeiten in einer Gruppe Gleichgesinnter sehr viel Spaß machen.

Schluss
(Rückgriff auf Einleitung, Hoffnung)
Mich jedenfalls soll nun nichts mehr davon abhalten, an der neuen Schülerzeitung mitzuarbeiten – wenigstens versuchsweise. Und ich will auch fleißig die Werbetrommel rühren, damit noch mehr Schüler mitmachen. Denn nur wenn sich für die neue Zeitung genügend begeisterte Mithelfer finden, ist die Hoffnung berechtigt, dass es sie länger geben wird als die letzte.

3. Beispiel für eine dialektische Erörterung

37, 226

Thema: „Viele Jugendliche haben ein Idol, dem sie nacheifern. Was spricht dafür, was spricht dagegen, sich im Leben von leuchtenden Vorbildern leiten zu lassen?"

→ *Die Gliederung zu dieser Erörterung findest du auf S. 226.*

Einleitung
(Bedeutung des Themas trotz mangelnden persönlichen Bezugs / persönlicher Aufhänger)

Anders als für viele meiner Klassenkameraden hat es für mich nie einen Menschen gegeben, den ich abgöttisch verehrt hätte. Ich habe nie verstanden, wie man z. B. Tausende von Kilometern fahren kann, um sich von einem Menschen, der einen nicht kennt und auch nichts von einem wissen will, ein Autogramm geben zu lassen. Aber ich will meine Klassenkameraden nicht von vornherein verurteilen, sondern mich darum bemühen, sie zu verstehen.

Themafrage

Das aber ist nur möglich, wenn ich mir nicht nur immer wieder vor Augen halte, was dagegen spricht, sich im Leben von Idolen leiten zu lassen, sondern auch ernsthaft die Frage stelle, welche Argumente dafür sprechen. Das soll im Folgenden geschehen.

Hauptteil

1. Argument

Dafür, sich im Leben von Idolen leiten zu lassen, spricht zunächst einmal, dass die Verehrung eines Idols eine vergleichsweise sinnvolle Freizeitbeschäftigung darstellt.

Beleg (Hinweis auf Folgen)

Was sind denn mögliche Folgen davon, wenn Jugendliche keine leuchtenden Vorbilder haben? Sie rauchen, sie trinken, sie nehmen vielleicht sogar Drogen.

Folgerung

Da ist es doch immer noch sinnvoller, herumzureisen und sich Autogramme geben zu lassen oder irgendwelche Abziehbilder zu sammeln.

2. Argument

Ein gewichtigeres Argument ist, dass Idole soziale Kontakte fördern.

Unterargument a)

Zum einen gilt das Idol als geeignetes Mittel, Kontakte zu Gleichgesinnten *herzustellen.*

Erläuterung des Unterarguments

Handelt es sich nun um einen berühmten Musiker oder um einen Sportstar, fast jedes Idol hat seine Fangemeinde. Man braucht sich der jeweiligen Fangemeinde nur anzuschließen, schon hat man eine Menge Gleichgesinnter um sich herum. Zusammen kann man dann etwas unternehmen, was alle interessiert, etwa ein Konzert oder ein Fußballspiel besuchen.

Beleg (anerkannte Wahrheit)

Wie schon das Sprichwort sagt: „Gleich und Gleich gesellt sich gern."

Unterargument b)

Aber ein gemeinsames Idol führt nicht nur zu vorübergehenden Kontakten zu Gleichgesinnten, sondern manchmal auch zu echten und dauerhaften Freundschaften.

Beleg (konkretes Beispiel)

Alfred, ein Mitschüler von mir, hat seinen Freund Raphael z. B. in einem Che-Guevara-Fan-Klub kennen gelernt. Und Raphael ist, sagt Alfred immer wieder, nach wie vor sein bester Freund.

3. Argument

Manche behaupten sogar, das Idol könne dazu verhelfen, im Leben besser zurechtzukommen. Also auch für den Jugendlichen als Einzelperson sei die Verehrung eines Idols sehr nützlich.

Unterargument a)

Und zwar einerseits dadurch, dass sich der Jugendliche in einer schwierigen Situation des Alltags sein Idol zum Vorbild nimmt.

Beleg (konkretes Beispiel)

Ein zunächst schlechter Sänger etwa, der auf die Idee gekommen ist, einen Starsänger anzubeten, wird sich beim Vorsingen in der Schule vom bloßen Gedanken an sein Idol unter Umständen so sehr beflügeln lassen, dass er mit einem Mal alle Hemmungen verliert und plötzlich so gut singt, dass sich seine Note im Fach Musik merklich verbessert.

37, 226

Unterargument b) Andererseits kann beim einzelnen Jugendlichen die Verehrung eines Idols aber auch die Folge haben, dass er sich von diesem nicht *im* Alltag leiten, sondern *über* den grauen Alltag hinweghelfen lässt.

Erläuterung des Unterarguments Wer zu seinem Idol aufblickt und dabei die Sehnsucht verspürt, mit diesem mehr und mehr eins zu werden, neigt auch leicht dazu, den Alltag mit all seinen Sorgen und Nöten einfach zu vergessen. Er lebt sozusagen in einer höheren Welt, sein Leben hat einen höhere Sinn bekommen.

Beleg (vergleichbarer Fall) So wie jemanden, der zum Himmel aufblickt und von der Pracht der Sterne überwältigt ist, die Hindernisse vor seinen Füßen nicht mehr kümmern, so kümmern auch den, der zu seinem Idol aufblickt, die Alltagssorgen nicht mehr.

Überleitung von der These zur Antithese Es lassen sich also durchaus verschiedene Gründe dafür finden, warum viele Jugendliche ein Idol haben. Nun aber soll auch untersucht werden, was alles dagegen spricht, sich im Leben von leuchtenden Vorbildern leiten zu lassen.

1. Argument / Relativierung eines Arguments Wichtig ist, sich klarzumachen, dass die Verehrung eines Idols, selbst wenn sie eine vergleichsweise sinnvolle Freizeitbeschäftigung darstellt, doch sehr oft mit hohem Aufwand verbunden ist.

Unterargument a) Zum einen einem hohen Aufwand an Zeit.

Beleg (konkrete Beispiele) Autogrammreisen, Abziehbilder, Bücher, CDs, ein unverwechselbares Outfit, ein unverwechselbarer Haarschnitt usw. – das kostet alles viel Zeit.

Unterargument b) Aber nicht nur viel Zeit, sondern auch viel Geld.

Folgerung Schon darum sollte man sich überlegen, ob man in seiner Freizeit nicht besser etwas Sinnvolleres tut.

Zurückweisung eines Arguments Aber auch das zweite Argument für die Verehrung eines Idols kann mich nicht überzeugen.

2. Argument Wirklich gute Beziehungen stiftet das Idol meiner Meinung nach nicht.

Unterargument a) Von welcher Art sind denn die sozialen Kontakte, die das Idol vermittelt? Es handelt sich dabei doch nicht um echte Freundschaften, sondern um reine Zweckgemeinschaften. Ihr Zweck ist die Verehrung des Idols. Ausnahmen bestätigen da nur die Regel.

Beleg (anerkannte Wahrheit) Zu einer guten Freundschaft gehört doch, dass ich mich für den anderen unmittelbar interessiere, nicht aber über einen Dritten.

Unterargument b) Erst recht schlecht aber muss die Beziehung zu all den Mitmenschen werden, die der Fangemeinde nicht angehören.

Beleg (vergleichbarer Fall) Wenn mich das Idol so sehr in Beschlag nimmt, dass selbst für die „Mit-Fans“ kein echtes Interesse mehr übrig bleibt, wie viel weniger Interesse werde ich dann erst für Außenstehende aufbringen.

Folgerung Kurz: Wer einen einzelnen Menschen übermäßig verehrt, verhält sich unsozial, weil er seine Mitmenschen gleichzeitig vergisst.

3. Argument / Zurückweisung eines Arguments Schließlich halte ich das Idol auch nicht für eine echte Stütze im Leben, sondern eher für eine Gefahr.

Unterargument a) Die Gefahr besteht zum einen darin, dass man sich Ziele steckt, die den eigenen Fähigkeiten nicht entsprechen. Darüber aber versäumt man, sich selbst zu entdecken.

Unterargument b) Und auch in der Tatsache, dass das Idol über den grauen Alltag mit seinen Problemen hinweghelfen kann, sehe ich kein großes Glück, sondern eine große Gefahr. Das bedeutet nämlich Flucht aus der Wirklichkeit.

37, 226

Beleg (ethischer Grundsatz)

Probleme sind doch dazu da, dass man sich mit ihnen auseinandersetzt, nicht dazu, dass man ihnen aus dem Weg geht. Wer sich aus dem Alltag davonstiehlt, wird von ihm früher oder später doch wieder eingeholt, und dann folgt ein böses Erwachen.

Synthese

Bei einer kritischen Abwägung der Argumente für und gegen die Verehrung von Idolen komme ich nach wie vor zu dem Schluss, dass die Gegenargumente mehr Gewicht haben. Bei genauerer Prüfung wird jedermann einsehen, dass ein Idol weder echte Freundschaften zu stiften vermag noch zur erfolgreichen Bewältigung des Lebens beiträgt. Im Gegenteil: Dadurch, dass es den Menschen in eine Scheinwelt entführt, macht das Idol nicht nur tiefe menschliche Beziehungen geradezu unmöglich. Es kann sogar daran schuld sein, dass jemand mit seinem Leben nicht zurechtkommt, weil er nicht gelernt hat, sich mit seinen eigenen Stärken und Schwächen nüchtern auseinanderzusetzen.

Schluss
(Befürchtung)

Werden die Menschen irgendwann so vernünftig sein, dass sie Menschen nicht mehr wie Götter anbeten? Ich wage es nicht zu hoffen, denn Anzeichen dafür gibt es keine. Ein Blick in die Geschichte verrät ganz im Gegenteil, dass Menschen zu allen Zeiten Menschen wie Götter verehrt haben, und so ist wohl zu befürchten, dass es auch in Zukunft so bleiben wird.

Teil II:
Deutsch

Aufsatz: Sachtexte und erzählende Prosa interpretieren

Lösungen mit Beispielaufsätzen

60 | 61

Sachtexte
A Bevor es losgeht …
3. Sachtextarten erkennen

Übung

1. Sachtextart: Nachricht/Bericht
Diese Art der Information kennst du in ihrer mündlichen Form natürlich auch aus Radio und Fernsehen.
2. Sachtextart: Kritik/Rezension
Auch Filmkritiken oder Besprechungen von Computerspielen gehören zu dieser Textart.
3. Sachtextart: Reportage
Sicherlich kennst du Reportagen von Sportereignissen, bei denen Hintergründe und Umfeld des eigentlichen Ereignisses geschildert werden.
4. Sachtextart: Leserbrief
Fast alle wichtigen Zeitungen haben eine eigene Seite für Leserbriefe reserviert. Hier wird deutlich, wie unterschiedlich manche Berichte von den Lesern beurteilt werden.
5. Sachtextart: Kommentar
Kommentare kennst du vielleicht auch aus dem Fernsehen. Sie werden in der Regel im Anschluss an die eigentlichen Nachrichten von einem Sachverständigen gesprochen, der hier zu einem der wichtigsten aktuellen Nachrichtenthemen noch einmal ausführlich und persönlich Stellung nimmt.
6. Sachtextart: Glosse
Im Gegensatz zum sachlicheren Kommentar versucht der Autor hier, ein Thema von einer eher witzigen Seite aus zu betrachten. Dazu benutzt er häufig ironische Übertreibungen.
7. Sachtextart: Essay
Um diese inhaltlich und sprachlich oft sehr ausgefeilte Textart zu verstehen, braucht man schon etwas Vorwissen über das behandelte Thema.
8. Sachtextart: Werbetext
Diese Textart begegnet dir selbstverständlich ständig. Interessant sind hier vor allem die Tricks, mit denen die Werbeleute Käufer finden wollen. Oft wird unterschwellig vermittelt, dass das beworbene Produkt besonders schön oder erfolgreich macht.
9. Sachtextart: Interview
Diese Textart setzt eigentlich ein mündliches Gespräch voraus. Erkennen kann man diesen Umstand daran, dass im Text jeweils der Name des Sprechenden vor den Äußerungen genannt wird.
10. Sachtextart: Beschreibung
Diese Textart kennst du bereits aus dem Deutschunterricht (Personen-, Gegenstands- und Vorgangsbeschreibung).
11. Sachtextart: Leitartikel/Editorial
Der Leitartikel wird auf dem Titelblatt der Zeitung oder Zeitschrift durch eine auffallende Schlagzeile angekündigt.

Hinweis: *Nachdem du die Lösungen verbessert hast, kannst du die Seiten 60/61 als Übersicht zum Lernen für die Prüfung benutzen.*

B Übungstext 1: Das Streiflicht
1. Den Text lesen und verstehen

64 | 65

Übung 1

Wer: ein unbekannter Autor; wo: in der Süddeutschen Zeitung; wann: am 26. Februar 1999; was: das „Streiflicht" mit dem Thema „Fischstäbchen"; weshalb: aus Anlass des 50. Geburtstages des Fischstäbchens; mit welchen Folgen: Nachdenken der Leser über das Fischstäbchen.

Übung 2

Natürlich können dir bei dem Text ganz unterschiedliche Dinge aufgefallen sein. Erstaunen könnten den Leser in jedem Fall folgende Aussagen:

- Ketchup und Fischstäbchen, also zwei Nahrungsmittel, die normalerweise nicht gerade als besonders gesund gelten, werden gelobt. „Gesunde" Lebensmittel wie Obst und Gemüse werden als für Jugendliche ungeeignet verworfen.
- Ketchup soll angeblich einen Glücksbringer enthalten. Das scheint doch sehr übertrieben, wenn nicht sogar falsch.
- Das Fischstäbchen hätte angeblich nie gelebt. Das entspricht natürlich nicht der Wahrheit.
- Der Autor verwendet für die Behandlung von so alltäglichen Dingen wie Ketchup und Fischstäbchen eine sehr ungewöhnliche Ausdrucksweise.

Übung 3

1. Zeile: 33–37. Der Anlass für den Text ist die Erfindung des Fischstäbchens vor 50 Jahren.
2. Zeile: 12/13. „Vor-, Haupt- und Spätpubertierende" könnte man mit Kindern und Jugendlichen, Teenagern, Teenies, Heranwachsenden, jungen Erwachsenen oder ähnlichen Begriffen umschreiben.
3. Zeile: 11–16. „Vor-, Haupt- und Spätpubertierende" *müssen* Ketchup essen, weil es nach Ansicht des Autors einen heimlichen „Glücklichmacher" enthält, der die Jugendlichen dazu befähigt, ihre Eltern zu verkraften, ohne dabei vor Unglück umzukommen.
4. Zeile: 16–24. Lebensmittel, die von Jugendlichen verzehrt werden sollen, müssen daraufhin untersucht werden, wie gut sie sich zusammen mit Ketchup essen lassen bzw. wie gut Ketchup an ihnen haftet.
5. Zeile: 55/56. „Das Fischstäbchen hingegen hat nie gelebt" – natürlich ist diese Aussage falsch, da Fischstäbchen, wie du sicher weißt, aus Fischen hergestellt werden und diese sehr wohl gelebt haben. Obwohl dem Autor dies bewusst ist, behauptet er etwas anderes. Seine Aussage ist deshalb ironisch zu verstehen. Gleichzeitig betont er damit, wie weit sich das vom Menschen erfundene Fischstäbchen von der ursprünglichen Natur des Fisches entfernt hat.
6. Zeile: 71–73. Der Dialog könnte so lauten:
   Mutter bzw. Vater oder Eltern: „Wie viel möchtest du, Kind? Drei, vier, fünf?"
   Kind: „Sieben."
   Mutter/Vater/Eltern: „Oh, wie schön!"

Übung 4

Du solltest dir folgende Notizen aufgeschrieben haben:

1. Enormer Ketchupkonsum Jugendlicher; Ketchup enthält einen „Glücklichmacher".
2. Eignung für den Verzehr mit Ketchup als wichtiges Auswahlkriterium für Lebensmittel (mit Beispielen).
3. 50-jähriges Jubiläum des Fischstäbchens, einer genialen Erfindung der Menschheit.
4. Fische als ungeeignet für den lebenswichtigen Verzehr von Ketchup.
5. Fischstäbchen eignen sich besser zum Verzehr als Fische; Weg des Fischstäbchens von der Produktion bis auf den Teller. Eltern freuen sich über den Appetit ihrer Kinder auf Fischstäbchen.

66 | 67

2. Den Inhalt zusammenfassen

Übung 1

Bei diesem Text handelt es sich um eine Glosse, weil hier das Thema „Fischstäbchen" humorvoll und ironisch behandelt wird. Der Leser wird durch die geistreiche Art und die ausgefeilten Formulierungen belehrt und unterhalten. Dem Hinweis unter dem Text kann man entnehmen, dass er auf der ersten Seite der Zeitung in der Randspalte abgedruckt wurde. Auch das ist ein Erkennungsmerkmal für die Glosse.

Hinweis: *Bei dem in Prüfungen häufig verwendeten „Streiflicht" der „Süddeutschen Zeitung" handelt es sich* ***immer*** *um eine Glosse!*

Übung 2

1. Ketchup ist für Kinder so wichtig, weil es einen Glücklichmacher enthält. (Grund)
2. Obwohl Obst als gesund gilt, hält es der Autor für lächerlich. (Einräumung)
3. Die Fischblöcke werden zersägt, sodass sie zu Stäbchen werden. (Folge)
4. Wenn/Während die Eltern in die Tiefkühltruhe blicken, entdecken sie die Fischstäbchen. (Gleichzeitigkeit)
5. Bevor/Ehe man Fischstäbchen essen kann, muss man sie zubereiten. (Vorzeitigkeit)
6. Fischstäbchen werden zubereitet, indem man sie in der Pfanne fünf bis sieben Minuten brät. (Art und Weise)

Übung 3

1. In der Inhaltsangabe darf keine wörtliche Rede stehen. In die indirekte Rede umformuliert, heißt der Satz: Zum Abschluss des Textes wird ein Kind gefragt, wie viel es möchte.
2. Hier wurden keine eigenen Worte verwendet. Der „frittierte Kartoffelstab" ließe sich leicht mit „Pommes frites" umschreiben.
3. In der Inhaltsangabe dürfen keine persönlichen Meinungen formuliert werden. Der zweite Satz muss komplett gestrichen werden. Außerdem wurde die falsche Zeitstufe benutzt; es muss Präsens verwendet werden: *Der Autor nennt …*

Übung 4

~~Überhaupt muß~~ der Fisch in nahrungsmitteltechnischer Hinsicht ~~als~~ mangelhaft, ~~wenn nicht als Fehlkonstruktion gelten, im Wasser lebend, weit vom Menschen entfernt, noch dazu leicht verderblich, schwer faßbar, schlecht zu stapeln, schuppig, voll ekliger Innereien – und dann~~ muß man ~~ihn~~ vor dem Verzehr noch töten, ~~bäh …~~
Das Fischstäbchen hingegen hat nie gelebt: ~~kleines Fischziegelchen aus der Fischfabrik, aus gewaltigen, kalten Blöcken herausgesägt.~~ […]

Übung 5

In der Glosse „Das Streiflicht" aus der „Süddeutschen Zeitung" vom 26. Februar 1999 wird das Fischstäbchen, das seinen 50. Geburtstag feiert, humorvoll und geistreich thematisiert.
Zunächst wird dargestellt, dass Ketchup ein sehr wichtiges Lebensmittel für Jugendliche ist, da es Inhaltsstoffe enthält, die unglückliche Teenager aufheitern und ihnen damit ihr Leben mit den Eltern erträglich gestalten. Da Jugendliche also Ketchup essen müssen, ist es notwendig, dass alle übrigen Nahrungsmittel gut zu Ketchup passen. Anhand einiger Beispiele zeigt der Autor, dass nur wenige Lebensmittel dieser Anforderung gerecht werden. Umso mehr ist seiner Ansicht nach die Erfindung des Fischstäbchens zu rühmen. Gegenüber den herkömmlichen, glatten Fischen sei dieses nämlich bestens für den Verzehr mit Ketchup geeignet und müsse nicht einmal getötet werden. Im letzten Abschnitt des Textes wird schließlich der Weg des Fischstäbchens von der Produktion bis zur Zubereitung durch die Eltern verfolgt, die sich über den Appetit ihrer Kinder auf Fischstäbchen freuen.

3. Zitierregeln anwenden

68 69

Übung 1

1. Zweimal falsche Wiedergabe. Richtig: Der Autor beruhigt: „Aber keine Sorge: Ketchup enthält alle wesentlichen Mineral- und Aufbaustoffe sowie Vitamine, dazu einen unbekannten Glücklichmacher" (S. 62, Z. 8–11).
2. Fehlendes Anführungszeichen am Ende des Zitats und falsche Zeilenangabe. Richtig: Er sagt, dass Heranwachsende so große Mengen Ketchup brauchen, dass „es uns gelegentlich fast unheimlich erscheint" (S. 62, Z. 7/8), kann aber im Anschluss daran seine Leser beruhigen.
3. Fehlende Anführungszeichen und falsche Zeilenangabe. Richtig: „Selten wohl hat sich der Mensch [...] zu Größerem emporgeschwungen" (S. 62, Z. 37–40).
4. (Nicht markierte) Auslassung im Zitat und falsche Klammern bei der Stellenangabe. Richtig: „Das Fischstäbchen hingegen hat nie gelebt" (S. 63, Z. 55/56).
5. Der übergeordnete Satz verträgt sich grammatikalisch nicht mit dem Zitat und die Stellenangabe steht nicht unmittelbar hinter diesem. Richtig: Das Fischstäbchen „wartet auf zupackende Mütter und Väter" (S. 63, Z. 63/64), die es daheim für ihre Kinder zubereiten.

Übung 2

1. „Er [der Glücklichmacher – *auch solche erklärenden Zusätze, die du innerhalb des Zitats machen willst, gibst du in eckigen Klammern an*] ist es, der es Vor-, Haupt- und Spätpubertierenden überhaupt erst ermöglicht, die Existenz von Erwachsenen, insbesondere Eltern, zu ertragen, ohne vor Unglück zu sterben" (S. 62, Z. 11–16).
2. „Indes gilt unser besonderes Augenmerk heute dem Fischstäbchen, welches vor genau 50 Jahren in Amerika erfunden und sogleich *fishstick* getauft wurde" (S. 62, Z. 33–37).

Übung 3

1. Der Verfasser stellt fest, dass der Fisch in nahrungsmitteltechnischer Hinsicht als mangelhaft, wenn nicht als Fehlkonstruktion gelten müsse.
2. Der Schriftsteller behauptet, dass das Fischstäbchen nie gelebt habe.

72 73

C Übungstext 2: Sitzenbleiben abschaffen?
1. Den äußeren und inneren Aufbau untersuchen

Übung 1

1. Überschrift: Sitzenbleiben abschaffen?
   Art der Gestaltung: Fettdruck, Zentrierung, große Schrift, Fragezeichen
   Absicht der Gestaltung: Aufmerksamkeit erregen, Thema nennen
2. Wörter: Ehrenrunde, Selbstwertgefühl, Neuanfang
   Art der Hervorhebung: Fettdruck, Farbe
   Absicht der Hervorhebung: „Ehrenrunde" erläutert noch einmal die Überschrift; „Selbstwertgefühl" und „Neuanfang" stehen als Schlagwörter für die gegensätzlichen Meinungen. Der Leser erhält also schnell einen Überblick über das Wesentliche des Artikels.

Übung 2

Der äußere Aufbau kann als sehr leserfreundlich bezeichnet werden, da er durch Überschriften und Fettdruck die wichtigsten Informationen für den Leser hervorhebt und durch seinen Aufbau in drei Kästen den Leser stets orientiert: So wird im ersten Kasten in knapper Form die Problemfrage aufgeworfen, die entweder bejaht oder verneint werden kann. Schon durch die Überschriften in den gegenübergestellten Kästen weiß man, welche Meinung vertreten wird, und kann sich somit auf die Argumentation der Autoren konzentrieren. Insgesamt kann der Leser sich schon beim ersten „Überfliegen" des Textes einen guten Überblick verschaffen.

Übung 3

- [ ] Die Überschrift „Pro & Contra" hat mit dem Text inhaltlich nichts zu tun.
- [x] Die Überschrift „Sitzenbleiben abschaffen?" zeigt dem Leser sofort an, welche Frage im Text behandelt wird.
- [x] Der erste Kasten stellt eine Einleitung zum Thema dar.
- [x] Der erste Kasten zeigt, warum die Frage „Sitzenbleiben abschaffen?" aktuell ist.
- [ ] Die Kästen mit der Überschrift „JA" und „NEIN" beinhalten Interviews mit Lehrern.
- [x] Die Kästen mit der Überschrift „JA" und „NEIN" beinhalten Stellungnahmen von Lehrern.
- [x] Ein Schluss fehlt, damit man sich selbst ein Urteil bilden kann.
- [ ] Ein Schluss fehlt, weil der letzte Lehrer Recht hat.

Übung 4

1. Beweis
2. Beispiel
3. Appell
4. Einwand
5. Behauptung

74 | 75

2. Die Sprache auf der Wortebene untersuchen

Übung 1 „Ein Wiederholungsjahr ist vielmehr Chance zum Neuanfang und zur Stabilisierung – oder für Eltern Anlass zu überlegen, ob das Kind überhaupt die richtige Schullaufbahn eingeschlagen hat. Es ist zudem eine Milchmädchenrechnung zu glauben, mit der Abschaffung des Sitzenbleibens könnten Personal und Gelder für schulische Fördermaßnahmen freigesetzt werden."

Substantive, vor allem Substantivierungen (= in Substantive umgeformte Verben und Adjektive), wirken abstrakt und wissenschaftlich, aber auch etwas leblos. Adjektive dienen der Veranschaulichung und der näheren Bestimmung.

Übung 2 „Während der frustrierenden Ehrenrunde erhalten Sitzenbleiber in ihren Problemfächern meist nicht die notwendige zusätzliche Unterstützung. In ihren stärkeren Fächern wird ihnen zudem die Chance genommen, sich weiterzuentwickeln und Erfolgserlebnisse zu haben."

Durch Verben lassen sich Vorgänge und Handlungen lebhaft beschreiben. Der Leser kann sich in die Lage des Schülers versetzen, dem hier die Chance genommen wird. Die Passivkonstruktion verstärkt den Eindruck, dass über den Schüler hinweg bestimmt wird.

Übung 3 1. pädagogisch: erzieherisch; 2. frustrierend: enttäuschend, unbefriedigend; 3. Chance: Möglichkeit; 4. individuell: den Einzelnen und seine Besonderheiten berücksichtigend; 5. heterogen: uneinheitlich, einer anderen Gattung angehörend; 6. kumuliert: gehäuft; 7. dramatisieren: etwas schlimmer darstellen, als es tatsächlich ist; 8. Katastrophe: großes Unglück

Übung 4 Hier die Tabelle in der korrekten Anordnung, damit du besser mit ihr lernen kannst.

Stilfigur	Beschreibung und Wirkung	Beispiel
Alliteration	**Stabreim** (gleiche Anfangsbuchstaben) zur Hervorhebung von Zusammengehörigem, dient der Einprägsamkeit	***Sch**üler **sch**reiben **Sch**ulaufsätze.*
Emphase	**ausdrückliche Betonung** durch Lautstärke oder Wortstellung	*Bis **morgen**? – Das schaff ich nie!*
Euphemismus	**Beschönigung**, verharmlosende Bezeichnung einer unangenehmen Sache	*entschlafen* (für „sterben")
Hyperbel	**Überspitzung**, Hervorhebung durch Übertreibung	*aus der pädagogischen Steinzeit* (für „pädagogisch veraltet")
Ironie	**versteckter Spott** durch Ausdruck des Gegenteils, dient der Kritik	*Ehrenrunde* (für das wenig ehrenhafte Sitzenbleiben)
Litotes	**Verneinung des Gegenteils**, Hervorhebung durch Untertreibung	*ein nicht ungeeignetes Kind* (für „ein sehr geeignetes Kind")
Metapher	**bildhafte Übertragung**, dient der Veranschaulichung	*Milchmädchenrechnung* (für „Trugschluss")
Personifikation	**Vermenschlichung von leblosen Dingen**, dient der Veranschaulichung	*Die Sonne lacht.*
Umschreibung	**unübliche Bezeichnung**, dient der Hervorhebung	*frittierte Kartoffelstäbe* (für „Pommes frites")

76 : 77

3. Die Sprache auf der Satzebene untersuchen

Übung 1

1. Hauptsatz + Nebensatz → Hypotaxe
2. Hauptsatz + Nebensatz (= HS, Teil 1 / Nebensatz / HS, Teil 2) → Hypotaxe
3. Hauptsatz + Hauptsatz → Parataxe
4. einfacher Hauptsatz

Übung 2

Hier liegen nur einfache Hauptsätze vor. Die Gedankenführung ist dadurch sehr einfach und schnell zu erfassen. In der Einleitung wird vermieden, den Lesefluss durch komplizierteren Satzbau zu hemmen; der Leser hat also einen leichten „Einstieg" in den Text.

Übung 3

Hier die Tabelle in der korrekten Anordnung, damit du besser mit ihr lernen kannst.

Rhetorische Satzfigur	**Erklärung**	**Beispiel**
Anapher	**Wiederholung desselben Wortes** bzw. derselben Wortgruppe am Anfang zweier aufeinanderfolgender Sätze	*Ein Wiederholungsjahr bietet die Chance zum Neuanfang. Ein Wiederholungsjahr bietet Stabilisierung.*
Chiasmus	**kreuzweise Anordnung** von gleichen Satzgliedern (nach dem Schema ab – ba)	*Der Schüler war fleißig, faul war der Lehrer.*
Ellipse	**Auslassung** eines oder mehrerer Wörter (in der Umgangssprache oder auch als Ausdruck starker Emotionen)	*Was nun?* (für: „Was sollen wir nun tun?")
Inversion	**Umstellung** von Satzgliedern, zur Hervorhebung des umgestellten Satzgliedes	*Schlau ist der Schüler.* (für: „Der Schüler ist schlau.")
Klimax	**abgestufte Steigerung einer Reihung** von Wörtern, Satzgliedern oder Sätzen	*Schön ist es, zu lernen, schöner, zu lesen, am schönsten, zu spielen.*
Parallelismus	**Wiederholung der gleichen Bauform** in aufeinanderfolgenden Sätzen, dient der Verdeutlichung	*Er war Muttis Liebling; sie war Vatis Püppchen.*

Übung 4

Josef Kraus schreibt in einem „gemischten Stil", da er einerseits Fremdwörter verwendet, z. B. „pädagogisch" (S. 71, Z. 97), „finanziell" (Z. 98), andererseits aber auch umgangssprachliche Ausdrücke, z. B. „in den nächsten Jahrgang boxen" (Z. 119/120), „Ehrenrunde" (Z. 156).
Um die Argumente seiner Gegner abzuwerten, benutzt er auffällig negativ gefärbte Wörter, z. B. „Ladenhüter" (Z. 100), „Milchmädchenrechnung" (Z. 129), „Katastrophengeschrei" (Z. 162).
Der Satzbau wechselt zwischen Parataxe und Hypotaxe und kann deshalb als normalsprachlich bezeichnet werden.

4. Den Text deuten

78 | 79

Übung 1

Anmerkung: Natürlich kann man von einer Überschrift nicht immer schon auf die Absicht des Autors schließen. Entscheidend ist hierfür immer erst der folgende Text.

1. „Abendstimmung am Lagerfeuer": künstlerischer Ausdruck
2. „Die neue Autobahn gefährdet die Umwelt": Kritik
3. „Treffen der Kaninchenzüchter sehr erfolgreich": Information
4. „Einsteins Theorie in Grundzügen": Belehrung
5. „Brot statt Böller!": Appell
6. „Gesetz zum Schutze der Jugend in der Öffentlichkeit": Regelung
7. „Die besten Versprecher des Jahres": Unterhaltung

***Merke:** Bei Gesetzen handelt es sich immer um **Regelungen**.*

Übung 2

1. Beide Autoren sind durch ihre Berufserfahrung Experten, wie der Leser den Begleittexten zu den Autoren entnehmen kann (S. 70, Z. 7–14 und S. 71, Z. 87–94), und vertreten unterschiedliche Meinungen.
2. Diese Ausdrücke sind zum einen negativ belegt und werten somit die Argumente des Gegners ab. Zum anderen wird durch die Verwendung der Alltagssprache der Eindruck erweckt, dass die Frage auch ohne großen wissenschaftlichen Aufwand und allein mit „gesundem Menschenverstand" beantwortet werden kann.
3. „Focus" ist eine Zeitschrift für Personen, die sich schnell zu einem Thema informieren wollen. Der vorliegende Artikel dürfte vor allem Eltern interessieren, deren Kinder Probleme in der Schule haben. Der Zeitpunkt der Veröffentlichung (32. Kalenderwoche) liegt nahe an den großen Ferien, also in einer Zeit, in der das Problem des „Sitzenbleibens" aktuell ist.
4. Die beiden Autoren wollen mit ihren Stellungnahmen die Gunst des Lesers gewinnen und ihn davon überzeugen, dass ihre Meinung die richtige ist. Beide Autoren versuchen deshalb auch, mögliche Gegenargumente von vornherein zu entkräften.

Übung 3

Beispielaufsatz für die Interpretation des Sachtextes auf S. 70/71:

***Hinweis:** Die blauen Begriffe am Rand entsprechen den Punkten, die deine Gliederung enthalten sollte.*

A Einleitung

Jedes Jahr bleiben am Schuljahresende ca. zwei Prozent aller Schüler sitzen, wodurch die Diskussion um den Sinn des Sitzenbleibens immer wieder neu belebt wird. Gerade vor den großen Ferien nehmen sich deshalb auch Lehrer, Politiker und Medien des Themas verstärkt an.

(Fortsetzung s. nächste Seite)

78 | 79 (Fortsetzung)

B Hauptteil
I. Textanalyse
1. Inhaltsangabe

In seiner wöchentlich erscheinenden Rubrik „Pro & Contra" greift auch das Nachrichtenmagazin „Focus" dieses Thema auf. Unter dem plakativen Titel „Sitzenbleiben abschaffen?" lässt das Magazin die Lehrerin Marianne Demmer, die dem Vorstand der Gewerkschaft für Erziehung und Wissenschaft angehört, und den Gymnasiumsdirektor Josef Kraus, der Präsident des Deutschen Lehrerverbandes ist, zu Wort kommen. Beide vertreten gegensätzliche Positionen, insofern als Marianne Demmer für die Abschaffung, Josef Kraus aber für die Beibehaltung des Sitzenbleibens plädiert. Während die Lehrerin das Sitzenbleiben als „Angriff auf das Selbstwertgefühl der Schüler" (S. 70, Z. 29–31) ablehnt und für veraltet hält, gibt Josef Kraus zu bedenken, dass das Wiederholungsjahr „eine Chance zum Neuanfang" (S. 71, Z. 122/123) sein könnte.

2. Bestimmung der Textart

Da beide Autoren ihre subjektive Meinung vertreten und dafür mit ihrem Namen einstehen, können ihre Stellungnahmen als Kommentare zum Thema des Artikels bezeichnet werden.

3. Äußerer und innerer Aufbau

Äußerlich ist der Text sehr übersichtlich aufgebaut: Unter dem kleingedruckten Titel der Rubrik („Pro & Contra") sticht dem Leser die Frage „Sitzenbleiben abschaffen?" durch großen Fettdruck sofort ins Auge. Der folgende Informationskasten erläutert, warum dieser Gegenstand überhaupt diskutiert wird, und nennt die beiden Grundpositionen der Auseinandersetzung. In zwei folgenden, deutlich voneinander abgegrenzten Kästen nehmen zwei Experten zum Thema Stellung. Durch die Unterüberschriften „Ja" und „Nein" und die farbig markierten Schlagwörter „Selbstwertgefühl" und „Neuanfang" in der Zusammenfassung ihrer Plädoyers jeweils in der Textmitte weiß der Leser sofort, welche Positionen beide einnehmen, und kann sich im folgenden Text auf die Begründung der Urteile konzentrieren.

4. Sprach- und Stilanalyse

Sowohl der Informationsteil als auch der Text der Autoren sind von ihrer Wortwahl her an ein breites Publikum gerichtet, erwecken aber zugleich durch die Verwendung von Fachbegriffen (vgl. z. B. „pädagogisch", Z. 97, „Integration", Z. 61/62) und Fremdwörtern (vgl. z. B. „frustrierend", Z. 33/34, „heterogen", Z. 68/69) einen kompetenten Eindruck. Der Satzbau des neutralen Informationskastens ist schlicht (einfache Hauptsätze), um ein rasches Lesen und schnelle Information zu ermöglichen, während in den einzelnen Stellungnahmen als Begründungssprache komplexere Sätze (Hypotaxen) gewählt wurden. Josef Kraus benutzt im Vergleich zu Marianne Demmer häufiger leicht umgangssprachliche und wertende Wendungen (vgl. z. B. „in den nächsten Jahrgang boxen" (abwertend), Z. 119/120, „Katastrophengeschrei" (abwertend), Z. 162), wodurch seine Stellungnahme anschaulicher als der sachlicher gehaltene Kommentar der Lehrerin wirkt.

II. Deutung des Textes – Verfasserabsicht

Insgesamt möchte der Artikel den Leser schnell über die Thematik „Sitzenbleiben abschaffen?" informieren und gibt zu diesem Zweck die beiden extremen Meinungen („Ja" und „Nein") von Experten wieder. Der Leser kann sich also nach der Lektüre der beiden Kommentare, die ihn natürlich beide überzeugen wollen, selbst ein Urteil bilden.

C Schlussgedanke

Hier wäre es sinnvoll, wenn du deine eigene Meinung zum Thema schreiben würdest.

5. Zusatzfragen beantworten

80 : 81

Übung 1

- ☒ Sitzenbleiben ist eine veraltete Methode. Zeile: 23–28
- ○ Sitzenbleiber werden in den neuen Klassen gehänselt. Zeile: –
- ☒ Sitzenbleiben kostet den Staat viel Geld. Zeile: 46–49
- ○ Sitzenbleiben verlängert die Ausbildungsdauer. Zeile: –
- ☒ Klassen mit unterschiedlich starken Schülern lernen besser. Zeile: 64–75

Übung 2

Z. 109–120: Versetzung bei Wissensdefiziten ist pädagogisch nicht sinnvoll.
Z. 128–141: Durch Wiederholer entsteht kein höherer Bedarf an Personal und Geldern.

Übung 3

Eine verbindliche Stoffsammlung kann hier natürlich nicht angegeben werden. Alle in Übung 4 genannten Gliederungspunkte könnten aber auch in deiner Stoffsammlung auftauchen.

Übung 4

*Die folgende Gliederung ist als **Beispiel** zu verstehen. Abweichungen sind grundsätzlich möglich. Achte aber darauf, ob du die Unterpunkte unter die richtigen Oberpunkte geordnet hast.*

A Einleitung: aktuelle Diskussion der „Ehrenrunde"
B Hauptteil
- I. Gründe für die Abschaffung des „Sitzenbleibens"
  - 1. Finanzielle Gründe
    - a) Hohe Kosten des Wiederholens
    - b) Individuelle Förderung durch eingespartes Geld
  - 2. Bestrafung des Schülers
    - a) Bestrafung durch das Elternhaus
    - b) Ausgrenzung in der neuen Klasse
    - c) Verlust von Kontakten zu Mitschülern der alten Klasse
  - 3. Pädagogische Gründe
    - a) Frustration des Schülers
    - b) Keine Weiterentwicklung in leistungsstarken Fächern
    - c) Bessere Lernerfolge in leistungsmäßig heterogenen Klassen
    - d) Keine zusätzliche Unterstützung in Problemfächern
- II. Zusammenfassung (eventuell Lösungsvorschlag)

C Schluss: Zukunftsprognose

Übung 5

1. Man darf das Sitzenbleiben in seinem Ausmaß nicht dramatisieren.	Begründung
2. Denn schließlich sind davon nur zwei Prozent aller Schüler betroffen.	Beleg/Beispiel
3. Von den zwölf Millionen Schülern in Deutschland drehen pro Jahr rund 250 000 eine Ehrenrunde.	Rückbezug zur Themafrage
4. Ein Katastrophengeschrei ist in dieser Frage deshalb nicht angebracht.	These

84 : 85

Erzählende Prosatexte
A Bevor es losgeht …
3. Prosatextarten erkennen

Übung

1. **Textart:** Anekdote
2. **Textart:** Roman
3. **Textart:** Erzählung
4. **Textart:** Satire
5. **Textart:** Legende
6. **Textart:** Märchen
7. **Textart:** Parabel *(auch die biblischen Gleichnisse sind meist Parabeln, z. B. das „Gleichnis vom verlorenen Sohn")*
8. **Textart:** Kalendergeschichte
9. **Textart:** Fabel
10. **Textart:** Kurzgeschichte
11. **Textart:** Novelle

B Übungstext 1: Bertolt Brecht: Maßnahmen gegen die Gewalt

1. Den Text lesen und verstehen

86 : 87

Übung 1 und 2

Bertolt Brecht: Maßnahmen gegen die Gewalt (1930)

Als Herr Keuner, der Denkende, sich in einem Saale vor vielen gegen die Gewalt aussprach, merkte er, wie die Leute vor ihm zurückwichen und weggingen. Er blickte sich um und sah hinter sich stehen – die Gewalt.

„Was sagtest du?" fragte ihn die Gewalt.

„Ich sprach mich für die Gewalt aus", antwortete Herr Keuner.

Als Herr Keuner weggegangen war, fragten ihn seine Schüler nach seinem Rückgrat. Herr Keuner antwortete: „Ich habe kein Rückgrat zum Zerschlagen. Gerade ich muß länger leben als die Gewalt."

Und Herr Keuner erzählte folgende Geschichte:

In die Wohnung des Herrn Egge, der gelernt hatte, nein zu sagen, kam eines Tages in der Zeit der Illegalität ein Agent, der zeigte einen Schein vor, welcher ausgestellt war im Namen derer, die die Stadt beherrschten, und auf dem stand, daß ihm gehören solle jede Wohnung, in die er seinen Fuß setze; ebenso sollte ihm auch jedes Essen gehören, das er verlange; ebenso sollte ihm auch jeder Mann dienen, den er sähe.

Der Agent setzte sich in einen Stuhl, verlangte Essen, wusch sich, legte sich nieder und fragte mit dem Gesicht zur Wand vor dem Einschlafen: „Wirst du mir dienen?"

Herr Egge deckte ihn mit einer Decke zu, vertrieb die Fliegen, bewachte seinen Schlaf, und wie an diesem Tage gehorchte er ihm sieben Jahre lang. Aber was immer er für ihn tat, eines zu tun hütete er sich wohl: das war, ein Wort zu sagen. Als nun die sieben Jahre herum waren und der Agent dick geworden war vom vielen Essen, Schlafen und Befehlen, starb der Agent. Da wickelte ihn Herr Egge in die verdorbene Decke, schleifte ihn aus dem Haus, wusch das Lager, tünchte die Wände, atmete auf und antwortete: „Nein."

= Handlungsweisen (wirksam, glaubwürdig?)
– Keuner = „Denker"
– widersprüchliches Verhalten (erst gegen, dann für die Gewalt)
– Gewalt als Person

– unglaubwürdig für seine Schüler
– doppelte Bedeutung von „Rückgrat"
– Keuner erzählt eine Geschichte
– ab hier neue Handlung
– Egge = „Neinsager"
– Illegalität = Diktatur?
– Herrschaft von Willkür und Unrecht

– Agent = herrisch
– Frage des Agenten

– Egge dient ihm (sieben Jahre lang, ohne ein Wort zu sagen)
– Tod des Agenten
– Egge beseitigt die Leiche und alle Spuren des Agenten
– Egges Antwort nach 7 Jahren: Nein

Übung 3

1. Rückgrat (Z. 8): Wirbelsäule, im übertragenen Sinne auch: aufrechte Haltung, Aufrichtigkeit
2. Illegalität (Z. 13): Ungesetzlichkeit
3. Agent (Z. 13): jemand, der im Auftrag eines anderen handelt, z. B. als staatlicher Abgesandter, als Spion oder auch als Vermittler von Künstlern

Übung 4

Hier gibt es natürlich keine vorgeschriebene Lösung. Behalte deinen Deutungsansatz aber im Hinterkopf und achte darauf, ob er in der weiteren Untersuchung eher bestätigt wird oder korrigiert werden muss.

88 | 89

2. Den Inhalt zusammenfassen

Übung 1

Bei dem Text „Maßnahmen gegen die Gewalt" handelt es sich um eine Parabel, die auf die Zeit des Nationalsozialismus bezogen werden kann, in der sich viele Menschen der Gewalt gegenüber ähnlich wie Herr Keuner verhalten haben. Darüber hinaus kann man nun aber auch die Geschichte von Herrn Egge, die Herr Keuner seinen Schülern zu seiner Rechtfertigung erzählen will, als eine zweite Parabel ansehen. Auch hier liegt der gemeinsame Vergleichspunkt dieser Geschichte und der Rahmenhandlung in der Ohnmacht von Herrn Keuner und Herrn Egge gegenüber der Gewalt bzw. dem Agenten. Beide wollen ihr Leben nicht riskieren, obwohl sie die Gewalt grundsätzlich ablehnen, und äußern dies daher nur dann bzw. erst dann, wenn sie es gefahrlos tun können.

Übung 2

In der Parabel (Textart) „Maßnahmen gegen die Gewalt" (Überschrift) von Bertolt Brecht (Autor) aus dem Jahre 1930 (Erscheinungsjahr) geht es darum, dass ein Herr Keuner (Hauptperson) die Gewalt zwar verurteilt, aber nicht dazu bereit ist, sich für diese Überzeugung umbringen zu lassen (Thema).

Übung 3

Z. 1–6: Während Herr Keuner einen Vortrag gegen die Gewalt hält, betritt diese zum Schrecken des Publikums den Saal. Auf die Frage der Gewalt, worüber er gesprochen habe, lügt Keuner, er habe für die Gewalt gesprochen.
Z. 7–11: Seine Schüler fragen Herrn Keuner deshalb nach seiner Prinzipientreue. Herr Keuner meint, dass er die Gewalt überleben müsse, und erläutert sein Verhalten anhand einer Parabel.
Z. 12–30: Dieses Gleichnis handelt von Herrn Egge, der einen Agenten in seiner Wohnung aufnehmen muss und diesem sieben Jahre lang dient, ohne ein Wort zu sprechen. Erst nachdem der Agent dann gestorben ist und Egge alle seine Spuren beseitigt hat, spricht er seine Weigerung aus, ihm zu dienen.

Übung 4

1. Herr Keuner antwortete, dass er sich für die Gewalt ausgesprochen habe.
2. Herr Keuner antwortete, dass er kein Rückgrat zum Zerschlagen habe.
3. Der Agent fragte, ob er ihm dienen werde.

Übung 5

Wenn du die Lösungen der Übungen 2 und 3 auf dieser Seite hintereinander liest, hast du ein Beispiel für eine komplette Inhaltsangabe.

3. Die Komposition der Handlung untersuchen

90 91

Übung 1

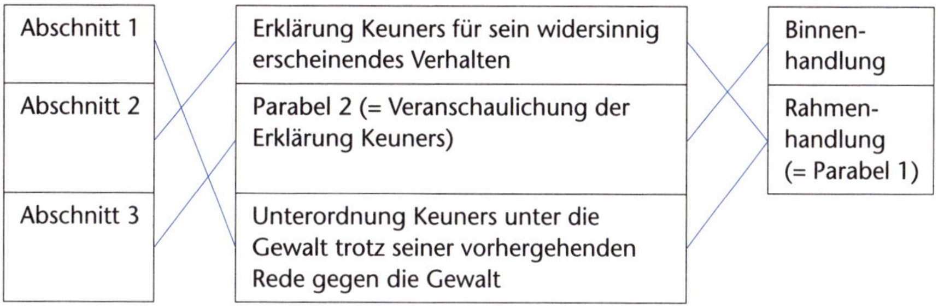

Übung 2

Brecht leitet die Binnenhandlung durch Keuners Versuch einer Rechtfertigung ein, damit eine Verbindung zur Rahmenhandlung bestehen bleibt.

Übung 3

In der Bibel werden häufig Gleichnisse benutzt (z. B. das „Gleichnis vom verlorenen Sohn"). Sie helfen, die zum Teil abstrakten Gebote beispielhaft zu veranschaulichen. Dadurch werden die religiösen Inhalte besser verstanden und im Gedächtnis behalten.

Übung 4

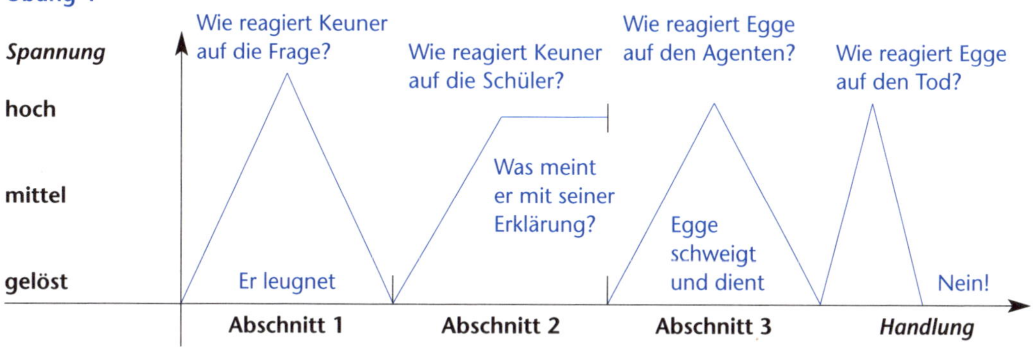

Übung 5

Hier gibt es natürlich keine „richtige" Lösung, sondern nur ein kleines Beispiel:
„Was muss ich diesem Kerl dienen? Dass der meine Wohnung missbraucht, ist ungerecht und macht mich wütend. Aber besser, ich halte den Mund, denn der Agent ist mir überlegen, weil er die Macht auf seiner Seite hat. Eines Tages werde ich aber nicht mehr dienen müssen, weil die illegale Zeit dann vorbei sein wird. Darauf kann ich nur hoffen."

Übung 6

Herr Keuner hatte Angst vor der vor ihm stehenden Gewalt und zitterte. Sie fragte: „Was redest du?" Keuner dachte sich, die Gewalt ist stärker als ich, und antwortete: „Ich sprach mich für die Gewalt aus." Die Gewalt fühlte sich geschmeichelt und ließ den verängstigten, aber heilfrohen, von einer gewaltlosen Welt träumenden Keuner gehen.

92 : 93

4. Die Figurendarstellung untersuchen

Übung 1

1. Herr Keuner, der Denkende, sprach sich in einem Saale vor vielen gegen die Gewalt aus.
2. Herr Keuner antwortete: „Ich habe kein Rückgrat zum Zerschlagen. Gerade ich muß länger leben als die Gewalt."
3. In die Wohnung des Herrn Egge, der gelernt hatte, nein zu sagen, kam [...] ein Agent [...].
4. Der Agent setzte sich in einen Stuhl, verlangte Essen, wusch sich, legte sich nieder und fragte mit dem Gesicht zur Wand vor dem Einschlafen: „Wirst du mir dienen?"
5. Herr Egge deckte ihn mit einer Decke zu, vertrieb die Fliegen, bewachte seinen Schlaf, und wie an diesem Tage gehorchte er ihm sieben Jahre lang.
6. Als nun die sieben Jahre herum waren und der Agent dick geworden war vom vielen Essen, Schlafen und Befehlen, starb der Agent.

Übung 2

1. Herr Keuner will sein Leben nicht umsonst riskieren (Zeile 8–10).
2. Die Gewalt flößt den Menschen Furcht ein (Zeile 2/3).
3. Die Schüler sind über Keuners Verhalten erstaunt (Zeile 7/8).
4. Der Agent benimmt sich herrisch (Zeile 19–21).
5. Herr Egge dient sieben Jahre ohne Widerspruch (Zeile 23/24 und 25/26).

Übung 3

1. Der Agent ist als Typus des herrisch Gebietenden dargestellt, da der Leser weder seinen Namen noch seine Person näher kennenlernt.
2. Vielleicht hat er den Namen gewählt, weil niemand (keiner) so denkt wie „Keuner". Auch in anderen Keuner-Geschichten spricht Keuner Brechts Gedanken aus. Möglicherweise denkt Brecht, dass zwar viele wie Keuner handeln, aber wohl niemand sich so über sein Handeln äußern würde.
3. Herr Egge spricht die sieben Jahre lang nicht und unterwirft sich stumm. Erst als der Agent tot ist, beantwortet er ihm seine Frage. Egge will alle Spuren des Agenten beseitigen. Der Name Egge könnte ebenfalls aus dem Schwäbischen stammen und so viel wie „Ecke" bedeuten. Man könnte den Namen auf die Situation Egges übertragen, der sich in die Ecke gedrängt sieht.

Übung 4

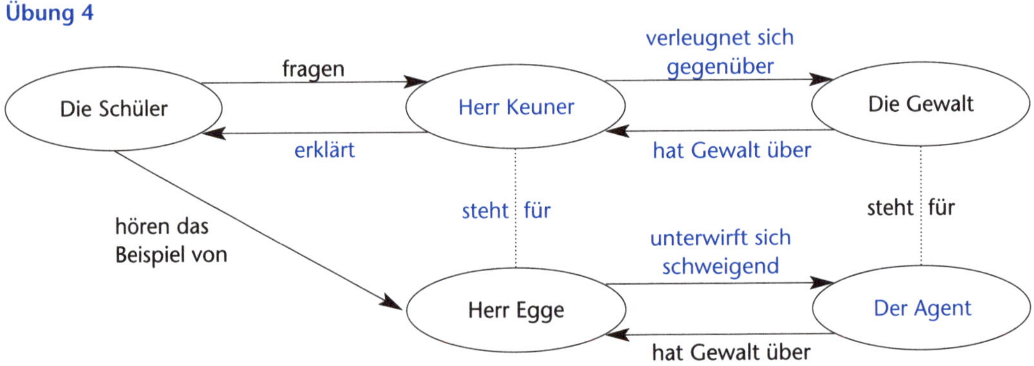

C Übungstext 2: Gerhard Zwerenz: Nicht alles gefallen lassen ...
1. Die Zeit- und Raumgestaltung untersuchen

96 | 97

Übung 1 Es liegt eine Zeitraffung vor, da sich die erzählte Zeit über einige Tage erstreckt, die Erzählzeit hingegen nur wenige Minuten beansprucht.

Übung 2 Die Geschichte ist kontinuierlich aufgebaut. Sie beginnt mit einer Rückblende auf die Entwicklung des Kampfes der Familien und endet in der Gegenwart. Diese chronologische Entwicklung kann man an den aufeinanderfolgenden Zeitangaben des Textes und den Zeitstufen der Verben (bis Z. 67: Vergangenheit, ab Z. 68: Gegenwart) erkennen.

Übung 3

1. Der Erzähler befindet sich in der Gegenwart (vgl. „nun", Z. 68) und erzählt die Geschichte als eine Art Rückblende.
2. Der Erzähler sagt selbst, dass sie nun alle tot seien (vgl. Z. 68). Ein Toter kann natürlich nichts mehr erzählen. Der Autor möchte damit den Leser verwundern und ihn zum Nachdenken über das widersinnige Verhalten der Familie bewegen.

Übung 4 Die Familie des Erzählers wohnt im dritten Stock eines Mehrfamilienhauses in einer nicht näher bezeichneten Stadt (vgl. Z. 1), während die gegnerischen Dörfelts im Haus gegenüber wohnen (vgl. Z. 2).

Übung 5 Eine verliehene und nicht zurückgebrachte Bratpfanne wird zum Anlass der Auseinandersetzung (vgl. Z. 3/4). Der Autor wählt bewusst einen nicht besonders wertvollen Gegenstand, um zu unterstreichen, dass die folgenden Ausschreitungen in keinem Verhältnis zu ihrem nichtigen Anlass stehen. Damit wird der Kampf noch sinnloser dargestellt, denn letztendlich wird die ganze Stadt wegen einer Bratpfanne zerstört.

Übung 6 Die Wohngegend und das Verhalten der Personen lassen auf kleinbürgerliche Verhältnisse schließen, in denen wenig aufgeschlossen über andere gedacht wird. Die dort Wohnenden sind anfällig für „Tratsch" (vgl. Z. 5–8) und geben viel auf die Meinung ihrer Nachbarn (vgl. Z. 33–36). Allein der Vater steht durch seine Arbeit in einem „hochrenommierten Café" (Z. 30) etwas außerhalb dieser Welt und macht bezeichnenderweise auch als Einziger einen Vorschlag, den Konflikt durch die Polizei, also mithilfe von außen, zu lösen (vgl. Z. 30–32).

Übung 7 Auffällig ist zunächst die enorme Steigerung, was die Kampfkraft der benutzten Waffen betrifft. Während am Anfang noch böse Worte gebraucht werden (vgl. Z. 7), wird am Ende der Geschichte eine Atomgranate gezündet (vgl. Z. 65). Die gewählten Waffen werden immer unwahrscheinlicher, denn schließlich sind Familien nicht im Besitz von Flakgeschützen und Atomgranaten.

Übung 8 Die Straße könnte für die Kluft stehen, die sich zwischen den Familien entwickelt hat, und stellt somit die Frontlinie der Auseinandersetzung dar.

98 | 99

2. Die sprachliche Gestaltung untersuchen

Übung 1

1. z. B.: „Schlampe“ (Z. 7), „prügelten windelweich“ (Z. 9), „als sei sonst was los“ (Z. 12), „Geschrei“ (Z. 19), „lachten uns halb tot“ (Z. 42), „ging hoch“ (Z. 48f.), „krepierten“ (Z. 56), „lief alles wie am Schnürchen“ (Z. 58), „tanzen einem sonst auf der Nase herum“ (Z. 72).
2. z. B.: „zuschulden kommen lassen“ (Z. 1/2), „hinterbracht haben“ (Z. 8), „erbitterte Feindschaft“ (Z. 21), „augenscheinlich“ (Z. 26), „verfügten“ (Z. 26), „hochrenommierten“ (Z. 30), „triumphierte“ (Z. 59), unvergesslichen“ (Z. 65).
3. z. B.: „Scherenfernrohr“ (Z. 23), „Kleinkaliberbüchse“ (Z. 28), „den Kampf aus eigner Kraft in aller Härte aufzunehmen“ (Z. 37), „Stacheldraht, den wir gezogen hatten“ (Z. 44), „Granaten krepierten“ (Z. 55/56), „Richtkanonier“ (Z. 59), „Kommando, Feuer!'“ (Z. 64), „die beiden Geschosse trafen sich“ (Z. 66).

Übung 2

Durch die stilistisch uneinheitliche Wortwahl wird ein Kontrast zwischen der einfachen Familie (Alltagssprache), ihren unpassenden Moralvorstellungen (hochsprachliche, gewählte Formulierungen) und der brutalen Auseinandersetzung (Militärjargon) erzeugt. Die Sprache des Erzählers spiegelt sein „schiefes“, in sich unstimmiges Weltbild wider.

Übung 3

Die Verben dienen der Veranschaulichung und der lebendigen Gestaltung, die bei der Schilderung eines Kampfes natürlich von großer Bedeutung sind.

Übung 4

Der Satzbau beschränkt sich fast nur auf aneinandergereihte, kurze Hauptsätze. Dadurch wird das Erzähltempo gesteigert und die Spannung erhöht.

Übung 5

1. „das feindliche Fernrohr“ (Z. 27/28) = Alliteration (Stabreim)
2. „nicht schlecht verdiente“ (Z. 30/31) = Litotes (Verneinung des Gegenteils)
3. „ein gleiches Rohr blinzeln“ (Z. 62) = Personifikation (Vermenschlichung von leblosen Gegenständen)
4. „Feuer!“ (Z. 64) = Ellipse (unvollständiger Satz)
5. „Aber eins muss man sagen“ (Z. 70) = Emphase (ausdrückliche Betonung)
6. „auf der Nase herumtanzen“ (Z. 72) = Metapher (bildhafte Übertragung)

Übung 6

1. Die Mutter sagte: „Frau Dörfelt ist eine Schlampe.“
2. „Die werden sich ganz schön wundern“, triumphierte unsere Mutter.

Übung 7

Der Erzähler macht sich nicht die Mühe, Verständnis für seine Nachbarn aufzubringen. Er erzählt die Geschichte aus seiner eigenen, beschränkten Sicht, die Dörfelts werden deshalb nicht wörtlich zitiert.

Übung 8

Der Text wendet sich an ein breites Publikum, da weder Satzbau noch Wortwahl sehr kompliziert sind. Die sprachlichen Feinheiten, die in den vorangegangenen Übungen herausgearbeitet wurden, sind allerdings nur für ein sprachlich schon etwas gebildetes Publikum unterhaltsam.

3. Den Erzähler untersuchen

100 101

Übung 1

1. personaler Er-Erzähler
2. auktorialer Er-Erzähler
3. neutraler Erzähler
4. auktorialer Ich-Erzähler
5. personaler Ich-Erzähler

Übung 2

Hier erzählt ein personaler Ich-Erzähler („wir"), da der Erzählende zu den handelnden Personen (zur Familie) gehört und die Gefühle der übrigen Personen, sofern sie diese nicht selbst äußern, nicht kennt.

Übung 3

Der Erzähler schildert die Vorkommnisse sehr distanziert, da er keinerlei Gefühle zeigt. Selbst den Tod der Familien, der ihn eigentlich emotional besonders stark betreffen müsste, trägt er wie eine Selbstverständlichkeit vor (vgl. S. 95, Z. 68f.). Seine einzige Wertung besteht in der These, man dürfe sich von den Nachbarn nicht alles gefallen lassen (vgl. S. 95, Z. 70–72).

Übung 4

- ○ Er bewertet das Geschehen gar nicht.
- ○ Er hat Mitleid mit den Nachbarn.
- ☒ Er hält die Vorgehensweise seiner Familie für korrekt.
- ○ Er teilt die Meinung seines Vaters.
- ☒ Er bewertet das Geschehen eigentlich erst am Schluss.

Übung 5

Der Ich-Erzähler trägt eine Geschichte vor, die völlig widersinnig ist: Zwei Familien bringen sich wegen einer Bratpfanne um. Trotz des Todes aller Beteiligten beharrt der Ich-Erzähler auf der abwegigen Forderung, man dürfe sich nicht alles gefallen lassen. Der Eindruck der Widersinnigkeit wird noch dadurch verstärkt, dass eigentlich auch der Ich-Erzähler tot ist und damit gar nicht mehr erzählen könnte. In Anbetracht der Unverhältnismäßigkeit von Anlass und Ausmaß des Streites kann man deshalb der Aufforderung, sich „nicht alles gefallen zu lassen", nicht zustimmen.

102 | 103

4. Den Text deuten

Übung 1

- [ ] Man darf sich nicht alles gefallen lassen.
- [x] Man muss auch einmal nachgeben können.
- [ ] Man darf nichts Schlechtes über seine Nachbarn sagen.
- [ ] Man sollte keine Gegenstände an unzuverlässige Personen verleihen.
- [ ] Wer zuletzt lacht, lacht am besten.
- [ ] Familien müssen zusammenhalten.
- [x] Gewalt erzeugt Gegengewalt.

Übung 2

Die Geschichte könnte auf die politische Situation zu ihrer Entstehungszeit anspielen. Im geteilten Deutschland, also in der BRD als Teil der Nato und der DDR als Teil des Warschauer Paktes, fand ein Wettrüsten statt. Durch die Erzählung soll vor einer Eskalation der Gewalt gewarnt werden, in deren Verlauf dann bloß immer noch mehr zerstört als verteidigt werden könnte.

Übung 3

Textstelle: Vorschlag des Vaters, die Polizei einzuschalten (Z. 30–32)
Hier gibt es mehrere Lösungsmöglichkeiten. Ein paar Beispiele:
Gewalt lässt sich verhindern, wenn man zu Verhandlungen bereit ist.
Gewalt lässt sich verhindern, wenn man nachsichtig ist.
Gewalt lässt sich verhindern, wenn man neutrale Schiedsrichter beruft.
Gewalt lässt sich verhindern, wenn man selbst gewaltlos handelt.
Gewalt lässt sich verhindern, wenn man nicht rachsüchtig ist.

Übung 4

Durch seine Übertreibungen und die stilistisch uneinheitliche Wortwahl des Erzählers entsteht Komik. Sogar den Tod der Familien kann der Leser nicht ernst nehmen, da der Erzähler, ein Familienmitglied, auch noch nach seinem Tod weitererzählt.

5. Zusatzfragen beantworten

104 | 105

Übung 1

Hier gibt es keine vorgeschriebene Lösung, sondern nur ein kleines Beispiel:
„So weit musste es ja kommen! Ich wollte das Ganze ja friedlich regeln und die Polizei einschalten, aber meine Familie und die Dörfelts waren da nicht einsichtig. Wenn nur eine Familie nachgegeben hätte, könnten wir alle noch am Leben sein. Aber nein, jeder musste immer noch gewalttätiger reagieren. Deshalb sind wir jetzt wegen dieser blöden Bratpfanne gestorben. Gelohnt hat sich das nicht und das Schlimmste ist, dass meine Familie immer noch glaubt, richtig gehandelt zu haben."

Übung 2

Auch zu dieser Übung gibt es natürlich keine Musterlösung. Aber sicherlich kannst du dich an Momente erinnern, in denen du mit Geschwistern oder Eltern schon völlig unnötigerweise gestritten hast. Ein paar Beispiele:
die Wahl des Fernsehprogramms – Aufpassen auf jüngere Geschwister – Taschengeld – schlechte Noten – laute Musik in deinem Zimmer

Übung 3

Hier können die Argumente teilweise auch umgestellt werden. Wichtig ist aber, dass du die Argumente nach ihrer Wichtigkeit steigernd anordnest. Du musst also mit einem weniger wichtigen Argument beginnen und zuletzt dein wichtigstes Argument nennen.

A Einleitung: *(z. B.)* Streitigkeiten aus geringem Anlass
B Hauptteil: Gründe für die Entstehung von Gewalt in Familien und unter Freunden und Möglichkeiten zur Vermeidung von Gewalt
- I. Ursachen für die Entstehung von Gewalt
  - 1. In der Familie
    - a) Ungünstige Wohnverhältnisse
    - b) Autoritäre Erziehung
    - c) Zeitmangel der Eltern
    - d) Leistungsanspruch der Eltern
    - e) Geldsorgen
  - 2. Im Freundeskreis
    - a) Unterschiedliche Wertvorstellungen
    - b) Gruppenzwang
    - c) Neid
    - d) Eifersucht
    - e) Gegensätzliche Interessen
- II. Möglichkeiten zur Vermeidung von Gewalt
  - 1. Klare Regelungen im Haushalt
  - 2. Gemeinsame Aktivitäten
  - 3. Nachsicht mit den Fehlern anderer
  - 4. Verständnis für die Position des anderen
  - 5. Kompromissbereitschaft
  - 6. Gegenseitige Aussprache

C Schluss: *(z. B.)* Notwendigkeit des Streitens – aber mit Regeln!

106 | 107

D Übungstext 3: Wolfgang Borchert: Die Küchenuhr

Übung

Beispiellösung für eine Interpretation

***Hinweis:** Die blauen Begriffe am Rand entsprechen den Punkten, die deine Gliederung enthalten sollte.*

A Einleitung

Wolfgang Borchert (1921–1947) wurde als junger Soldat in einen Krieg geschickt, aus dem er im Alter von nur 24 Jahren als todkranker Mann zurückkehrte und dessen Ende er nur noch zwei Jahre überleben sollte. In der Zeit bis zu seinem Tod widmete er sich in seinem literarischen Werk ganz der Darstellung des Krieges und seiner Schrecken.

B Hauptteil
I. Inhaltsangabe mit Bestimmung der Textart

Auch seine Kurzgeschichte „Die Küchenuhr", die 1949 erschienen ist, handelt von den Folgen des Krieges für die Menschen. Ein junger, aber äußerlich gealterter Mann nähert sich einer Parkbank und präsentiert den dort Sitzenden das Einzige, was ihm nach einem Bombenangriff geblieben ist, nämlich eine Küchenuhr.

Die Sitzenden, darunter ein Mann und eine Frau mit Kinderwagen, weichen dem Blick des jungen Mannes aus, als er ihnen erzählt, dass er nur noch die Uhr habe, die ja eigentlich nichts Besonderes sei.

Auf die Feststellung des Mannes, dass der Stand der Zeiger bei der kaputten Uhr auf halb drei auf den Zeitpunkt der Bombendetonation hinweise, erwidert der junge Mann, dass die Uhr aus einem anderen Grund gerade zu dieser Zeit in der Nacht stehen geblieben sei: Dies sei nämlich genau die Zeit gewesen, zu der er nachts fast immer nach Hause kam. Und immer sei seine Mutter zu ihm in die Küche gekommen und habe ihm etwas zu essen gemacht.

Da die Zuhörer auf seinen Einwand nicht reagieren, blickt er weiter seine Küchenuhr an und führt eine Art Selbstgespräch über die Nächte, in denen seine Mutter dann um halb drei für ihn gesorgt hatte. Er endet damit, dass ihm diese Fürsorge, die ihm früher selbstverständlich vorgekommen sei, jetzt, da er alles verloren habe, als das Paradies erscheine. Obwohl der neben ihm sitzende Mann immer noch den Blick abwendet, denkt nun auch er über die Bedeutung des Wortes „Paradies" nach (S. 107, Z. 65–67).

Inhaltlich erfüllt die Erzählung Borcherts alle wesentlichen Merkmale einer Kurzgeschichte, da die Handlung unmittelbar beginnt und der Schluss offen bleibt. Aufgrund der sehr knappen Angaben (die Personen werden z. B. nicht weiter beschrieben, auch die Hauptfigur nur sehr grob, vgl. S. 106, Z. 1/2) muss der Leser vieles erahnen, das nicht explizit im Text genannt wird, wie z. B., dass wohl die gesamte Familie des jungen Mannes bei dem Bombenangriff ums Leben kam (S. 107, Z. 58–61).

II. Textanalyse
1. Die Komposition der Handlung

Die Erzählung lässt sich in eine Rahmen- und eine Binnenhandlung unterteilen. Das Ankommen des jungen Mannes, seine zunächst vergeblichen Versuche der Kontaktaufnahme mit den Menschen auf der Parkbank stellen die äußere Situation der Handlung dar. In diese ist das Selbstgespräch des Ausgebombten eingebettet, das er an seine Uhr richtet und in dem er sich an seine Mutter erinnert. Obwohl die Menschen auf der Bank immer noch den Blickkontakt scheuen (vgl. S. 107, Z. 61), hat er mit seinem Rückblick auf das früher gering geschätzte, nun aber umso kostbarere „Paradies" der familiären Geborgenheit zumindest einen der Sitzenden innerlich bewegt.

2. Die Figurendarstellung

Der junge Mann, dessen Gesicht ganz alt erscheint (vgl. S. 106, Z. 2), wirkt durch seine ständigen Wortwiederholungen und sein Selbstgespräch mit der Uhr (vgl. S. 106, Z. 37/38) sehr verstört. Dies wird im Verlauf der Kurzgeschichte mit dem Bombenangriff in Verbindung gebracht, in dem er alles verloren zu haben scheint. Dabei werden sowohl er als auch die übrigen Figuren nicht näher charakterisiert. Namen, Beruf oder familiäre Verhältnisse der Personen werden nicht genannt. Die Erzählung

(Fortsetzung)

106 107

behandelt somit nicht das Schicksal einer bestimmten Person, sondern eines, das jeden treffen könnte.

3. Raum- und Zeitgestaltung

Dem entspricht auch die Knappheit der Angaben zum Ort der Handlung, einer Parkbank, die überall stehen könnte (Rahmenhandlung), und einer Küche, die ganz allgemein für Geborgenheit und das vertraute Heim steht (Binnenhandlung).
Eine wesentlich wichtigere Rolle spielt in der Erzählung, in der ja auch eine Uhr im Mittelpunkt steht, die Zeit. Als Küchenuhr steht sie symbolhaft für die Zeit vor dem Bombenangriff, für die Fürsorge der Mutter und das „Paradies“, in dem die Dinge ihren festen Platz hatten und das nun für immer verloren ist. So wie die Hauptfigur äußerlich unversehrt und noch jung ist (vgl. S. 106, Z. 1/2), sich aber in der Gegenwart nicht mehr zurechtzufinden scheint und der Vergangenheit nachtrauert, ist auch die Uhr außen unbeschädigt, aber innen kaputt und stehen geblieben (vgl. S. 106, Z. 12/13). Den Zeitpunkt, zu dem die Uhr stehen geblieben ist, will der junge Mann dabei nicht mit dem Bombenangriff in Verbindung bringen, in dem er alles verloren hat (vgl. S. 106, Z. 30–32), sondern mit der Zeit davor, seiner regelmäßigen Heimkehr zu dieser Uhrzeit (vgl. S. 106, Z. 33–35).

4. Sprachliche Gestaltung

Borchert lässt den jungen Mann von seinen Erinnerungen in der wörtlichen Rede und in salopper Umgangssprache berichten („Denken Sie mal“, S. 106, Z. 25 u. 26, „Das ist ja der Witz“, Z. 33 u. 35). Dabei fallen die häufigen Wiederholungen („Sie ist übrig geblieben“, S. 106, Z. 6 u. Z. 15; „so spät wieder“, S. 107, Z. 45 u. 53) und seine für seine Situation unpassende freudige Erregtheit („Ja, ja, sagte er freudig“, S. 106, Z. 19) auf. Die eigentliche Erzählsprache des Textes zeichnet sich durch Schlichtheit im Satzbau und einfache Wortwahl aus.
Bemerkenswert an der sprachlichen Gestaltung ist zudem die Tatsache, dass Borchert bei der wörtlichen Rede auf die Anführungszeichen verzichtet hat.

5. Erzähler

Dadurch werden die Grenzen zwischen dem auktorialen Erzähler der Rahmenhandlung und dem personalen Erzähler (junger Mann) der Binnenhandlung verwischt, die der Leser freilich weiterhin auch aufgrund der unterschiedlichen Erzählhaltungen leicht trennen kann: Während der auktoriale Erzähler sehr distanziert berichtet, schildert der junge Mann mit großer emotionaler Beteiligung die Geschichte zu seiner Uhr.

III. Deutung

Die Aussage des Textes wird vor allem durch das Symbol der Küchenuhr (einen Rest aus der Zeit des „Paradieses“) deutlich. Der Krieg bedeutet den Verlust des „Paradieses“, der damals „selbstverständlichen“, im Rückblick aber umso wertvolleren Dinge und Personen, die der junge Mann in der Erinnerung genauso festhält, wie er sich auch von der wertlosen Uhr nicht trennen kann. Auch wenn er nicht über den Bombenangriff reden will, so wird dem Leser doch klar, dass der Krieg der Auslöser für sein Verhalten ist. Die auf der Parkbank Sitzenden verweigern dem jungen Mann zumindest äußerlich ihre Anteilnahme, da sie mit ihrem eigenen Schicksal genug zu tun haben dürften, während sich der Leser umso mehr mit ihm identifizieren wird.

C Schluss

Die Reaktion des jungen Mannes auf seine Situation, sein Verdrängen der Kriegsereignisse, die noch nicht wirklich einsetzende Trauer und das Festhalten an der Vergangenheit wirken befremdlich und wie eine Art Flucht. Allerdings ist diese angesichts der Ohnmacht gegenüber dem Krieg und seinen Folgen nachvollziehbar. Wahrscheinlich würden sich in einer solchen Lage viele Menschen an die letzten Reste ihrer heilen Welt klammern, und wenn es sich dabei um eine kaputte Küchenuhr handeln würde.

Teil III:
Mathematik

Lineare Gleichungssysteme

Lösungen

112 113

1. Einzelne Gleichungen I (Wiederholung)

Übung 1

a) $\mathbb{L} = \{4\}$ c) $\mathbb{L} = \{-4\}$ e) $\mathbb{L} = \{4\}$ g) $\mathbb{L} = \{9\}$

b) $\mathbb{L} = \{10\}$ d) $\mathbb{L} = \{-10\}$ f) $\mathbb{L} = \{-4\}$ h) $\mathbb{L} = \{3\}$

Übung 2

a)
$$\begin{aligned} 2\cdot(x-3)-(x+6) &= 3\cdot(x-2) \\ 2x-6-x-6 &= 3x-6 \\ 2x-x-3x &= -6+6+6 \\ -2x &= 6 \qquad \mid :(-2) \\ x &= -3 \qquad \mathbb{L} = \{-3\} \end{aligned}$$

b) $\mathbb{L} = \{3\}$ c) $\mathbb{L} = \{-1\}$ d) $\mathbb{L} = \{-7\}$

Du hast gesehen, dass kleinere Änderungen an einer Übung zu einem ganz anderen Ergebnis führen können. Deswegen musst du aufpassen wie ein Luchs, wenn du Aufgaben von der Tafel oder beim Rechnen überträgst!

Übung 3

a) $\mathbb{L} = \{0\}$ b) $0x - 9 = 0 \Rightarrow \mathbb{L} = \{\,\}$ c) $0x = 0 \Rightarrow \mathbb{L} = \mathbb{R}$

Übung 4

a) $16 - x = 7x$
Man muss die Zahl 2 subtrahieren.

b) $3x - 17 = x + 5$
Die gesuchte Zahl ist 11 .

c) $\frac{24 + x}{2} = x + 9$
Die Zahl, die wir suchen, ist 6 .

d) $\frac{3x}{x - 3} = 6$
Die unbekannte Zahl ist 6 .

Übung 5

a) In der Klasse sind x Schüler, also waren mit dem Lehrer $x+1$ zahlende Fahrgäste im Bus.
$(x + 1)\cdot 32 = 900 - 36$
Es waren 26 Schüler.

b) Beim ersten Händler wurden x Kartoffelsäcke abgeladen.
$90 - x - 2x + 70 = 85$
Dem ersten Händler wurden 25 , dem zweiten Händler 50 Kartoffelsäcke geliefert.

c) Er ist am ersten Tag x km gefahren.
$x + (x - 20) + (x + 40) = 260$
Am ersten Tag ist er 80 km gefahren.

2. Einzelne Gleichungen II (Wiederholung)

114 115

Übung 1

a) $\mathbb{D} = \mathbb{R}\setminus\{0\}$ $\quad \mathbb{L} = \{2\}$

b) $\mathbb{D} = \mathbb{R}\setminus\{0\}$ $\quad \mathbb{L} = \{-1\}$

c) $\mathbb{D} = \mathbb{R}\setminus\{-1\}$ $\quad \mathbb{L} = \{3\}$

d) $\mathbb{D} = \mathbb{R}\setminus\{3\}$ $\quad \mathbb{L} = \{7\}$

Übung 2

a) $x = b$

b) $x = b + 2a$

c) $x = 2 \cdot (a - b)$

d) $x = 2 \cdot (b - a)$

e) $x = 2 \cdot (a - b)$

f) $x = -2b$

g) $2x - 3 \cdot (a + 1) = 3 \cdot (x - 1)$

$2x - 3a - 3 = 3x - 3 \quad \Rightarrow \quad x = -3a$

h) $x = 3 \cdot (1 - a)$

i) $x = -4 \cdot (1 + a)$

Übung 3

a) $x = \frac{1}{a}$

b) $x = \frac{b}{a}$

c) $x = a$

d) $x = 2$

e) $3x + 4 \cdot (x - 8a) = 4 \cdot (a - x) + 2x$

$3x + 4x - 32a = 4a - 4x + 2x$

$7x - 32a = 4a - 2$

$9x = 36a \quad \Rightarrow \quad x = 4a$

f) $x = -6a$

Übung 4

a)

$$(x + 4a)\,(x - 8) = (x - 4)\,(x + 4a)$$

$$x^2 - 8x + 4ax - 32a = x^2 + 4ax - 4x - 16a$$

$$x^2 - 8x + 4ax - x^2 - 4ax + 4x = -16a + 32a$$

$$-4x = 16a \qquad | : (-4)$$

$$x = -4a$$

b) $x = -\frac{5}{3}a$

c) $x = -a$

d) $x = 0$

Übung 5

a) für $a \neq 0$: $\quad \mathbb{L} = \{a\}$ $\qquad$ für $a = 0$: $\quad \mathbb{L} = \mathbb{R}$

b) für $a \neq 0$: $\quad \mathbb{L} = \left\{\frac{1}{a}\right\}$ $\qquad$ für $a = 0$: $\quad \mathbb{L} = \{\,\}$

c) für $a \neq 1$: $\quad \mathbb{L} = \left\{\frac{a}{a-1}\right\}$ $\qquad$ für $a = 1$: $\quad \mathbb{L} = \{\,\}$

Übung 6

a) für $a \neq -1$: $\quad \mathbb{L} = \{0\}$ $\qquad$ für $a = -1$: $\quad \mathbb{L} = \mathbb{R}$

b) für $a \neq -1$: $\quad \mathbb{L} = \left\{\frac{a}{a+1}\right\}$ $\qquad$ für $a = -1$: $\quad \mathbb{L} = \{\,\}$

c) für $a \neq b$: $\quad \mathbb{L} = \left\{\frac{a}{a+b}\right\}$ $\qquad$ für $(a = b \;\wedge\; b \neq 0)$: $\quad \mathbb{L} = \{\,\}$

für $(a = b \;\wedge\; b = 0)$: $\quad \mathbb{L} = \mathbb{R}$

116 117 3. Einsetzverfahren

Übung 1

a) $\mathbb{L} = \{(11 \mid -2)\}$
b) $\mathbb{L} = \{(5 \mid 2)\}$
c) $\mathbb{L} = \{(-1 \mid -3)\}$
d) $\mathbb{L} = \{(2 \mid 0)\}$
e) $\mathbb{L} = \{(5 \mid -2)\}$
f) $\mathbb{L} = \{(-1 \mid -2)\}$
g) $\mathbb{L} = \{(6 \mid 2)\}$
h) $\mathbb{L} = \{(-6 \mid 9)\}$

Übung 2

a) $3x + 2y = a$
$y = a - x$

Eingesetzt: $3x + 2 \cdot (a - x) = a$
$3x + 2a - 2x = a$
$x = -a \quad \Rightarrow \quad y = a - (-a)$
$y = 2a$

b) $x = 8a + b \quad y = 4a$
c) $x = a \quad y = a - 2b$
d) $x = 0 \quad y = a$

Übung 3

a) $3ax - 3y = 3 + y$
$y = ax - 1$

Eingesetzt: $3ax - 3 \cdot (ax - 1) = 3 + (ax - 1)$
$3ax - 3ax + 3 = 3 + ax - 1$
$-ax = -1 \quad \mid :(-1)$
$ax = 1$

Für $a \neq 0$:

$ax = 1 \quad \mid : a$

$x = \frac{1}{a}$

Eingesetzt in: $3ax - 3y = 3 + y$

$y = 0$

$\mathbb{L}_1 = \left\{\left(\frac{1}{a} \middle| 0\right)\right\}$

Für $a = 0$:

$y = ax - 1 \quad \Rightarrow \quad y = -1$

$0 + 3 = 3 - 1$ (falsch)

$\mathbb{L}_2 = \{\,\}$

b) Für $a \neq 0$: $\mathbb{L}_1 = \{(a + b \mid a - b)\}$

Für $a = 0$: $\mathbb{L}_2 = \{(x \mid y) \mid x \in \mathbb{R} \wedge y = -x\}$

4. Gleichsetzverfahren

118 | 119

Übung 1

a) $\mathbb{L} = \{(-2 \mid 4)\}$ c) $\mathbb{L} = \{(-1 \mid 3)\}$ e) $\mathbb{L} = \{(1 \mid -5)\}$

b) $\mathbb{L} = \{(7 \mid -2)\}$ d) $\mathbb{L} = \{(-2 \mid 0)\}$ f) $\mathbb{L} = \{(2 \mid 7)\}$

Übung 2

a) $2x - y = 3a + 1 \quad \Rightarrow \quad y = 2x - 3a - 1$
$x - y = a - 4 \quad \Rightarrow \quad y = x - a + 4$

$2x - 3a - 1 = x - a + 4$

$x = 2a + 5$

Eingesetzt in $y = x - a + 4 \quad \Rightarrow \quad y = a + 9$

b) $x = 4 \cdot (a + b) \qquad y = b - a$

c) $ax + y + 3b = 2 \quad \Rightarrow \quad y = 2 - ax - 3b$
$3ax - 6 = y + 3b \quad \Rightarrow \quad y = 3ax - 6 - 3b$

$2 - ax - 3b = 3ax - 6 - 3b$
$4ax = 8 \qquad \mid :4$
$ax = 2$

Für $a \neq 0$: $ax = 2 \quad \Rightarrow \quad x = \frac{2}{a}$

Eingesetzt in $y = 2 - ax - 3b \quad \Rightarrow \quad y = -3b$

$\mathbb{L} = \left\{\left(\frac{2}{a} \middle| -3b\right)\right\}$

Für $a = 0$: $ax + y + 3b = 2 \quad \Rightarrow \quad y = 2 - 3b$
$3ax - 6 = y + 3b \quad \Rightarrow \quad y = -6 - 3b$

$2 - 3b = -6 - 3b$ (falsch) $\qquad \mathbb{L} = \{\,\}$

d) $y = \frac{a^2}{1 - a}$

Durch null darf man nicht dividieren $\Rightarrow$ Fallunterscheidung

Für $a \neq 1$: $\mathbb{L} = \left\{\frac{a}{1 - a} \middle| \frac{a^2}{1 - a}\right\}$

Für $a = 1$: $\mathbb{L} = \{\,\}$

Übung 3

a) $\mathbb{L} = \{0 \mid -2\}$

b) $\mathbb{L} = \{1 \mid 4\}$

Übung 4

Ansatz:

$y = 3x + 2$

$y = 5x - 8$

Antwort:

Die erste Zahl ist 17 , die zweite 5 .

120 121 5. Grafische Lösung

Übung 1

a) $3x - 4y = 24$

$-4y = 24 - 3x \quad | : (-4)$

$g\colon\ y = \frac{3}{4}x - 6$

b) $g\colon\ y = -\frac{2}{5}x + 3$

c) $g\colon\ y = -\frac{5}{3}x - 2$

d) $g\colon\ y = \frac{1}{2}x - 7$

Übung 2

a)

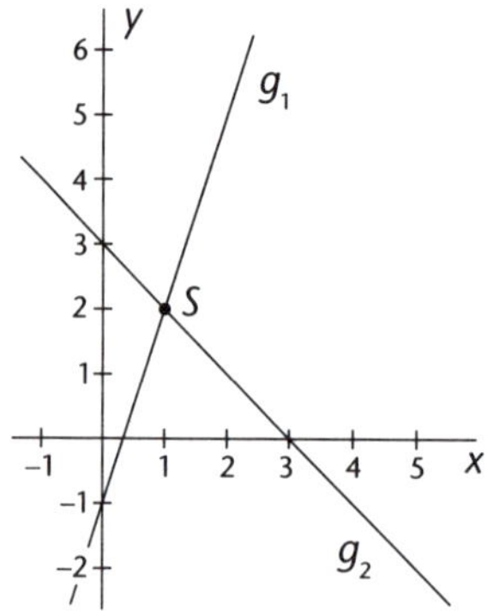

$S(1 \mid 2)$

b)

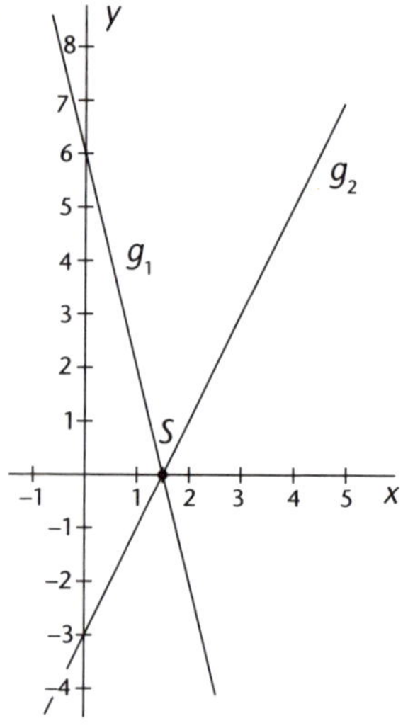

$S(1{,}5 \mid 0)$

Übung 3

$A(-2 \mid -3)$: $-3 = -2m + n \quad \Rightarrow \quad n = 2m - 3$

$B(3 \mid 2)$: $2 = 3m + n \quad \Rightarrow \quad n = -3m + 2$

Eingesetzt: $2m - 3 = -3m + 2$

$m = 1$

$\Rightarrow \quad n = -1$

$\Rightarrow \quad g_1\colon\ y = x - 1$

$\left.\begin{matrix} C(-1 \mid 5) \\ D(1 \mid 1) \end{matrix}\right\} \ m = -2 \ ; \ n = 3$

$\Rightarrow \quad g_2\colon\ y = -2x + 3$

$g_1 \cap g_2\colon\ S\left(\frac{4}{3} \middle| \frac{1}{3}\right) \quad \Rightarrow \quad \mathbb{L} = \left\{\left(\frac{4}{3} \middle| \frac{1}{3}\right)\right\}$

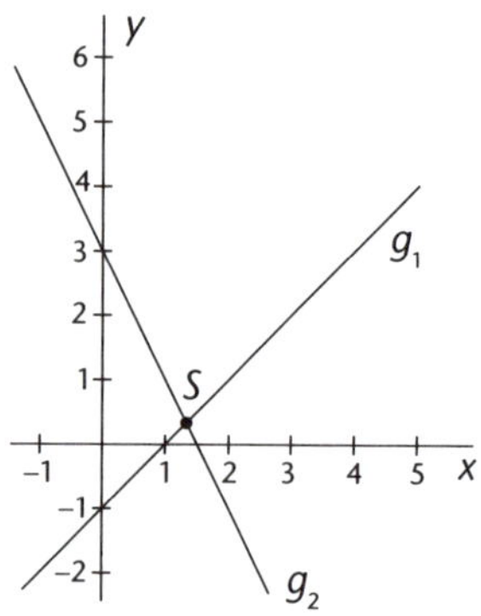

6. Lineares Optimieren

122 123

Übung 1

Günstig ist der Tarif ohne Grundgebühr bis zu 250 Einheiten.

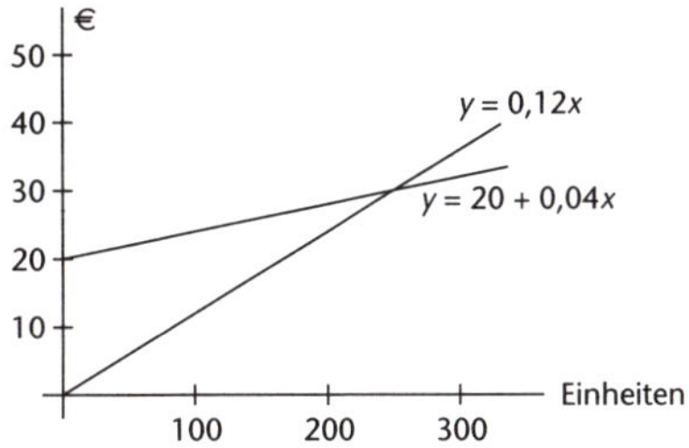

Übung 2

a) A ist günstiger bis zu 5 Tagen ,

B ist günstiger für mehr als 5 Tage .

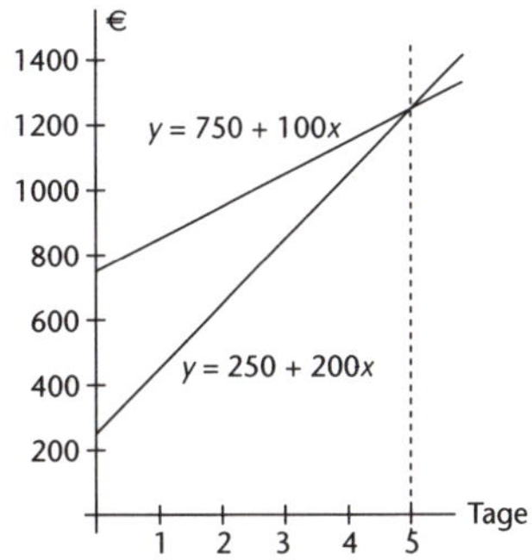

b)

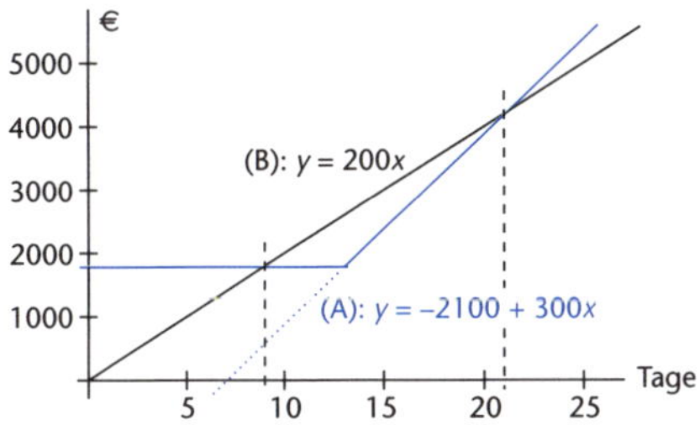

Das Hotel (A) ist günstiger für 9 bis 21 Tage ,

das Appartement (B) für bis 9 Tage oder mehr als 21 Tage .

c)

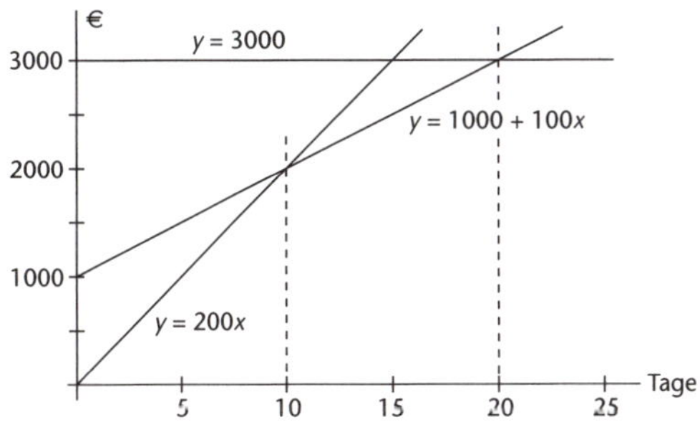

A ist günstiger für bis zu 10 Skitage ,

B ist günstiger ab 20 Tagen ,

C ist günstiger für 10 bis 20 Tage .

124 125

7. Additionsverfahren I

Übung 1

a) $x = 1 \quad y = -1$

b) $x = -2 \quad y = 5$

c) $x = -1 \quad y = 3$

d) $x = 3 \quad y = 4$

Übung 2

a) $x = 10 \quad y = -4$

b) $x = -1 \quad y = 4$

c) $x = 11 \quad y = 5$

d) $x = -7 \quad y = -2$

Übung 3

a)

$$\begin{aligned} 2x + y &= a \quad \big| \cdot 3 \\ x - 3y &= 4a \end{aligned}$$

$$\Rightarrow \begin{aligned} 6x + 3y &= 3a \\ x - 3y &= 4a \\ \hline 7x &= 7a \quad \big| : 7 \\ x &= a \end{aligned}$$

in $2x + y = a$: $\quad y = -a$

b) $x = -2a \quad y = -3b$

c) $x = a + 1 \quad y = a - 1$

d)

$$\begin{aligned} ax + y &= 2a \quad \big| \cdot (-1) \\ 2ax + y &= 2a - a^2 \end{aligned}$$

$$\Rightarrow \begin{aligned} -ax - y &= -2a \\ 2ax + y &= 2a - a^2 \\ \hline ax &= -a^2 \quad \big| : a \end{aligned}$$

Für $a \neq 0$:

$x = -a$

$y = 2a + a^2$

Für $a = 0$:

$x \in \mathbb{R} \wedge y = 0$

e)

$$\begin{aligned} (a - 1) \cdot x + y &= 0 \\ x - y &= a^2 + a \\ \hline ax &= a^2 + a \quad \big| : a \end{aligned}$$

Für $a \neq 0$:

$x = a + 1$

$y = 1 - a^2$

Für $a = 0$:

$$\begin{aligned} -x + y &= 0 \\ x - y &= 0 \end{aligned}$$

$x \in \mathbb{R} \wedge y = x$

Übung 4

Die Fahrkarte für einen Erwachsenen kostet x €, die für die für ein Kind y €.

Ansatz:

$$\begin{aligned} 2x + 3y &= 460 \\ x + 2y &= 265 \end{aligned}$$

Antwort:

Die Fahrkarte für einen Erwachsenen kostet 125 €, die für ein Kind 70 €.

8. Additionsverfahren II, die Probe

126 127

Übung 1

a) $x = 8 \quad y = -1$ b) $x = -2 \quad y = 4$ c) $x = 1 \quad y = 5$

d)
$$(x-5)(y+3) - (x-9)(y+4) = 3$$
$$xy + 3x - 5y - 15 - xy - 4x + 9y + 36 = 3$$
$$-x + 4y = -18$$

$$\frac{x-4}{2} + \frac{4 \cdot (y+7)}{5} = 7 \quad | \cdot 10$$
$$5 \cdot (x-4) + 8 \cdot (y+7) = 70$$
$$5x - 20 + 8y + 56 = 70$$
$$5x + 8y = 34$$

$$\begin{aligned} -x + 4y &= -18 \quad | \cdot 5 \\ 5x + 8y &= 34 \end{aligned}$$

$$\begin{aligned} -5x + 20y &= -90 \\ 5x + 8y &= 34 \\ \hline 28y &= -56 \quad | : 28 \end{aligned}$$

$$y = -2$$

Eingesetzt: $-x + 4 \cdot (-2) = -18$

$$x = 10$$

Probe:
$$\frac{10-4}{2} + \frac{4 \cdot (-2+7)}{5} = 7$$
$$3 + 4 = 7 \text{ (wahr)}$$

e) $x = 4 \quad y = 20$

f) $x = -1 \quad y = 2$

Übung 2

a) $\mathbb{D}_x = \mathbb{R}\setminus\{4; 5\} \quad \mathbb{D}_y = \mathbb{R}$

$$(y+3)(x-5) = y \cdot (x-4)$$
$$-y + 3x = 15$$

$$\begin{aligned} 5x - 8y &= 6 \\ 3x - y &= 15 \quad | \cdot (-8) \end{aligned}$$

$$\begin{aligned} 5x - 8y &= 6 \\ -24x + 8y &= -120 \\ \hline -19x &= -114 \quad | : (-19) \end{aligned}$$

$$x = 6 \in \mathbb{D}_x$$

x eingesetzt: $3x - y = 15$
$$18 - y = 15$$
$$y = 3 \in \mathbb{D}_y$$

Probe: $5 \cdot 6 - 8 \cdot 3 = 6$
$$6 = 6 \text{ (wahr)}$$

b) $\mathbb{D}_x = \mathbb{R}\setminus\{2; 3\} \quad \mathbb{D}_y = \mathbb{R}\setminus\{-3; 1\}$

$x = 4 \in \mathbb{D}_x \quad y = -2 \in \mathbb{D}_y$

128 129 9. Zweireihige Determinanten

Übung 1 a) 11 b) 19 c) −19 d) −11

Übung 2 a) −35 b) 16 c) $-6-6=-12$ d) $-6+6=0$

Übung 3

a) $\begin{vmatrix} 7 & 14 \\ 1 & 5 \end{vmatrix} = 7 \cdot \begin{vmatrix} 1 & 2 \\ 1 & 5 \end{vmatrix} = 7 \cdot (5-2) = 21$

b) $\begin{vmatrix} -11 & 2 \\ 33 & 1 \end{vmatrix} = 11 \cdot \begin{vmatrix} -1 & 2 \\ 3 & 1 \end{vmatrix} = -77$

c) $\begin{vmatrix} 75 & 50 \\ 3 & -2 \end{vmatrix} = 25 \cdot \begin{vmatrix} 3 & 2 \\ 3 & -2 \end{vmatrix} = -300$

Übung 4

a) $\begin{vmatrix} 4 & 8 \\ 3 & 9 \end{vmatrix} = 4 \cdot \begin{vmatrix} 1 & 2 \\ 3 & 9 \end{vmatrix} = 4 \cdot 3 \cdot \begin{vmatrix} 1 & 2 \\ 1 & 3 \end{vmatrix} = 12$

oder

$\begin{vmatrix} 4 & 8 \\ 3 & 9 \end{vmatrix} = 3 \cdot \begin{vmatrix} 4 & 8 \\ 1 & 3 \end{vmatrix} = 3 \cdot 4 \cdot \begin{vmatrix} 1 & 2 \\ 1 & 3 \end{vmatrix} = 12$

b) $\begin{vmatrix} 5 & -6 \\ 10 & 9 \end{vmatrix} = 15 \cdot \begin{vmatrix} 1 & -2 \\ 2 & 3 \end{vmatrix} = 105$

c) $\begin{vmatrix} 12 & 3 \\ 4 & -1 \end{vmatrix} = 3 \cdot \begin{vmatrix} 4 & 1 \\ 4 & -1 \end{vmatrix} = 12 \cdot \begin{vmatrix} 1 & 1 \\ 1 & -1 \end{vmatrix} = -24$

Übung 5

g_1: $3x - 5y = 1$

g_2: $2x + y = 5$

$S\,(2 \mid 1)$

10. Lösung mit Determinanten

130 131

Übung 1

a) $x = 2 \quad y = -4$

b) $x = -7 \quad y = 5$

c) $x = 3 \quad y = 2$

d) $x = -1 \quad y = -3$

e) $x = 7 \quad y = -3$

f) $x = 22 \quad y = -12$

Übung 2

a) $3x + 2y = 5a + 1$
$2x - y = a + 3$

$$x = \frac{\begin{vmatrix} (5a+1) & 2 \\ (a+3) & -1 \end{vmatrix}}{\begin{vmatrix} 3 & 2 \\ 2 & -1 \end{vmatrix}} \qquad y = \frac{\begin{vmatrix} 3 & (5a+1) \\ 2 & (a+3) \end{vmatrix}}{\begin{vmatrix} 3 & 2 \\ 2 & -1 \end{vmatrix}}$$

$$x = \frac{-5a - 1 - 2a - 6}{-3 - 4} \qquad y = \frac{3a + 9 - 10a - 2}{-3 - 4}$$

$$x = \frac{-7a - 7}{-7} \qquad y = \frac{-7a + 7}{-7}$$

$$x = a + 1 \qquad y = a - 1$$

b) $x = (2 - a) \quad y = 2a$

c) $x = (a - b) \quad y = (a + b)$

d) $x = \frac{2}{a} \quad y = 1$

Übung 3

a) $4x - 5y = 9$
$5x + 3y = 39$
$x = 6 \quad y = 3$

b) $3x + 8y = -12$
$4x + 3y = 7$
$x = 4 \quad y = -3$

c) $-4x + 3y = -40$
$x + y = 10$
$x = 10 \quad y = 0$

132 | 133

11. Textaufgaben

Übung 1

a) $y = 3x$

$(y - 4) = 5 \cdot (x - 4)$

Die beiden ursprünglichen Zahlen sind 8 und 24.

b) $5y - 3x = 10$

$2y + 3x = 46$

Die erste Zahl ist 10, die zweite 8.

c) $\frac{x - y}{2} = 5 \cdot (x - y)$

$4x + 6y = 98$

Die beiden Zahlen sind 11 und 9.

d) $(x - 3) : y = 3$

$2y + 10 = x$

Die erste Zahl ist 24, die zweite 7.

e) $x + y = 18$

$\frac{x - 5}{y - 5} = 7$

Die beiden Zahlen sind 12 und 6.

Übung 2

a) An der Einerstelle steht x, an der Zehnerstelle y.
Die gesuchte Zahl ist $(10y + x)$.

$(10y + x) + (x + y) = 59$
$(10y + x) - 2 \cdot (x + y) = 38$

Die gesuchte Zahl ist 52.

b) An der Einerstelle steht x, an der Zehnerstelle y.
Die gesuchte Zahl ist $(10y + x)$.

$(10y + x) = (10x + y) + 36$
$(10y + x) = (x + y) + 63$

Die gegebene Zahl ist 73.

12. Sachaufgaben I: Schule und Familie

134 135

Übung 1

a) x sei die Anzahl der Mädchen, y die der Jungs.

$x + y = 27$

$(x - \frac{1}{6}x) = (y - \frac{3}{4}y)$

Diese Klasse hat 12 Schülerinnen und 15 Schüler.

b) In 9A sind x Schüler, in 9B sind es y.

$\frac{12,5}{100}x + \frac{10}{100}y = 5$

$\frac{50}{100}x + \frac{45}{100}y = 21$

In der Klasse 9A sind 24 Schüler, in der 9B sind es 20 .

Übung 2

a) 2 Jahre 9 Monate = $2\frac{9}{12}$ Jahre = 2,75 Jahre

90 Jahre 3 Monate = $90\frac{3}{12}$ Jahre = 90,25 Jahre

Der Vater ist x, die Mutter y Jahre alt.

$x - y = 2,75$
$x + y = 90,25$

Der Vater ist 46 Jahre und 6 Monate alt, die Mutter 43 Jahre und 9 Monate.

b) Rico ist heute x Jahre alt, seine Schwester y Jahre.

$x + 15 = 3y$
$y + 15 = 2x$

Rico ist heute 12 Jahre alt, seine Schwester 9 Jahre.

c) Die Anzahl der Söhne sei x, die der Töchter y.

$x - 1 = y$
$\frac{x + y}{3} = y - 1$

In der Familie sind 4 Töchter und 5 Söhne.

136 | 137

13. Sachaufgaben II: Es geht ums Geld

Übung

a) Für einen Damenmantel zahlt sie x €, für eine Hose y €.

$8x + 12y = 7980$
$x = 4y + 90$

Für einen Mantel zahlt sie 750 €, für eine Hose 165 €.

b) 1 kg Orangen kostet x €, 1 kg Äpfel y €.

$3x + 2y = 9{,}75$
$2x + 3y = 9$

1 kg Orangen hat 2,25 € gekostet, 1 kg Äpfel 1,50 €.

c) Bei der ersten Fahrt waren es x Erwachsene und y Jugendliche.

$x \cdot 135 + y \cdot 95 = 3715$
$2x \cdot 125 + (y - 5) \cdot 95 = 3915$

Bei der ersten Fahrt waren es 5 Erwachsene und 32 Jugendliche.

d) Oliver hatte ursprünglich x € zur Verzinsung eingezahlt, seine Schwester y €.

$$x \cdot \frac{3}{100} + y \cdot \frac{2{,}25}{100} = 8{,}25$$

$$2x \cdot \frac{3}{100} + \frac{y}{2} \cdot \frac{2{,}25}{100} = 9{,}75$$

Oliver hatte ursprünglich 125 € eingezahlt, seine Schwester 180 €.

e) Murat T. hat die Kiste Tomaten für x €, die Kiste Salate für y € eingekauft.

$2x + 3y = 24$

$$-2x \cdot \frac{20}{100} + 3y \cdot \frac{15}{100} = -\frac{2{,}5}{100} \cdot 24$$

Murat T. hat die Kiste Tomaten für 6 €, die Kiste Salate für 4 € eingekauft.

14. Sachaufgaben III: Reisen & Zinsen

138 139

Übung 1

a) Zu 3 % legt sie x € an, zu 8 % verleiht sie y €.

$x + y = 4000$

$x \cdot \frac{3}{100} + y \cdot \frac{8}{100} = 325$

Zu 3 % hat sie 3500 € angelegt, zu 8 % hat sie 1500 € verliehen.

b) x € bringen ihm 5 % Mehreinnahmen, mit y € erzielt er 20 %.

$x \cdot \frac{5}{100} + y \cdot \frac{20}{100} - (x + y) \cdot \frac{9}{100} = 1000$

Der Verkauf der gesamten Ware mit 20 % Mehreinnahmen hätte eine Zinsdifferenz von 5500 € erbracht:

$(x + y) \cdot \frac{20}{100} - (x + y) \cdot \frac{9}{100} = 5500$

5 % Mehreinnahmen hat ihm die Ware zu 30000 € gebracht,

20 % Mehreinnahmen die zu 20000 €.

Der Kredit hatte eine Höhe von 50000 €.

Übung 2

a) Das Moped hat eine Geschwindigkeit von rund $v_1 \frac{km}{h}$, das Fahrrad von $v_2 \frac{km}{h}$.

$v_1 = v_2 + 15$ (Geschwindigkeiten)
$2{,}5 \cdot v_1 + 2{,}5 \cdot v_2 = 162{,}5$ (Strecken)

Das Moped legt in der Stunde rund 40 km, das Fahrrad rund 25 km zurück.

b) $10^h - 8^h30^{min} = 1\ h\ 30\ min = 1\frac{1}{2}\ h$

$8^h30^{min} + 1\ h = 9^h30^{min}$

$10^h - 9^h30^{min} = 30\ min = \frac{1}{2}\ h$

Leonie geht rund $v_1 \frac{km}{h}$, ihr Bruder fährt $v_2 \frac{km}{h}$.

$v_2 = v_1 + 12$ (Geschwindigkeiten)

$1\frac{1}{2} \cdot v_1 = \frac{1}{2} \cdot v_2$ (Strecken)

Leonie geht rund 6 $\frac{km}{h}$, ihr Bruder fährt ihr mit 18 $\frac{km}{h}$ nach.

Er erreicht sie $v_2 \cdot \frac{1}{2}\ h = 18 \frac{km}{h} \cdot \frac{1}{2}\ h = 9$ km von daheim entfernt.

140 141 15. Vermischte Aufgaben

Übung 1

$(a+b)^2 = a^2 + 2ab + b^2$

$(a-b)^2 = a^2 - 2ab + b^2$

$a^2 - b^2 = (a+b)(a-b)$

Übung 2

a) $\mathbb{D}_x = \mathbb{R}\setminus\{5\}$ $\quad \mathbb{D}_y = \mathbb{R}\setminus\{-2\}$

b) $x = 5 \notin \mathbb{D}_x$ $\quad y = -2 \notin \mathbb{D}_y$ $\quad \mathbb{L} = \{\,\}$

Übung 3

a) $x = 6 \quad y = -2$ $\qquad$ b) $x = -7 \quad y = 7$ $\qquad$ c) $x = 2 \quad y = 9$

Übung 4

a)
$$(ax+1)^2 - (1-ay)^2 = (ax-ay)(ax+ay)$$
$$a^2x^2 + 2ax + 1 - 1 + 2ay - a^2y^2 = a^2x^2 - a^2y^2$$
$$2ax = -2ay$$
$$x = -y$$

Eingesetzt in $2x - 3y = 5 \cdot (a-1)$:

$$-5y = 5 \cdot (a-1)$$
$$y = 1 - a \quad \Rightarrow \quad x = a - 1$$

b) $x = \frac{a}{2} \quad y = \frac{b}{2}$

Übung 5

a) $\mathbb{D}_x = \mathbb{R}\setminus\{5\}$ $\quad \mathbb{D}_y = \mathbb{R}\setminus\{-4\}$ $\quad x = 6 \quad y = -2 \quad \mathbb{L} = \{(6; -2)\}$

b) $\mathbb{D}_x = \mathbb{R}\setminus\{-3; 3\}$ $\quad \mathbb{D}_y = \mathbb{R}$ $\quad x = 6 \quad y = 3 \quad \mathbb{L} = \{(6; 3)\}$

c) $\mathbb{D}_x = \mathbb{R}\setminus\{-4; 4\}$ $\quad \mathbb{D}_y = \mathbb{R}\setminus\{-2, -1\}$ $\quad x = -4 \notin \mathbb{D}_x \quad y = -4 \in \mathbb{D}_y \quad \mathbb{L} = \{\,\}$

d) $\mathbb{D}_x = \mathbb{R}\setminus\{0\}$ $\quad \mathbb{D}_y = \mathbb{R}\setminus\{1\}$ $\quad x = 1 \quad y = 3 \quad \mathbb{L} = \{(1; 3)\}$

e) $\mathbb{D}_x = \mathbb{R}\setminus\{-2; 0; 1\}$ $\quad \mathbb{D}_y = \mathbb{R}\setminus\{5\}$

$$\frac{1}{x+2} + \frac{1}{y-5} = \frac{4}{(x+2)(y-1)} \qquad | \cdot (x+2)(y-5)$$

$$y - 5 + x + 2 = 4$$
$$x + y = 7$$

$$\frac{y-3}{x-1} = \frac{y-1}{x} \qquad | \cdot x \cdot (x-1)$$
$$xy - 3x = xy - x - y + 1$$
$$-2x + y = 1 \qquad | \cdot (-1)$$

$$x + y = 7$$
$$2x - y = -1$$
$$\overline{3x \quad = 6} \qquad | : 3$$

$$x = 2 \quad \Rightarrow \quad y = 5 \notin \mathbb{D}_y \quad \mathbb{L} = \{\,\}$$

16. Einsetzverfahren

142 143

Übung 1

a) $x = 5$ $y = 1$ $z = -3$

b) $x = -2$ $y = 2$ $z = -1$

c) $x = 2$ $y = 5$ $z = 1$

d) $x = 5$ $y = 4$ $z = -5$

Übung 2

a) Zwischenergebnisse:

$$\begin{aligned} 2x + 3y - z &= 5 \\ -3x - 2y + 5z &= -4 \\ 2x + 5y - 6z &= 0 \end{aligned}$$

$x = 3$ $y = 0$ $z = 1$

b) Zwischenergebnisse:

$$\begin{aligned} -4x - 6y + z &= 5 \\ 4x - y + 3z &= 12 \\ -3y + z &= 8 \end{aligned}$$

$x = 3$ $y = -3$ $z = -1$

Übung 3

a) Aus $6x - y + 2z = 2a$ folgt: $y = 6x + 2z - 2a$

Eingesetzt:

$$\begin{aligned} -2x + 2 \cdot (6x + 2z - 2a) + z &= a \\ -2x + 12x + 4z - 4a + z &= a \\ 10x + 5z &= 5a \quad | :5 \\ 2x + z &= a \\ z &= a - 2x \end{aligned}$$

Eingesetzt in $4x - 5z = 2a$ gibt:

$$\begin{aligned} 4x - 5a + 10x &= 2a \\ 14x &= 7a \end{aligned}$$

$x = \frac{a}{2} \quad \Rightarrow \quad z = 0 \quad \Rightarrow \quad y = a$

b) Aus $x + 2y + z = 0$ folgt: $z = -x - 2y$

Eingesetzt in $2x + 3y + 2z = a$ folgt:

$$\begin{aligned} 2x + 3y - 2x - 4y &= a \\ -y &= a \end{aligned}$$

$x = (a + b)$ $y = -a$ $z = (a - b)$

17. Additionsverfahren

144 | 145

Übung 1

a) $x = 5 \quad y = -1 \quad z = 3$

b) $x = -3 \quad y = 2 \quad z = 4$

c) $x = -14 \quad y = -3 \quad z = -10$

d)
$$\begin{aligned} 2x - 3y + z &= 6a + 1 & &| \\ -3x + 2y + 5z &= 5 \\ 4x - y - 3z &= 2a - 3 & &| \cdot (-3) \quad | \cdot 2 \end{aligned}$$

$$\begin{aligned} 2x - 3y + z &= 6a + 1 \\ -12x + 3y + 9z &= -6a + 9 \\ \hline -10x + 10z &= 10 & &| : 10 \\ -x + z &= 1 \end{aligned}$$

$$\begin{aligned} -3x + 2y + 5z &= 5 \\ 8x - 2y - 6z &= 4a - 6 \\ \hline 5x - z &= 4a - 1 \end{aligned}$$

$$\begin{aligned} 5x - z &= 4a - 1 \\ -x + z &= 1 \\ \hline 4x &= 4a & &| : 4 \end{aligned}$$

$x = a \quad y = -a \quad z = a + 1$

Übung 2

$x = 2 \quad y = -3 \quad z = 0 \quad u = 1$

18. Dreireihige Determinanten

146 147

Übung 1

$$\begin{vmatrix} 1 & 3 & 2 \\ 2 & 4 & -5 \\ 3 & 1 & -2 \end{vmatrix} = \begin{vmatrix} 1 & 3 & 2 \\ 2 & 4 & -5 \\ 3 & 1 & -2 \end{vmatrix} \begin{matrix} 1 & 3 \\ 2 & 4 \\ 3 & 1 \end{matrix} = -56$$

Übung 2

a) -7

b) -24

c) -11

d) 0

e) $= a^2 + b + b - a - a - b^2 = a^2 - b^2 + 2b - 2a$

f) $= ab + b + a - b - a - ab = 0$

Übung 3

a) $\begin{vmatrix} 8 & 3 & -5 \\ 4 & 1 & 2 \\ 16 & 1 & 1 \end{vmatrix} = 4 \cdot \begin{vmatrix} 2 & 3 & -5 \\ 1 & 1 & 2 \\ 4 & 1 & 1 \end{vmatrix} = 4 \cdot 34 = 136$

b) $\begin{vmatrix} 36 & 3 & -6 \\ 4 & 1 & 2 \\ 16 & 1 & 1 \end{vmatrix} = 4 \cdot 3 \cdot \begin{vmatrix} 3 & 1 & -2 \\ 1 & 1 & 2 \\ 4 & 1 & 1 \end{vmatrix} = 12 \cdot 10 = 120$

Übung 4

a) $6 + x = 5$

$x = -1$

b) $-6 + 4y - 2x + 12x + 4y - 1 = 0$

$10x + 8y = 7$

c) $2z + y - 6x - x - 4y + 3z = 1$

$-7x - 3y + 5z = 1$

148 | 149

19. Lösung mit Determinanten

Übung 1

$$x = \frac{\begin{vmatrix} 2 & -3 & 1 \\ 5 & 4 & -2 \\ 4 & -2 & -5 \end{vmatrix}}{\begin{vmatrix} 2 & -3 & 1 \\ -1 & 4 & -2 \\ 3 & -2 & -5 \end{vmatrix}} \qquad y = \frac{\begin{vmatrix} 2 & 2 & 1 \\ -1 & 5 & -2 \\ 3 & 4 & -5 \end{vmatrix}}{-25} \qquad z = \frac{\begin{vmatrix} 2 & -3 & 2 \\ -1 & 4 & 5 \\ 3 & -2 & 4 \end{vmatrix}}{-25}$$

$$x = \frac{-125}{-25} \quad \Rightarrow \quad x = 5$$

$$y = \frac{-75}{-25} \quad \Rightarrow \quad y = 3$$

$$z = \frac{-25}{-25} \quad \Rightarrow \quad z = 1$$

Übung 2

a) $x = -2 \quad y = 0 \quad z = 10$

b)

$$x = \frac{\begin{vmatrix} 2a & 1 & -1 \\ 1 & -2 & 3 \\ (6a+1) & 3 & -2 \end{vmatrix}}{\begin{vmatrix} 1 & 1 & -1 \\ 2 & -2 & 3 \\ 3 & 3 & -2 \end{vmatrix}}$$

$$x = \frac{8a + 3 \cdot (6a+1) - 3 - 2 \cdot (6a+1) - 18a + 2}{4 + 9 - 6 - 6 - 9 + 4}$$

$$x = \frac{8a + 6a + 1 - 3 - 18a + 2}{-4}$$

$$x = \frac{-4a}{-4} \quad \Rightarrow \quad x = a$$

$$y = \frac{\begin{vmatrix} 1 & 2a & -1 \\ 2 & 1 & 3 \\ 3 & (6a+1) & -2 \end{vmatrix}}{-4}$$

$$y = \frac{-4a - 4}{-4}$$

$x = a \quad y = (a+1) \quad z = 1$

20. Fortlaufende Proportionen

150 151

Übung 1

a) $x:y=5:3 \wedge y:z=3:4 \wedge x:z=5:4$

b) $2x:y=1:6 \wedge y:3z=6:2 \wedge 2x:3z=1:2$

Übung 2

a) $x:y:z=7:1:3$

b) $x:y:z=4:6:5$

c) $x:3z=2x:6z \quad \Rightarrow \quad 2x:y:6z=1:2:3$

d) $\left.\begin{array}{l} 3x:y=6x:2y \\ 2x:5z=6x:15z \end{array}\right\} \quad \Rightarrow \quad 6x:2y:15z=2:5:1$

e) $6x:5y:3z=12:4:3$

Übung 3

a) $x:y:z:(x+y+z)=2:3:5:(2+3+5)$
$x:y:z:20=2:3:5:10$

$x=4 \quad y=6 \quad z=10$

b) $x:y:z:(3x+z)=1:4:2:(3+2)$
$x:y:z:15=1:4:2:5$

$x=3 \quad y=12 \quad z=6$

c) $2x:3y:5z:(3\cdot 3y-2x)=1:2:3:(3\cdot 2-1)$
$2x:3y:5z:150=1:2:3:5$

$x=15 \quad y=20 \quad z=18$

Übung 4

Die Seiten a, b und c des Dreiecks verhalten sich wie $20:30:15$ oder gekürzt: $4:6:3$
Ansatz: $a:b:c=4:6:3$
$a+b+c=39$

Berechnung: $a:b:c:(a+b+c)=4:6:3:(4+6+3)$
$a:b:c:39=4:6:3:13$
$a=12 \quad b=18 \quad c=9$

Die Seiten sind beim ähnlichen Dreieck 12 cm, 18 cm und 9 cm lang.

152 153

21. Textaufgaben

Übung 1

a) Die drei Zahlen sind x, y und z.

Ansatz:
$$2 \cdot (y + z) = x - 1$$
$$2x - 5y - 2 = z$$
$$x + y + z = 49$$

Antwort: Die gesuchten Zahlen sind 33 , 12 und 4 .

b) Die drei Zahlen sind x, y und z.

Ansatz:
$$x + y + z = 60$$
$$(y + z) - x = 10$$
$$(x + y) - z = 24$$

Antwort: Diese Zahlen sind 25 , 17 und 18 .

c) Die gesuchten Zahlen sind x, y und z.

Ansatz:
$$\frac{x + y + z}{3} = 66$$
$$\frac{x + y}{2} = z + 9$$
$$y = (x + z) + 2$$

Antwort: Die gesuchten Zahlen sind 38 , 100 und 60 .

Übung 2

a) Die Ziffern der dreistelligen Zahl sind der Reihe nach x, y und z, die Zahl ist somit $(100x + 10y + z)$.

Ansatz:
$$x + y + z = 11$$
$$y - z = 2$$
$$(100z + 10y + x) = (100x + 10y + z) - 297$$

Antwort: $x = 5;\ y = 4;\ z = 2 \quad \Rightarrow$ Die gesuchte Zahl ist 542 .

b) Die Ziffern der dreistelligen Zahl sind der Reihe nach x, y und z, die Zahl ist somit $(100x + 10y + z)$.

Ansatz:
$$x + y + z = 15$$
$$(100z + 10x + y) = (100x + 10y + z) + 162$$
$$(100y + 10z + x) = (100x + 10y + z) + 378$$

Antwort: $x = 3;\ y = 7;\ z = 5 \quad \Rightarrow$ Die gesuchte Zahl ist 375 .

22. Sachaufgaben

154 155

Übung

a) In der 8A sind x Schüler, davon $\frac{x}{2}$ Mädchen, in der 8B sind y Schüler, davon $\frac{2y}{3}$ Mädchen, in der 8C sind z Schüler, davon $\frac{z}{5}$ Mädchen.

Ansatz:
$$x + y + z = 80$$
$$\frac{x}{2} + \frac{2y}{3} + \frac{z}{5} = 37$$
$$\frac{x}{2} + \frac{z}{5} - 1 = \frac{2y}{3}$$

In 8A sind 28 Schüler, davon 14 Mädchen.

In 8B sind 27 Schüler, davon 18 Mädchen.

In 8C sind 25 Schüler, davon 5 Mädchen.

b) Die Seiten des Dreiecks sind x, y und z, wobei x die kleinste, z die größte Seite sein soll.

Ansatz:
$$x + y + z = 13$$
$$(x + y) - 1{,}6 = z$$
$$2 \cdot (z - x) - 0{,}9 = y$$

Die Seiten sind 3,2 cm, 4,1 cm und 5,7 cm lang.

c) Die Baugrundstücke haben eine Fläche von x m², y m² und z m².

Ansatz:
$$x + y + z = 1800$$
$$80x + 120y + 60z = 160\,000$$
$$10x + 10y - 20y = 6000$$

Die Grundstücke haben eine Fläche von 800 m², 600 m² und 400 m².

d) Jeder der Freunde leiht sich 24 000 € : 3 = 8000 € für das Boot. Der Erste für x %, der Zweite für y % und der Dritte für z % Zinsen.

Ansatz:
$$8000 \cdot \frac{x}{100} + 8000 \cdot \frac{y}{100} + 8000 \cdot \frac{z}{100} = 1120$$
$$8000 \cdot \frac{z}{100} = 8000 \cdot \frac{x}{100} + 8000 \cdot \frac{y}{100}$$
$$8000 \cdot \frac{y}{100} - 80 = 8000 \cdot \frac{x}{100}$$

Der Erste hat sich das Geld für 3 % geborgt, der Zweite für 4 % und der Dritte für 7 %.

156 | 157

23. Substitution

Übung 1

$$u - v + z = 12$$
$$2u + 3v - z = 20$$
$$3u + 2v - 8z = 8 \qquad \mathbb{D}_x = \mathbb{R}\setminus\{0\} \quad \mathbb{D}_y = \mathbb{R}\setminus\{0\} \quad \mathbb{D}_z = \mathbb{R}$$

$x = 0{,}1 \quad y = 1 \quad z = 3$

Übung 2

$\mathbb{D}_x = \mathbb{R}\setminus\{1\} \quad \mathbb{D}_y = \mathbb{R}\setminus\{-2\} \quad \mathbb{D}_z = \mathbb{R}\setminus\{0\}$

$$\frac{1}{x-1} = u; \quad \frac{2}{y+2} = v; \quad \frac{1}{z} = w$$

$$u + v - w = 6{,}4$$
$$3u - 5v - 2w = 12$$
$$2u + 10v = 4$$

$$u = 1 \quad \Rightarrow \quad \frac{1}{x-1} = 1 \quad \Leftrightarrow \quad 1 = x - 1 \quad \Rightarrow \quad x = 2$$

$$v = \frac{1}{5} \quad \Rightarrow \quad \frac{1}{y+2} = \frac{1}{5} \quad \Leftrightarrow \quad 5 = y + 2 \quad \Rightarrow \quad y = 3$$

$$w = -5 \quad \Rightarrow \quad \frac{1}{z} = -5 \quad \Leftrightarrow \quad z = -\frac{1}{5}$$

Übung 3

3 Stunden 20 Minuten sind $3\frac{1}{3}$ Stunden bzw. $\frac{10}{3}$ Stunden.

Die Pumpen benötigen einzeln x bzw. y Stunden, um den Keller zu leeren, das Sickerwasser füllt ihn in z Stunden.

Ansatz:

$$\frac{1}{x} + \frac{1}{y} - \frac{1}{z} = \frac{1}{4} \qquad \mathbb{D}_x = \mathbb{R}\setminus\{0\}$$

$$\frac{1}{x} + \frac{1}{y} = \frac{3}{10} \qquad \mathbb{D}_y = \mathbb{R}\setminus\{0\}$$

$$\frac{1}{x} - \frac{1}{z} = \frac{1}{20} \qquad \mathbb{D}_z = \mathbb{R}\setminus\{0\}$$

Berechnung: Nach der Substitution erhalten wir:

$$u = \frac{1}{10} \quad \Rightarrow \quad \frac{1}{x} = \frac{1}{10} \quad \Rightarrow \quad x = 10$$

$$v = \frac{1}{5} \quad \Rightarrow \quad \frac{1}{y} = \frac{1}{5} \quad \Rightarrow \quad y = 5$$

$$w = \frac{1}{20} \quad \Rightarrow \quad \frac{1}{z} = \frac{1}{20} \quad \Rightarrow \quad z = 20$$

Der Keller wird *mit* Sickerwasser in 20 Stunden gefüllt.

Ohne Sickerwasser wird er von einer Pumpe allein in 10 , von beiden Pumpen in 5 Stunden geleert.

24. Vermischte Aufgaben

158 159

Übung 1

a) $x : y : z = 5 : 8 : 2$
$y - 2z = 1600$

Die Grundstücke haben eine Fläche von 2000 m^2, 3200 m^2 und 800 m^2.

b) $x : y : z = 2 : 4 : 5$
$z - \frac{x + y + z}{3} = 10000$

Die Erben bekommen 15000 € , 30000 € und 37500 € .

c) $x : y : z : u = 15 : 20 : 18 : 27$
$x + y + z + u = 360$

Die Seiten des ähnlichen Vierecks sind 67,5 cm, 90 cm, 81 cm und 121,5 cm lang.

Übung 2

a) $x + y + z = 52$
$x + 12 = y + z$
$x - 18 = y - z$

Die Seiten des Dreiecks haben eine Länge von 20 cm, 17 cm und 15 cm.

b) $2x + 2y = 26$
$2y + 2z = 24$
$2x + 2z = 30$

Die Seiten eines Dreiecks sind 8 cm, 5 cm und 7 cm lang.

c) $\frac{x + y}{2} - 9 = z$
$(x - y) + z - 12 = x$
$x + y + z = 288$

Die drei Zahlen sind 120 , 78 und 90 .

d) $x + y + z = 32$
$0{,}2x + 0{,}4y + 0{,}1z = 8{,}20$
$0{,}2x + 0{,}4y + 0{,}2 \cdot \frac{z}{2} + 0{,}4 \cdot \frac{z}{2} = 10{,}60$

In der ersten Schachtel waren 5 Pralinen zu 0,20 €, 15 Pralinen zu 0,40 € und 12 Pralinen zu 0,10 € das Stück.

Übung 3

a) $\mathbb{D}_x = \mathbb{R}\setminus\{0\}$ $\quad \mathbb{D}_y = \mathbb{R}\setminus\{0\}$ $\quad x = 3$ $\quad y = 6$

b) $\mathbb{D}_x = \mathbb{R}\setminus\{-1; 5\}$ $\quad \mathbb{D}_y = \mathbb{R}$ $\quad x = 6$ $\quad y = -14$

c) $\frac{x - y}{x + y} = u \qquad \frac{z}{x - y} = v \qquad \frac{1}{x + y} = w$

$u = \frac{1}{9}; \; v = 1; \; w = \frac{1}{9} \qquad \Rightarrow \qquad x = 5 \; ; \quad y = 4 \; ; \quad z = 1$

Teil IV:
Englisch

Die Zeiten: Bildung und Verwendung

Lösungen

164 165 1. Das Simple Present in Aussagesätzen

Übung 1

Beachte das s *in der 3. Person Singular und die Wortstellung (S–P–O)!*

1. Before they play golf Nina and George have lunch at 12.30 every day.
2. Nina's handicap is 12, George's handicap is 13.
3. George tries to take part in golf tournaments regularly.
4. Nina sometimes watches *(Beachte das* e, *das nach Zischlauten vor das Präsens-*s *eingeschoben wird.)* Grand Prix racing on TV.
5. She and her friend like car racing but they think it is very dangerous.
6. Ferrari and McLaren are very successful teams in motor sport.

Übung 2

Canoeing and rock-climbing are two of George's leisure activities. He often falls into the water but he can always swim to the bank. Nina and many of her friends are interested in horseback-riding. They have several horses they can ride. 'Black Beauty' is Nina's favourite. It costs a lot of money to own a horse, so Nina works in a fast food restaurant every Saturday. With the money she pays the vet who comes to see 'Black Beauty' regularly.

Übung 3

1. I like to play volleyball and I am very good at *(!)* this sport.
2. My brother George and I are members of the school team.
3. My big sister Marla hates all kinds of ball games.
4. She is crazy about horses and fast cars.

Übung 4

1. Heißluftballone scheinen jeden zu faszinieren.
2. Ballonfahren ist ein wunderbares, aber auch ein teures Hobby.
   (Beachte: Das englische Wort also *heißt in der deutschen Übersetzung* auch, *das deutsche Wort* also *heißt im Englischen* so *oder* therefore.*)*
3. Ein neuer Ballon kann zwischen 15.000 und 45.000 Dollar kosten.
4. Nach einer sicheren Landung trinken der Pilot und seine Passagiere immer ein Glas Sekt.

2. Das Simple Present in Fragesätzen und Verneinungen

166 167

Übung 1

1. Do most of the teachers talk too much?
2. The maths teacher does not give homework over the weekend.
3. He does not believe it if anyone tells him that maths is the most difficult subject in the world.

Übung 2

Ralf: Do you go to a girls' school?
Mary: Oh, no, I don't. I go to a comprehensive school in the south of London.
Ralf: I heard that in England a lot of school children have to wear a school uniform but they don't like it. Is that true?
Mary: I am not so sure about that. My school uniform is pretty, but my brother doesn't like his at all.

Übung 3

1. (Does your homework not ... *klingt bei dieser Unterhaltung ziemlich gestelzt.)* Doesn't your homework take up most of your afternoon?
2. Don't many of the pupils/students (pupils *im amerikanischen Englisch nur für Grundschüler)* like German literature?
3. Why doesn't the school provide us with free lunch? (*Keep in mind: Die Kurzform von* do not *ist* don't, *von* does not *heißt sie* doesn't.)

Übung 4

1. Do many French schoolchildren go to comprehensive schools?
2. I don't think so.
3. Do you know a famous boarding school?
4. Are Winchester and Harrow towns with very expensive schools?
5. Does Prince William go to a school near his grandmother's castle?

Übung 5

1. Ich will nicht über das britische Schulsystem sprechen.
2. Muss dein Vater wirklich Schulgeld für dich zahlen?
3. Haben ihre Lehrer viel Geduld?
4. Laura hat keine Schwierigkeit mit ihrer Englischhausaufgabe.
5. Was hältst du von Peters Einstellung gegenüber Prüfungen?

168 169

3. Das Present Progressive

Übung 1

1. Robots are putting together the parts of the cars.
2. Computers are controlling the quality of the work done on the assembly lines.
3. Engineers are checking the amount of time needed by the workers.

Übung 2

1. The Ford company is just modernizing its factory in Detroit.
2. Today the car industry is trying to develop non-polluting cars.
3. New production lines are improving the quality of the new cars.
4. Some factory workers are waiting for the shift to start.
5. Other workers are looking forward to having a break.

Übung 3

Craig: Hi Wayne, I hope I'm not disturbing you at the moment.
Wayne: Well, I'm trying to get some sleep. I was partying all night long.
Craig: And what is your Dad doing?
Wayne: He's working in his garage, I guess. He's probably repairing his old Thunderbird. But why are you calling so early in the morning?
Craig: I'm desperately trying to get some help. My Dad's Porsche is sitting at the bottom of our swimming pool and you or your Dad must help me.
Wayne: What? What are you saying? You're joking, aren't you?
Craig: No, I'm not. I'm dead serious. I was a little drunk last night so I forgot to put on the handbrake and the Porsche slowly rolled down the drive into the swimming pool.
Wayne: Okay, okay, I'm on my way.

Übung 4

While the three men are pulling the Porsche out of the swimming pool, Craig's father comes back from his business trip. When he sees what is going on he has a heart attack. Craig helps his father until the ambulance arrives. While they are hurrying to the hospital, Craig worries about what will happen. Fortunately, the driver is driving fast so that they reach the hospital in time. While Craig's father is recovering from his shock, Craig and Wayne have the Porsche repaired. When Craig's father sees his Porsche again it is shining like new.

4. Die Unterscheidung zwischen Simple Present und Present Progressive

170 171

Übung 1

Cory: Can you hear those girls over there? Are they talking about us?
Alison: I don't think so but maybe it is a good idea to leave the party now. What do you think?
Cory: I'm not sure. I usually really enjoy parties but I'm not enjoying this one. The boys here are a bit shy, and the other girls …
Alison: Why don't we leave and go to my brother's party? He's having one right now in his beautiful apartment in Kensington.
Cory: I don't like the idea.
Alison: Oh, come on. Don't be (*Vorsicht: Hier ist* to be *ein Vollverb und muss mit* to do *bei der Verneinung umschrieben werden.)* such a spoilsport!
Cory: All right, then. But first I must call my parents. They always want to know where I am. I wonder what they are doing at the moment. I hope they are not waiting for me.
Alison: Oh, you and your parents. Mine are much less complicated. They don't care what I'm doing as long as it's not illegal and I come home every night.
Cory: Okay, let's go! But lend me your mobile phone first, please.

Übung 2

Signalwörter für das Simple Present: usually, always, every day.
Signalwörter für das Present Progressive: right now, at the moment.
Weitere Signalwörter für das Simple Present: sometimes, regularly, occasionally, often, seldom.
Weitere Signalwörter für das Present Progressive: look!, listen!, still, just.

Übung 3

1. Hey you. What are you staring at ~~do you stare at~~?
2. Why are you driving ~~do you drive~~ so fast? – Because we are late.
3. Can I turn the CD-player down? You are not listening ~~do not listen~~ anyway.
4. What are you eating ~~do you eat~~? – I'm having a piece of cake.
5. Are you Swedish? – No, ~~I'm coming~~ I come from Denmark.
6. How many languages do you speak ~~are you speaking~~?
7. When does school usually start ~~is school usually starting~~ in Denmark?
8. What are you doing ~~do you do~~ right now? – Are you blind? I am playing ~~I play~~ cards with Joe.

Übung 4

Alison: Oh, I love this party. The people here are so cool.
Cory: Look! Isn't that Elton John over there?
Alison: Listen! He is singing his latest song with the Spice Girls. And look over there! Mick Jagger is kissing a blonde lady.
Cory: Wow, and what is your brother doing? He is holding hands with Tina Turner.
Alison: If I weren't / wasn't seeing this with my own eyes, I wouldn't believe it.

172 173

5. Das Passiv im Present Tense

Übung 1

find, found, found
join, joined, joined
catch, caught, caught
be, was/were, been

drill, drilled, drilled
drink, drank, drunk
build, built, built

Übung 2

1. A lot of birds and animals are killed.
2. Men on special ships are hired for that.
3. Yes, tankers are used to bring oil on shore.
4. Radios are often not switched off and lights are left on.

Übung 3

1. Lots of workers are needed for the work on the platforms.
2. High wages are paid by the oil companies.
3. The platform cannot be left by the workers unless they have permission from their boss.
4. In bad weather or in a heavy storm the men working on the platform are tossed around.

Übung 4

John: Ich muss gezwungenermaßen (bin gezwungen) noch mindestens zwei Monate an diesem unfreundlichen Ort (zu) bleiben.
Heinz: That is really bad.
John: Ich bin als Taucher eingestellt worden und ich bin der Einzige hier an Bord, der tauchen kann.
Heinz: But can't you just leave?
John: Nein, das ist unmöglich. Aber meine Tage hier sind gezählt, glaube mir.

Übung 5

1. Smoking is not allowed on an oil rig.
2. How is petrol *(gas = am. engl.)* produced from crude oil?
3. New oil fields can still be found nowadays.
4. Alcohol is not allowed on oil rigs. / Drinking alcohol is not allowed on oil rigs.

6. Mixed exercises zum Present Tense

174 | 175

Übung 1

John Taylor is an English engineer. He specializes in drilling for oil in the North Sea. This year he is working on an oil rig, which is called 'Blet Sar'. He does not speak any Norwegian, but he is trying to learn at least some of the most important words. John knows that he earns / is earning good money but he misses his wife and four children very much. He usually likes his work, but at the moment it is raining heavily and no work can be done on the oil rig. Right now John and his Norwegian friends are playing Monopoly so that they do not feel lonely.

Übung 2

Dear Daddy,
I miss you so much. Life is boring without you. Do you like your job in the North Sea? I hate it because it takes you away from me. While I am writing this, I am crying the whole time. I feel / am feeling so lonely at the moment. Sorry that the letter has so many watery spots. These are my tears. Please, Daddy, come back soon!
Lots of love, Priscilla
P.S. Mummy wants me to say hello to you for her.

Übung 3

1. Sometimes children are talked to as if they are stupid.
2. Do you think these kids are capable of doing it all by themselves?
3. The young people of today do not feel miserable because they believe they will have a wonderful future.
4. Boys and girls have equal educational opportunities, as is required by law.
5. It is not reasonable for girls to be refused *(Infinitiv Passiv!* refuse *heißt* (ver)weigern: *den Mädchen wird / ist das Betreten verboten)* entry into an all-male club.

Übung 4

1. A lot of pupils *(brit. engl.)* / students (*am. engl.*) in German grammar schools / high schools think that speaking English as the English do is difficult.
2. There are a lot of words the pupils have never heard of.
3. During the test most of the pupils wish that they had studied more.
4. It is generally known that English is one of the easiest languages in the world.
5. Do you know how many people in the world speak English?
6. In almost every continent there is at least one nation whose mother tongue is English.
7. English is spoken all over the world.
8. Do you like the English language?

176 177

7. Das Simple Past

Übung 1

1. The lady got up at six o'clock in the morning.
2. She had a shower and had breakfast.
3. She drank tea and ate toast with butter.
4. Every morning a friend stopped *(Beachte:* to stop, *aber* stopped*; die Regel lautet: Nach kurzem, einfachem, betontem Vokal wird der Endkonsonant vor* -ed *verdoppelt.)* in front of her house and took her to work.

Übung 2

1. How long did you stay in the United States?
2. Did you like it there?
3. How many new friends did you make?

Übung 3

Last month I went to the unemployment office. They offered me a job and I accepted it at once. I was unemployed for several months but now I am working as a waitress. Last week I got my first pay cheque. Yesterday I spent it all on beautiful clothes. I bought a blue dress, a green T-shirt and a really great skirt. I paid $45. Yesterday was a wonderful day.

Übung 4

1. In 2006 I worked as an au pair in New York for one year.
2. I didn't like it there.
3. The family I worked for lived on a very noisy street in Manhattan.
4. I was glad when the year was over.

Übung 5

1. Where did you work in 2006?
2. Did you like it in New York?
3. What was the weather like?
4. How did you get on with the family?

8. Das Past Progressive

178 | 179

Übung 1

1. At 6.03 o'clock she was taking a shower.
2. At 6.16 o'clock she was getting dressed.
3. At 6.37 o'clock she was running to the train station.
4. At 7 o'clock she was sitting in the train.

Übung 2

1. Diana was standing in the shower when the lights went out.
2. She was putting on her new blouse when a button came off.
3. Diana was having breakfast when the telephone rang.
4. She was leaving the house when she heard a shout.

Übung 3

1. Sylvia was talking on the phone while the earth was shaking.
2. Sylvia's father was staring out of the hotel window as the Bay Bridge was collapsing.
3. Two men were trying to steal expensive diamonds while the owner was having dinner in the hotel restaurant.

Übung 4

Sylvia: The floor was shaking and we realized that it was an earthquake.
Diana: Was hast du / habt ihr (da) gerade gemacht?
Sylvia: My brother and my sister were playing chess, my mother was writing her novel and I was bathing the dog.
Diana: Das klingt unglaublich. Hast du wirklich während eines Erdbebens den Hund gebadet?
Sylvia: Yes, I was. But the dog went crazy. After the earthquake he was hiding / hid under my bed all night long.

180 181

9. Die Unterscheidung zwischen Simple Past und Past Progressive

Übung 1

1. What were you doing this time yesterday?
2. I was packing my suitcase for our trip to Wales, and …
3. … my sister Friederike was surfing the Internet for infos about Cardiff.
4. Did she find anything?
5. No, she didn't. *(Nur mit "No!" zu antworten ist sehr unhöflich und deshalb nicht akzeptabel.)* She was just chatting with a Welshman when her computer crashed.

Übung 2

While we were heading for Wales, my brother was travelling *(brit. engl.)* / traveling *(am. engl.)* to Scotland. He wanted to climb Ben Nevis, the highest mountain in Scotland. But while he was climbing Ben Nevis some rocks kept falling down. Fortunately, nobody was hurt.

Übung 3

Helen: Did you have a nice holiday?
Sue: Oh yeah. It was great.
Helen: Where were you exactly?
Sue: First we went by plane to London, then we rented a car and drove to Cymru the same day.
Helen: What did you say?
Sue: We travelled *(brit. engl.)* / traveled *(am. engl.)* to Wales, which is called Cymru in Welsh. We stayed in a haunted castle with lots of ghosts. When they were rattling their chains, nobody could sleep. Old Faithful, one of the ghosts, was just following me, when he dropped his head. Another one was coming after my little sister when he fell over a big wooden chest.
Helen: Weren't you afraid?
Sue: No, I wasn't. I had a lot of fun.

Übung 4

1. When the clock struck 12, we were lying in our beds.
2. Plötzlich öffnete sich die Tür.
3. A ghost with his head under his arm was slowly entering the room.
4. Ich schaltete das Licht an und die Kreatur verschwand für immer.
5. The next night we were able to sleep safe and sound.

10. Das Passiv im Past Tense

182 | 183

Übung 1

When I was seven years old, I was allowed to go to school for the first time in my life. My brothers and I went to a building that was built by white settlers. At the door we were welcomed by a nice young woman who was called "Madame" by the other schoolchildren. I was very excited and I liked school a lot. One day, as our maths tests were just being returned, there was a terrible noise outside. After a while the sound could not be heard any more. Then there it was again. Suddenly the door was opened wide by a big grizzly. Another big roar was heard, and then there was a shot. Our teacher was standing there with a gun in her hands. The animal was shot by our brave schoolteacher. We were each allowed to take a tooth from the bear. I will remember this incident and this woman all my life.

Übung 2

1. When was "Flying Arrow" sent to school?
2. By whom was the school built? / Who was the school built by?
3. By whom was he taught? / Who was he taught by? *(Oder am besten:* Who was his teacher?*)*
4. What was his teacher called?
5. Which animal were the lessons disturbed by one day?
6. Which tests were being returned when the bear came in?
7. Who was the grizzly shot by?
8. Who was allowed to keep the teeth?
9. When was this adventure told?
10. Who was this story told by? / By whom was this story told?

Übung 3

1. A lot of old stories were told to my brothers and sisters and me.
2. One story was especially loved by all of us.
3. It was the story of the Red Indian called "Eagle Eye" who was raised and fed by a wolf.

184 | 185

11. Mixed exercises zum Past Tense

Übung 1

1. Bill Gates was born in Seattle, Washington, in the year 1955.
2. At the age of 12 he was already fascinated by computers.
3. In 1975 Bill Gates and his partner Paul Allen developed a computer-programming language called BASIC.
4. In the same year Bill Gates left Harvard University to have more time for his company, Microsoft.
5. In 1989 the Corbis Corporation was founded by Gates.
6. Six years later this company bought 16 million photographic images and plans were announced to digitize a lot of them.

Übung 2

1. Yesterday Tom was writing on his computer when it suddenly crashed.
2. He called his friend Celine who promised to come to his house immediately.
3. After a couple of minutes the error / bug was found by Celine.
4. They were playing on the computer when a loud shout was heard.
5. Tom's mother was also having trouble with her computer.
6. Tom's mother could be helped by Celine, too.

Übung 3

Celine: Hi, Tom. How did it go in yesterday's exam?

Tom: Well, in the beginning I thought that I had all the right answers but then I saw what the others had written and now I know that I might have failed.

Celine: Did you revise enough?

Tom: Oh yes, I think so. My mother helped me a lot and even my Dad studied with me. He listened for over two hours to what I told him about the Boston Tea Party and its consequences. But what about you?

Celine: I think I did alright. In the exam I was asked about Thanksgiving and I was able to tell the teachers a lot. They were quite pleased with me.

Tom: You lucky girl. Why wasn't I asked by my teachers about easy stuff like Thanksgiving? I would have known almost everything about that, but in my exam I could remember almost nothing about a war that took place more than 200 years ago.

Celine: If I were you, I wouldn't worry too much. I'm sure you will pass the exam. By the way, did you and your friends celebrate the end of the schoolyear yesterday?

Tom: Yes, we did. We partied all night long. Why weren't you there?

Celine: I wasn't there because I wasn't invited.

Tom: Oh, Celine! I'm so sorry.

12. Das Present Perfect Simple in Aussagesätzen

186 187

Übung 1

1. Aunt Margie has tried to call us from Boston several times today.
2. She has not seen us since 1985.

Übung 2

1. We have never had guests from America before.
2. We have invited Aunt Margie several times.
3. But this is the first time she has accepted our invitation.
4. Aunt Margie has lived on the East Coast all her life.
5. She has never visited Germany before.
6. The weather in Boston has been terrible for over a week now.
7. Aunt Margie has known us since we were babies.

Übung 3

1. The children have finally seen their aunt again.
2. She has brought along a book about Boston.
3. Margie has been to Europe thirteen times so far.
4. She has seen a lot of cities and countries.
5. She has played now with the Boston Philharmonic for 20 years.
6. Her brother has conducted the Boston Pops since 1989.
7. We have tried to get tickets for the festival, but so far we have not succeeded.

Übung 4

1. Ich habe die Biografie über John F. Kennedy gelesen, der in Boston geboren wurde.
2. Bis jetzt waren wir noch nie in Kanada, aber wir sind beinahe in jedem Staat der USA gewesen.
3. Sarah ist jetzt seit fünf Monaten Touristenführerin in Boston.
4. Bist du jemals dem Pfad der Freiheit im Stadtzentrum von Boston gefolgt?

188 189

13. Das Present Perfect in Frage und Verneinung

Übung 1

Suzi has not been in Salzburg for six months. Her boyfriend has been a skiing instructor since he was 19 years old. Because there are so many people who want to take skiing lessons, she has not seen him since November, but today is his day off and he and Suzi have been skiing for at least four hours. Now they are very tired. They go back to the hotel-room where Suzi has been staying for more than a week now. She turns on her lap-top and goes online, but nobody has mailed her since yesterday. Suddenly his mobile phone (*brit. engl.; am. engl.:* cell phone) rings and somebody says that there has been a terrible accident in the mountains. Four people have been buried under masses of snow for a quarter of an hour. This is the worst accident since 2006 when two teenagers were missing for more than three days.

Übung 2

1. How many times have you been to Austria before?
2. Has one of your students ever had an accident?
3. How long have you been a skiing instructor?
4. Have you earned a lot of money so far?

Übung 3

1. Have you ever thought of spending your holiday in our lovely town?
2. We bet you've never seen a more beautiful sunset in the mountains!
3. And why haven't you tried our world-famous dumplings yet?
4. Our guests have never complained about long queues at the ski-lifts!
5. And they haven't paid high prices here either!

Übung 4

N: Joe went skiing two days ago. Have you heard from him so far?
L: No, I have not seen him since last Friday.
N: He wanted to call me, but he has not done so yet.
L: Don't worry too much. I have known Joe for ages and he has never kept his promises.
N: I heard on the news this morning that the weather has changed in the place where he has been staying for two days now.
L: All right then. I have the number of his mobile phone. Let's call him.

14. Das Present Perfect Progressive

190 191

Übung 1

1. Ich schaue die königliche Hochzeit jetzt schon seit zwei Stunden an.
2. Die Sonne scheint schon seit dem Beginn der Hochzeit.
3. Der Prinz starrt seine Braut an, seitdem sie die Kirche betrat.
4. Die Königinmutter weint, seitdem das Paar die Ringe tauschte.

Übung 2

Ute: Hey, Tony, you look tired. Have you been working hard the last few days?

Tony: Oh no. Quite the opposite. I have just arrived from Los Angeles. It was wonderful over there. I was visiting my big sister. She is a famous actress. She has appeared in several films.

Ute: Wow, I'm impressed. It has always been my dream to go there and become a star. How often have you been to L.A.?

Tony: I have been there twice. I just came back this morning. By the way, I have been reading the book you gave me months ago, but I have not finished it yet.

Ute: You can keep it. But let's talk about your sister. How long has she been living in California?

Tony: Suzanne – that's my sister's name – has been living in Beverly Hills for more than five years now. Her husband founded a big studio and he has successfully headed it for a long time now. When I was visiting them he even offered me a small part in the latest movie with Julia Roberts.

Ute: This is hard to believe.

Tony: No, seriously. I have been taking dance lessons since I was five. For 15 years now I have been dancing every Friday and Saturday. I am a very good dancer. I have just won the national championship for the third time. Don't you believe me?

Ute: Oh, come on. Have you really been dancing for such a long time?

Tony: Yeah, sure. Let's dance, and I'll show you!

192 | 193

15. Das Passiv im Present Perfect

Übung 1

1. Up to now Universal Studios have been visited by millions of people.
2. More science fiction movies than love stories have been shown in recent years.
3. How many films have been directed by Steven Spielberg so far?
4. Why has Tom Cruise not been awarded an Oscar yet?
5. So far the latest James Bond movie has been seen by over 2,000,000 people.
6. Hundreds of thousands of young actors have been attracted by Hollywood over the years.

Übung 2

1. A new cinema has just been opened in Hatfield.
2. The new film has been talked about for weeks now.
3. The actress Meg Ryan has been fired and Julia Roberts has been hired instead.
   Since then not a word has been exchanged between the two ladies.
4. Have the rights to the film been sold to other countries yet?
5. At least 100 cars have been destroyed so far during the filming of the new James Bond movie.
6. Have you ever been invited to a film premiere?

Übung 3

1. She has never ~~be~~ seen in a cowboy film before.
   She has never been seen in a cowboy film before.
2. These horses have not been ~~yet~~ trained.
   These horses have not been trained yet.
3. Hugh Grant's last film ~~have~~ been in production for over nine months now.
   Hugh Grant's last film has been in production for over nine months now.
4. It has been directed ~~of~~ a very famous woman.
   It has been directed by a very famous woman.

Übung 4

1. Spielberg's latest film has been described as "excellent".
2. This film has been nominated for six Oscars.

194 195

16. Die Unterscheidung zwischen Past Tense und Present Perfect

Übung 1

Robin Hood was once a rich man, but he had lost all his money.
He and his men lived of the rich people who passed by.
His best friend was called Little John.
The outlaws never robbed or hurt the poor and needy.
His men wore green so that it was difficult to see them in the forest.
They never kept the stolen things for themselves.
Maid Marian was married to Robin Hood.
Robin and his men liked to hunt and fish in Sherwood Forest.
Have you ever seen Kevin Costner as Robin Hood?

Übung 2

1. Have you ever heard of Robin Hood?
2. He was a brave and noble man who fought for the poor.
3. In Sherwood Forest there was a camp where all the outlaws lived at that time.
4. Was *(Passiv!)* Robin loved by everyone?
5. Why did Robin Hood steal money from the rich?

Übung 3

1. I ~~did~~ not see a film about Robin Hood in years. I have not seen a film about Robin Hood in years. 2. Robin Hood's life ~~was~~ filmed about 20 times so far. Robin Hood's life has been filmed about 20 times so far. 3. Friar Tuck and Little John ~~have~~ always accompanied Robin. Friar Tuck and Little John always accompanied Robin. 4. The merry man of Nottingham ~~has~~ loved his wife madly. The merry man of Nottingham loved his wife madly. 5. In the 14th century Edward II ~~has been~~ King of England. In the 14th century Edward II was King of England. 6. Have you seen Robin Hood's statue in Nottingham? *(Das Present Perfect ist hier genauso richtig wie das Past Tense:* Did you see Robin Hood's statue in Nottingham?*)*

Übung 4

One day when Robin Hood was riding with Little John through Sherwood Forest they heard loud voices. They came closer and saw two ladies on white horses. The women were surrounded *(Passiv!)* by three soldiers who had swords in their hands. "Go away!" one of the ladies shouted. "We have been on our horses for more than two hours and we don't want to return to where we came from. Let us pass!" But the soldiers did not allow them to continue their ride through the forest. Robin and Little John fought with the soldiers, defeated them and rescued the two ladies. These two women gave Robin a golden ring as a gift because they were so grateful. In those days a lot of people worshipped Robin Hood and thought he was a great hero.

196 197

17. Past Tense oder Present Perfect?

Übung 1

Frank: Hi, Karen, we haven't seen each other for a long time.

Karen: Yes, you're right. The last time we met was at my sister's birthday party last September.

Frank: That's right. I even remember the topic we were talking *(oder auch möglich:* talked*)* about.

Karen: What was it? I can't remember.

Frank: Robin Hood and his life in the Middle Ages.

Karen: When did you hear about him for the first time?

Frank: I heard about Robin Hood in kindergarten. Our teacher taught us a song about Robin and Maid Marian and since then I have read a lot about him.

Karen: Did you know that his father was a brave knight?

Frank: Is that true?

Karen: About 100 years ago people didn't know exactly where his place of birth was but then they found his grave in Nottingham.

Frank: No, that's not true. I read in the newspaper only last week that his grave has not been found *(Passiv)* yet, and that they are still looking for it.

Karen: Do you know whether the Sheriff of Nottingham ever caught Robin?

Frank: Yes, I do. I heard in the news only a couple of days ago that the Sheriff could never get hold of Robin.

Übung 2

Mark: Hello, Sue. This is Mark. Have you finished your homework yet?

Sue: Yes, I have. It was very difficult to write a dialogue between Robin Hood and the Sheriff of Nottingham. At first I didn't know what I should write about them, but then my little brother came into my room and disturbed me and suddenly I knew what the two were saying to each other.

Mark: You're lucky. Yesterday I was in the public library and I found a very interesting book there on the Romans and the Saxons. Unfortunately it didn't say a single word about Robin Hood. Now I have been thinking about this stupid dialogue for hours and my mind is blank.

Sue: Don't give up, Mark. I'll help you.

Mark: That's very kind of you. I have already written the beginning of the conversation. Listen, please, and tell me, whether you like it or not. "On October 14th, 1066, Duke William of Normandy met and defeated the English army at Hastings, where he killed King Harold. On Christmas Day a bishop crowned him in Westminster Abbey. From then on his new name was William I. Later he became known as William the Conqueror."

Sue: That's very interesting but you haven't mentioned one single word about Robin so far, have you?

Mark: Oh, Sue, you're very impatient. I told you just a couple of minutes ago that this dialogue is terribly hard for me.

Sue: Well, why don't you come to my house and we'll do your homework together.

Mark: That sounds wonderful. Thank you so much. I'll be over in a sec.

18. Mixed exercises

198 | 199

Übung 1

When Tom was a bit younger, he used to do a lot of sports, but now he has no time for that because every other night he plays in a band in his hometown of Liverpool. The band is called the "Easy Beets". Besides Tom there are William, the guitarist, James, who plays the piano, and Tom's girlfriend Fiona, who sings and writes beautiful songs about life and love. The three are so successful that last year they even won a music contest. The best music group was given a gold medal by Paul McCartney, who is one of the most famous pop stars in the world.

Übung 2

1. Liverpool has always offered young musicians the opportunity to play in front of an audience.
2. Eight years ago the first music competition for talented teenagers took place.
3. There are some bands whose career started in a pub years ago.
4. Of course all the young musicians want to get record contracts.
5. But most of them are making music simply because they enjoy it very much.

Übung 3

Fiona: Mum, I'm going to wash the dishes now.
Mum: That's okay, Fiona. I have already done it. Are you going to see Grandpa tonight?
Fiona: No, I saw him yesterday.
Mum: Fiona, have you read today's newspaper yet?
Fiona: Yes, I have and it seems as if I have found an apartment for Tom and myself.
Mum: That's great. Let me have a look.
Fiona: No, Mum. We want to do this by ourselves. Besides, I called the landlord an hour ago and he said that Tom and I could see the flat next Monday.
Mum: Do you think you two can afford the rent?
Fiona: Yes, I think so. Our fantastic music is going to make us rich.
Mum: Who will buy all the furniture?
Fiona: Tom and I have been working in the pub for over two years now. We have saved a decent amount and grandpa gave me £300 for my birthday last July. The award we received brought us another £1000.
Mum: Well, I see that you are all settled then.
Fiona: Yes, Mum. But please, don't be *(Die verneinte Befehlsform von* be *heißt* don't be – sei nicht.*)* sad when I leave home.

200 201

19. Das Past Perfect

Übung 1

Alex wanted to go to Washington because he had read so much about it. After he had checked into his hotel he had a look around the city. As soon as Alex had found the Library of Congress he went in. By nightfall Alex had been walking all over downtown Washington all day, and he was very tired. After he had returned to the hotel his mother called him. She told him that she had visited Washington D.C. in 1964. Until that year, she said, people who lived in Washington had not had the right to vote for the president. As soon as they had finished talking Alex went to bed. The next day he went to the National Space Museum because his mother had given him a very interesting book about it. After Alex had seen the stones from the moon, he left for the U.S. Holocaust Memorial Museum. Unfortunately, it had already closed by the time he got there, and he had forgotten to buy a ticket in advance.

Übung 2

1. The Bartons moved into a big house in Washington last month. They had been living in a very small one with only two bedrooms.
2. When I arrived at the Bartons', I was very late. The Bartons were rather annoyed because they had been waiting a long time for me.
3. We had been sitting at the dining room table for ten minutes when we noticed smoke coming out of the kitchen.
4. Pat Barton had been talking on the phone for at least twenty minutes before she suddenly remembered her cake in the oven.

Übung 3

1. After the Congress had argued for a long time …
2. After the population had grown to about 800,000 people …
3. After Alex had bought a map of Washington …
4. When Alex had visited the Lincoln Memorial …
5. After he had taken part in a guided tour of the Capitol …
6. Before he got into the White House he had been queuing *(brit. engl.)* / standing in line *(am. engl.)* for three hours to get a ticket to the most famous house in the world.

20. Die Unterscheidung zwischen Simple Past und Past Perfect

202 203

Übung 1

Rory: Hi, Lynn! I heard you were on vacation *(am. engl.)* / holiday *(brit. engl.)* last week.
Lynn: Hi, Rory! You heard right. I was sailing off Cape Cod.
Rory: That sounds great, but were you all by yourself?
Lynn: Oh no! My boyfriend came with me.
Rory: Did he have time for that? I thought he was preparing for his final exams at the university.
Lynn: Oh Rory, you got it all mixed up. After Bill – that's my boyfriend's name – had passed all his exams, he drove with me from New York to Cape Cod. The journey took us almost three days, because our old car broke down. But as soon as it had been repaired by a friendly mechanic we were able to continue our trip to Hyannisport.
Rory: Now, that's interesting. Isn't that the village where John F. Kennedy owned a summer home?
Lynn: That's right. So after we had rented a sailing boat *(brit. engl.)* / sail boat *(am. engl.)* we went out into the open sea and I had the time of my life. The sun was shining, the wind was blowing ... Why don't you come with us next time?
Rory: Thanks for the invitation! I'll think about it.

Übung 2

1. After Lynn and Bill had sailed round the Cape they returned to the harbour to have dinner.
2. As soon as they had changed their clothes the two of them went to a luxurious restaurant.

Übung 3

Daniel: Hello, Bill, how are you?
Bill: Danke, mir geht es gut, aber meine Freundin fühlt sich nicht wohl / gut.
Daniel: What happened? (*Oder:* What's wrong / what's the matter?)
Bill: Letzte Woche waren wir auf den Florida Keys fischen. Nachdem wir ein Boot gefunden hatten, das uns aufs offene Meer hinausbrachte, warfen wir unsere Angeln aus. Plötzlich sahen wir einen schwarzen Schatten unter der Wasseroberfläche.
Daniel: What's so special about that?
Bill: Sobald wir ihn gesehen hatten, schwamm der Schatten ganz nahe an unser Boot heran.
Daniel: What was it then?
Bill: Es war ein riesiger Hai und meine Freundin erschrak so, dass sie einen Schock bekam.
Daniel: That's terrible.

204 205

21. Die Formen von *to be*

Übung 1

Travel in Australia is more than just sun and fun. Until a few years ago there were a lot of tourists who came to Australia only because of the scenery and the kangaroos, but today more and more tourists are in Australia because they want to enjoy the Australian way of life. Says Will van Dam: "This is the second time in my life I have been here, and this is the third time my wife has been in Australia. The first time that I was in Sydney and Adelaide. After I had been in these big cities for more than two weeks I took a wonderful trip in a boat through the waterways of the northern tropics."

1. Present Tense: is, are
2. Past Tense: was, were
3. Present Perfect: have been, has been
4. Past Perfect: had been

Übung 2

1. Where is Brisbane?
2. Who was a famous traveller who explored the seas around Australia?
3. What are people called who look for gold in the ground?
4. What percentage of Australia's population are Aboriginals?
5. How much is a plane ticket from Perth to Canberra?
6. In which year were there 4.7 million visitors in Australia?

Übung 3

Hello Tanja. My name is Toolah. I am an Australian Aboriginal and I am 13 years old. My home country, Australia, is very, very big – almost twice as large as Western Europe. My hobbies are reading and jogging. There are seven people in my family, three children, four adults and a lot of animals. Are you coloured or are you a white girl? My brother says that in Germany all the people are white. Is that right? Have you ever been to Australia? I have never been outside my village which is in the Northern Territory. Oh no, sorry, that is wrong. When I was about five years old, I was bitten by an emu. An emu is a big bird, you know. After I had been dizzy for several minutes my mother called the Flying Doctors who flew us to Darwin. My mother and I were in a hospital in Darwin for two days before we were allowed to return home. Now I have told you so much about me, please me everything there is to know about you.

Übung 4

1. There is no island as big as Australia.
2. Not too long ago there were many different kinds of koala bears in Australia.
3. Today koala bears are many tourists' favourite *(brit. engl.)* / favorite *(am. engl.)* pets.
4. Have there ever been flamingos in Australia?

22. Unregelmäßige Verben

206 207

Übung 1

Waagerecht: 2. had, 3. began, 4. bought, 7. broke, 8. wrote, 10. got, 12. spoke, 16. understood, 18. ate, 19. found, 20. came, 21. shut, 22. chose, 24. spelt, 27. fell, 28. lost, 30. fed, 31. threw, 33. met, 34. sang, 36. made

Senkrecht: 1. caught, 4. brought, 5. heard, 6. stood, 9. beat, 11. thought, 12. shone, 13. became, 14. drove, 15. went, 17. slept, 21. sent, 23. spent, 25. left, 26. blew, 29. swam, 32. read, 35. gave

Übung 2

take	took	taken
steal	stole	stolen
run	ran	run
lose	lost	lost
forget	forgot	forgotten
give	gave	given
cut	cut	cut
dig	dug	dug
build	built	built
do	did	done
grow	grew	grown
know	knew	known
hurt	hurt	hurt
go	went	gone
find	found	found
feel	felt	felt
drink	drank	drunk
see	saw	seen
leave	left	left
hold	held	held
be	was/were	been
lend	lent	lent
sell	sold	sold
shut	shut	shut
shoot	shot	shot
win	won	won
fly	flew	flown
teach	taught	taught
ring	rang	rung
pay	paid	paid

208 209 23. Test zu den bisher gelernten Tenses

Übung 1

Lucy: Hello, Claire. How are you?
Claire: Fine, thanks. How about yourself?
Lucy: Oh, I'm okay, but have you heard the latest news about Ralph?
Claire: You mean the boy who came into our class for the first time two weeks ago?
Lucy: Yeah, that's him. Matt, my boyfriend, was at Colthard High School on 57th Street with him. And guess what he told me about Ralph.
Claire: I don't have the slightest idea.
Lucy: They say that Ralph is selling / sells drugs.
Claire: I don't believe such nonsense. Ralph seems to be such a nice guy. He even helped me with my maths homework the other day. I hate maths and when I asked him to come over to my house he agreed at once. Even my mother chatted with him a bit. Afterwards she said, "What a nice boy. I hope you and he will spend more time together."
Lucy: Now listen, Claire. Matt saw Ralph in a very dangerous part of New York yesterday. He was talking to two guys who handed him a couple of dollarbills.

Übung 2

Claire: And what happened then?
Lucy: It was late at night and Ralph gave the men something Matt couldn't see.
Claire: This sounds unbelievable. And what was Matt doing in a place like that late at night?
Lucy: He and his family were driving home from Broadway, where they had seen a wonderful play with Nicole Kidman. And while they were going through this part of town they saw Ralph standing there dealing drugs.
Claire: Sorry, Lucy, I still don't believe you.
Lucy: But look, Ralph is coming. Hello, Ralph.
Ralph: Hello, you two. Oh, what a night I had yesterday.
Lucy: We would love to hear about it.
Ralph: Last night, I was out with my parents. We were on Broadway watching a wonderful play ...
Lucy: ... with Nicole Kidman.
Ralph: That's right. We were just walking home when I suddenly stepped on a wallet. I picked it up and found $1,000 in it. Then we noticed two men who were looking for something. It was their wallet, so I returned it to them. I was given a $100 reward.
Claire: Oh Ralph, I'm so glad to hear that. Why don't you come home with me and help me with my maths? Bye, Lucy!

24. Übersicht über die Zeiten

210 211

Übung 1

Simple Present	Present Progressive	Simple Past	Present Perfect	Past Perfect
Infinitiv oder bei *he/she it + s*	***am/are/is* + Verb + *ing***	**2. Form oder Verb + *-ed***	***have/has* + Past Participle**	***had* + Past Participle**
I accept	I am accepting	I accepted	I have accepted	I had accepted
you rise	you are rising	you rose	you have risen	you had risen
he takes	he is taking	he took	he has taken	he had taken
she helps	she is helping	she helped	she has helped	she had helped
it declines	it is declining	it declined	it has declined	it had declined
we share	we are sharing	we shared	we have shared	we had shared
you praise	you are praising	you praised	you have praised	you had praised
they strike	they are striking	they struck	they have struck	they had struck
I get to know	I am getting to know	I got to know	I have got to know	I had got to know
you point	you are pointing	you pointed	you have pointed	you had pointed
he employs	he is employing	he employed	he has employed	he had employed

Übung 2

Simple Present	Present Progressive	Simple Past	Present Perfect	Past Perfect
***am/are/is* + Past Participle**	***am/are/is + being* + Past Participle**	***was/were* + Past Participle**	***have/has + been* + Past Participle**	***had + been* + Past Participle**
I am accepted	I am being accepted	I was accepted	I have been accepted	I had been accepted
you are shaken	you are being shaken	he was shaken	he has been shaken	he had been shaken
he is taken	he is being taken	he was taken	he has been taken	he had been taken
she is helped	she is being helped	she was helped	she has been helped	she had been helped
it is declined	it is being declined	it was declined	it has been declined	it had been declined
it is shared	it is being shared	it was shared	it has been shared	it had been shared
you are praised	you are being praised	you were praised	you have been praised	you had been praised
they are elected	they are being elected	they were elected	they have been elected	they had been elected
I am told	I am being told	I was told	I have been told	I had been told
it is pointed out	it is being pointed out	it was pointed out	it has been pointed out	it had been pointed out
he is employed	he is being employed	he was employed	he has been employed	he had been employed

Register

Deutsch: Aufsatz: Erörterung, Sachtexte und erzählende Prosa interpretieren

Antithese (Gegenthese) . 16, 20
Argument 22
Aufbau (Erörterung) 10
Aufhängertyp (einer Einleitung) 30
auktorialer Erzähler 100
äußere Handlung 90
Beleg 22, 24
Belegerörterung 18
Binnenhandlung 90
Checkliste Erörterung, Arbeitsschritte 11
Checkliste erzählende Prosa, Arbeitsschritte 83
Checkliste Sachtexte, Arbeitsschritte 59
dialektische Erörterung 20
Diskussion leiten 14
Diskutieren 12
Einleitung (Erörterung) . 30, 42
Einwände 44
erzählende Prosa 82–107
Er-Erzähler 100
Erzählerrolle 100
Erzählhaltung 101
Erzählzeit/erzählte Zeit 96
feststellende These 16
Figurendarstellung 92
  direkte Charakterisierung . . 92
  indirekte Charakterisierung . 92
Folgerungen 44
Gegenthese (Antithese) 16
Gliederung (dialektische Erörterung) . . . 36
Gliederung (erzählende Prosa) 107
Gliederung (für die Analyse von Sachtexten) 79
Gliederungsschema (steigernde Erörterung) 81
Großepik 84
Hauptteil (dialektische Erörterung) . . . 48
Hauptteil (steigernde Erörterung) 44
Ich-Erzähler 100
indirekte Rede 69
Inhaltsangabe (erzählende Prosa) 88
Inhaltsangabe (Sachtexte) . . 58
Inhalt zusammenfassen/ wiedergeben 66
innere Handlung 90
innerer Monolog 91
Interpretation, Definition . . . 58
Kleinepik 84
Komposition der Handlung untersuchen 90
lineare Erörterung 18
mehrgliedrige Erörterung . . 19
mündliches Argumentieren 12–15
neutraler Erzähler 100
personaler Erzähler 100
Prosatextarten 84
Pro-und-Kontra-Gliederung (dialektische Erörterung) . . . 36
  Buchstaben-Ziffern-System 32
  reines Ziffernsystem 34
Rahmenhandlung 90
Raumgestaltung 97
Sachbereichsgliederung (dialektische Erörterung) . . . 38
Sachtext 58–81
  äußerer Aufbau eines Sachtextes 72
  Gestaltungsprinzipien 72
  innerer Aufbau eines Sachtextes 73
Sachtextarten 60
Satzbau 98
Satzfiguren, rhetorische 77, 250
Schluss (Erörterung) 30, 52
Schlussfolgerung 18f., 44
Sprache auf der Satzebene untersuchen . . . . 76f.
Sprache auf der Wortebene untersuchen . . . . 74f.
sprachliche Gestaltung untersuchen 98
steigernde Erörterung (Beleg-, lineare Erörterung) 18
Stil 74, 98
Stil, Stolpersteine 50
Stilfiguren 75, 249
Stoffsammlung 22, 26
Synthese 16, 20
Textdeutung (erzählende Prosa) 102
Textdeutung (Sachtexte) . . . 78
Texterörterung: Pro-und-Kontra-Gliederung 40
Textlektüre 64
Textverständnis (erzählende Prosa) 87
Textverständnis (Sachtexte) 64
Thema erschließen 16–21
These 80
Unterargument 22
Verknüpfungsmittel, sprachliche 46
Vorgehensweise (Erörterung) 80
wertende These 16, 20
Wirkung des Textes (erzählende Prosa) . . . . . . 102f.
Wirkung des (Sach-)Textes . . 78
Wortwahl 79, 98
Zeitdeckung 96
Zeitdehnung 96
Zeitraffung 96
Zeit- und Raumgestaltung untersuchen . . . . 96f.
Zitieren, sinngemäßes Zitat 68
Zitieren, wörtliches Zitat . . . 68
Zitierregeln 68

Mathematik: Lineare Gleichungssysteme

Additionsverfahren . . 124, 144
Additionsverfahren, Probe 126
dreireihige Determinanten 146
Einsetzverfahren 116, 142
einzelne Gleichungen 112, 114
fortlaufende Proportion . . . 150
Gleichsetzverfahren 118
grafische Lösung 120
lineares Optimieren 122
Lösung mit Determinanten 130, 148
Sachaufgaben . . 134, 136, 138, 154
Substitution 156

Textaufgaben 132, 152
vermischte Aufgaben . 140, 158
zweireihige Determinanten . 128

Englisch: Die Zeiten: Bildung und Verwendung

Formen von *to be* 204
Passiv im Past Tense 182
Passiv im Present Tense: Bildung, Verwendung 172
Past Perfect: Bildung, Verwendung 200
Past Progressive, Aktiv: Bildung, Verwendung 178
Past Progressive, Passiv: Bildung, Verwendung 182
Present Perfect in Fragesätzen/Verneinungen: Bildung 188
Present Perfect, Passiv: Bildung, Verwendung 192
Present Perfect Progressive: Bildung, Verwendung 190
Present Perfect Simple in Aussagesätzen: Bildung, Verwendung, Signalwörter 186
Present Progressive: Bildung, Verwendung, Signalwörter 168
Simple Past, Aktiv: Verwendung, Signalwörter 176
Simple Past, Passiv: Bildung, Verwendung 182
Simple Present in Aussagesätzen: Verwendung, Signalwörter 164
Simple Present in Fragesätzen/Verneinungen: Bildung, Verwendung 166
unregelmäßige Verben . . 206f.
Vergleich Past Tense – Present Perfect 194
Vergleich Simple Past – Past Perfect 202
Vergleich Simple Past – Past Progressive 180
Vergleich Simple Present – Present Progressive 170
Übersicht: Zeitformen . . . 210f.